武器发射系统设计概论

张相炎 编著

国防工业出版社
·北京·

内容简介

本书简要介绍现代武器发射系统设计的基本知识,主要介绍以火炮为代表的身管发射武器及其主要部件的设计思想、原理和方法,兼顾火箭导弹发射系统的设计,包括武器发射系统的基本知识、系统分析与总体设计、身管设计、反后坐装置设计、自动机设计、发射架设计、运行系统设计等。

本书可作为武器系统与工程专业卓越工程师培养教材,也可作为武器系统与工程、武器发射工程以及其他武器类专业教材,还可以作为武器发射系统研究和生产企业中非武器发射系统专业毕业人员的参考书。

图书在版编目(CIP)数据

武器发射系统设计概论/张相炎编著.—北京:国防工业出版社,2014.8
ISBN 978-7-118-09565-4

Ⅰ.①武… Ⅱ.①张… Ⅲ.①武器—发射系统—系统设计 Ⅳ.①TJ02

中国版本图书馆 CIP 数据核字(2014)第 181387 号

※

国防工业出版社出版发行
(北京市海淀区紫竹院南路23号 邮政编码100048)
北京奥鑫印刷厂印刷
新华书店经售

开本 787×1092 1/16 印张 12¾ 字数 292 千字
2014 年 8 月第 1 版第 1 次印刷 印数 1—2000 册 定价 29.50 元

(本书如有印装错误,我社负责调换)

国防书店:(010)88540777　　　发行邮购:(010)88540776
发行传真:(010)88540755　　　发行业务:(010)88540717

前　言

为了响应国家卓越工程师人才培养的号召,武器系统与工程专业进入了卓越工程师人才培养试点专业。为适应武器系统与工程专业卓越工程师人才培养需要,对课程体系和教学内容进行优化整合。为保证人才培养质量,编著出版卓越工程师人才培养武器系统与工程专业丛书。《武器发射系统设计概论》作为卓越工程师人才培养武器系统与工程专业丛书之一,努力为武器系统与工程专业卓越工程师人才培养尽一份绵薄之力。

本书简要介绍现代武器发射系统设计的基本知识,主要介绍以火炮为代表的身管发射武器及其主要部件的设计思想、原理和方法,兼顾火箭导弹发射系统的设计。全书共分7章。第1章绪论,系统介绍武器发射系统基本概念,武器发射系统设计研究内容和流程,武器发射系统设计理论及其主要研究内容和发展。第2章系统分析与总体设计,介绍武器发射系统的战术技术指标等基本概念,系统分析的主要内容和方法,总体设计主要方法与技术等。第3章身管设计,介绍身管内膛结构及其设计方法,厚壁身管和自紧身管应力应变分析理论和设计方法,介绍火箭导弹发射系统的定向器设计等。第4章反后坐装置设计,介绍反后坐装置及其作用原理,反后坐装置设计理论和方法。第5章自动机设计,介绍自动机工作原理,自动机动力学与仿真方法,自动机主要机构设计理论与方法。第6章发射架设计,介绍架体设计、平衡机设计、瞄准机设计和炮塔结构设计的设计方法和结构布置。第7章运行系统设计,介绍运行系统及其组成,运行系统设计特点。

本书主要针对非武器发射系统专业方向学生,运用通俗语言,系统而简要地介绍武器发射系统设计相关的基本概念、工作原理和设计方法,填补该类教材的空白。本书在继承传统火炮、枪械、火箭导弹发射架设计的基础上,根据现代武器发射系统设计特点和发展趋势,结合近年来取得的科研成果,使本书具有时代特色和先进性。本书介绍基础理论和方法在武器发射系统设计中的应用原理和思路,使本书具有一定的通用性和适用范围。本书以介绍应用原理和方法为主,具有较强的针对性和实用性,可作为武器系统与工程专业卓越工程师培养教材,也可作为武器系统与工程、武器发射工程以及其他武器类专业教材,还可以作为武器发射系统研究和生产企业中非武器发射系统专业毕业人员的参考书。

编著者所在单位的许多教授专家对本书初稿提出了许多有益的修改意见,本书在编写中参考了许多专著和论文,在此一并表示衷心感谢。

由于编著者水平所限,书中难免有不妥的地方,诚恳欢迎读者批评指正。

张相炎
2014年3月于南京

目 录

第1章 绪论 ··· 1
1.1 武器发射系统 ··· 1
1.2 武器发射系统设计 ·· 6
1.3 武器发射系统设计理论 ··· 9

第2章 系统分析与总体设计 ··· 12
2.1 武器发射系统战术技术要求 ··· 12
2.2 武器发射系统分析 ·· 16
2.3 武器发射系统总体设计 ··· 19

第3章 身管设计 ··· 36
3.1 概 述 ··· 36
3.2 身管内膛结构设计 ·· 38
3.3 厚壁身管设计 ··· 42
3.4 自紧身管设计 ··· 60
3.5 定向器设计 ·· 71

第4章 反后坐装置设计 ·· 78
4.1 武器发射静止性和稳定性 ·· 78
4.2 反后坐装置及其设计理论 ·· 85
4.3 复进机设计 ·· 92
4.4 制退机设计 ·· 99

第5章 自动机设计 ··· 115
5.1 概 述 ·· 115
5.2 自动机主要机构设计 ·· 119
5.3 自动机动力学与仿真 ·· 132

第6章 发射架设计 ··· 151
6.1 架体结构设计 ·· 151
6.2 平衡机设计 ··· 159

6.3 瞄准机设计 …………………………………………………… 166
6.4 炮塔结构设计 ………………………………………………… 171

第7章 运行系统设计 ……………………………………………… 181
7.1 概　　述 ……………………………………………………… 181
7.2 行军战斗变换与辅助推进 …………………………………… 181
7.3 底盘设计 ……………………………………………………… 184

参考文献 ……………………………………………………………… 197

第1章 绪 论

1.1 武器发射系统

1.1.1 武器与武器系统

武器,又称兵器,它是直接用于杀伤敌人有生力量(战斗人员)和破坏敌方作战设施的工具。武器,是用于攻击的工具,也因此被用来威慑和防御。武器可以是一根简单的木棒,也可以是一枚核弹。枪械、火炮、火箭、导弹等是典型武器。广义上,任何可造成伤害的工具和手段(甚至可造成心理伤害的)都可泛称为武器。当武器被有效利用时,它应遵循期望效果最大化、附带伤害最小化的原则。但是,严格说来,兵器和武器还是有区别的。兵器是以非核常规手段杀伤敌人有生力量、破坏敌人作战设施、保护我方人员及设施的器械,是进行常规战争、应付突发事件、保卫国家安全的武器。兵器是武器中消耗量最大、品种最多、使用最广的组成部分。随着军事技术的发展和国防工业管理体制的变化,兵器和武器的内涵已经发生了很大的变化,现在一提到兵器,多数人就会把兵器理解为除战略导弹、核武器、作战飞机和作战舰艇之外的武器,这已经成为多数人的共识。

武器系统是由若干功能上相互关联的武器及各种技术装备有序组合、协同完成一定作战任务的整体;武器系统是功能上有关联,共同用于完成战斗任务的数种军事技术装备的总称。在任何一种武器装备综合系统中,其必备部分是在武装斗争中用于毁伤各种目标的武器。武器系统不是各部分的简单集合,而是正确的系统整合,内部有机协调,整体优化。

武器系统一般具备如下功能。

(1) 目标探测与识别:利用各种侦察、观(探)测手段(如雷达、光学、光电探测、声纳等)搜索目标,并对目标的类型、数量、型号、敌我属性等进行辨识。

(2) 火力与指挥控制:根据目标探测与识别所获得的各种信息,通过不同的工作站实现信息收集、信息传输、信息(融合)处理、信息利用过程,并完成对目标的威胁估计、对所属部队的任务分配及指挥决策、对火力单元实施射击的诸元(方位角、高低角)计算等工作。

(3) 发射与推进:根据火力与指挥控制系统确定的射击诸元,通过发射管道(如炮管、枪管、发射筒、发射井)或其他推进装置(如火箭推进器)提供的力,赋予战斗部(弹丸)一定的初速,将其抛送到预定的目标上(或区域)。

(4) 弹药毁伤:通过发射与推进过程将战斗部(弹丸)送抵预定目标上(或区域)后,则通过弹丸内装填物(剂)的物理、化学、或生化反应等过程,使弹丸与目标发生碰击、侵彻、爆炸作用,达到毁伤目标的军事目的。

(5) 辅助设施:为保障部队及武器(兵器)系统正常工作、输送等的其他设备。

1.1.2 发射与发射系统

无论是最简单的冷兵器,还是现代复杂的武器系统,其最终目的都是把具有一定杀伤力的物体(弹药)抛射到预定的目标区,以毁伤敌方人员与设施。抛射的方法可以多种多样,对武器而言,抛射方法主要有抛射、发射和推进3种基本形式。

抛投,是指利用人的体力或运载工具的惯性赋予物体(弹药)初始速度将其抛射到预定目标的过程。在冷兵器时代,标枪是利用人的臂力赋予其初始速度实现抛投,守城护寨的"滚木雷"是利用地势高度和重力的作用实现抛投。在热兵器时代,单兵应用最广泛的手榴弹是利用人的臂力赋予其初始速度实现抛投;现代的航空炸弹和飞机布撒器(图1.1)等是借助飞机赋予其初始速度实现抛投。

图 1.1 飞机布撒器

发射,是指借助管道或其他装置提供的外力赋予物体(弹药)初始速度将其抛射到预定目标的过程。在冷兵器时代,弓箭、弩、抛石机等是利用弹力及杠杆作用实现发射。在热兵器时代,枪炮等身管发射武器则是借助圆形身管内高压火药燃气的推动和加速作用赋予弹丸初始飞行速度和方向实现发射。根据战争的需要,身管发射武器已经安装在不同的发射平台上,形成了一个庞大的武器家族,在战争中发挥着重要作用。自行火炮是集威力、机动和防护于一身的现代典型身管发射武器(图1.2)。

推进,是指利用抛射体自身的动力抛射到预定目标的过程。从最原始的"火药火箭",直到现代火箭弹和导弹(图1.3),都是利用火箭内的火药燃气从喷管高速流出提供的反作用力和冲量实现推进。一般火箭弹是无控的,而导弹是有控的。

抛投技术、发射技术和推进技术在军事上的应用,各有其特点,但都有其不足。现代兵器科学技术的发展,综合运用各项技术,扬长避短,发展复合作用的新型兵器。如为了提高火炮射程,利用发射与推进复合作用,火炮可以发射"火箭增程弹";为了提高火炮打击精度,利用发射与推进复合作用,火炮可以发射"炮射导弹";为了提高导弹的起始速度,减小附加质量,利用发射与推进复合作用,发射导弹时采用弹射技术等冷发射方式;为了提高炸弹的投放距离和精度,利用抛投与推进复合作用,飞机在防区外投放"机载布撒器"等;为了超远程打击,利用发射、推进与抛投复合作用,用火炮发射"滑翔炮弹"等。因此,广义上说,发射指利用机械装置将有关物体抛射出去,不仅包括枪炮利用燃气压力将

图1.2 自行火炮　　　　　　　　图1.3 导弹

弹丸从膛内推送出去的狭义上的"发射",还包括利用发射器或其他装置将火箭、导弹、鱼雷等能自动推进的物体放出或弹射出的狭义上的"推进",也可以包括利用重力等将炸弹等释放出的狭义上的"抛投"。本书主要以狭义"发射"内容为主,适当兼顾广义"发射"内容。

武器发射系统是完成弹药发射所需要的所有设备的总称,是武器系统最重要的组成部分,它不仅完成弹药的发射任务,而且直接影响武器系统的作战使用效能。对付不同目标使用不同的武器系统,不同武器系统其发射系统也不尽相同。

1.1.3　典型武器发射系统构成

一般武器发射系统包括发射装置、发射控制设备、运行系统和辅助装置等。本书主要以介绍发射装置设计内容为主,适当兼顾其他内容。

发射装置是用来容纳和支撑弹药,射前瞄准,最终发射弹药的专用设备。发射装置的基本功能如下所述。

(1) 发射前:容纳和支撑弹药,瞄准、发射诸元确定等发射准备,快速、精确定位弹药的射击方向。

(2) 发射时:可靠点火,实施弹药发射,并确保弹药飞离发射装置时具有要求的发射诸元,和尽可能小的扰动,保证射击密集度。

(3) 发射后:弹药的再装填,以及在运输和行军过程中,承载和保护弹药等。

各种发射装置的结构形式可能有较大的差别,但一般都包括发射管(或导向轨)、瞄准机、运载体等。

枪械、火炮、火箭炮、导弹发射架是典型武器发射系统,如图1.4所示。

现以榴弹炮为例,介绍典型武器发射系统构成与功用。现代牵引火炮通常由炮身和炮架两大部分组成,如图1.5所示。

炮身主要用于完成炮弹的装填和发射,并赋予弹丸初速和方向。

炮身主要由炮管(也称身管)、炮尾、炮闩和炮口装置组成。身管直接承受发射时的火药燃气压力,并赋予弹丸初速(初转速)及飞行方向,使弹丸按预定的初始弹道飞行。

图 1.4 典型武器发射系统
(a)机枪;(b)自行火炮;(c)火箭炮;(d)反坦克导弹发射车。

一般将身管看作厚壁圆筒处理。炮尾用来容纳炮闩并与其一起闭锁炮膛、连接身管和反后坐装置;炮闩用来闭锁炮膛、击发炮弹和抽出发射后的药筒。现代火炮大都采用半自动炮闩,有的采用自动炮闩。炮口制退器用来减少炮身后坐能量。

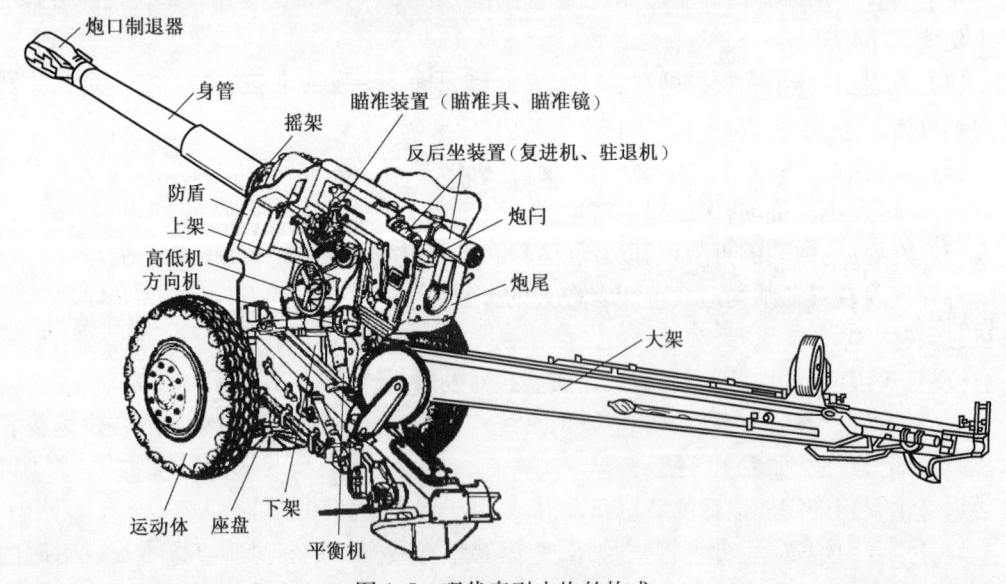

图 1.5 现代牵引火炮的构成

枪械发射也有类似部件，与炮身对应的称为枪身；与炮闩对应的是枪机，与炮尾对应的是节套或机匣。

火箭和导弹发射与炮身相对应的是定向器。一般火箭炮发射是敞开式的，没有炮尾和炮闩之类的部件，但是一般要设置锁紧机构，以防止火箭弹脱落。定向器主要有3种形式：筒式、笼式和滑轨式。笼式和滑轨式定向器结构简单，设计相对容易，采用常规机械结构设计方法即可。为了统一起见，本书将炮管、枪管，以及火箭和导弹发射筒式定向器统称为身管。

炮架主要用于支撑炮身并赋予火炮不同使用状态。炮架赋予炮身一定射向，承受射击时的作用力并保证射击静止性和稳定性，是全炮运动时或射击时的支架。

炮架主要由反后坐装置、摇架、上架、高低机、方向机、平衡机、瞄准装置、下架、大架和运动体等组成。

反后坐装置主要用于在射击时消耗和储存后坐能量，控制后坐部分的运动和作用力，保证火炮发射炮弹后的复位。通过反后坐装置可以将射击时作用于火炮上的时间短、变化极大的炮膛合力转化为作用时间较长、变化较平缓的后坐力，从而使炮架受力减小，全炮质量减小，全炮跳动减弱。反后坐装置通常包括制退机、复进机和复进节制器。制退机用来在火炮射击时产生液压阻力，消耗部分后坐能量，并控制后坐部分的运动规律；复进机用来在平时将炮身保持在待发位置，而在射击时储存部分后坐能量并使后坐部分在后坐终止时复进到原来的位置；复进节制器主要用于复进过程中产生液压阻力，消耗部分复进剩余能量，保证后坐部分平稳复进到位。

摇架主要用于支撑炮身，约束炮身后坐和复进时的运动方向，与上架配合赋予火炮仰角，并传递射击载荷。上架主要用于支撑火炮的起落部分（包括炮身、反后坐装置和摇架），与下架配合赋予火炮方位角，并传递射击载荷。高低机用于驱动起落部分赋予火炮仰角。方向机用于驱动回转部分赋予火炮方位角。高低机和方向机合称为瞄准机。平衡机用于平衡起落部分的重力矩使俯仰操作轻便、平稳。瞄准装置用于装定火炮射击数据，使炮膛轴线在发射时处于正确位置，以保证弹丸的平均弹道通过预定目标点。瞄准装置由瞄准具和瞄准镜组成。下架主要用于支撑火炮得回转部分（包括起落部分、上架、高低机、方向机、平衡机和瞄准装置等），与上架配合赋予火炮方位角，并传递射击载荷。大架主要用于支撑全炮，射击时保证全炮射击静止性和稳定性，行军时连接牵引车。

枪械的枪架与火炮的炮架结构类似，只是结构小，简单一些。火箭导弹发射架也类似，一般没有火炮反后坐装置之类的部件。为了统一起见，本书将发射系统的支撑部分相应部件分别称为缓冲装置、架体、瞄准机、平衡机等。

运动系统是发射系统运行和承载机构的总称。运动体主要保障火炮的运动便捷性、道路通过性、高速牵引性、操作轻便性、工作可靠性。牵引式高炮的运动系统一般称为炮车。车载火炮的运动系统一般是军用越野汽车的改进型，简称越野车。自行火炮的运动系统一般称为底盘。枪械一般没有专门运动系统。火箭导弹发射系统的运动系统与火炮相似。牵引式地面炮的运动系统由前车、后车、基座（或十字梁）、行军缓冲器、减震器、刹车装置、牵引装置等组成。为了提高机动性，现代大口径牵引火炮还设有辅助推进装置。射击时运动系统与大架一起支撑全炮，行军时作为炮车。

1.2 武器发射系统设计

1.2.1 武器发射系统特点及要求

1. 武器发射系统特点

武器发射过程是一个极其复杂的动态过程。一般发射过程极短(几毫秒至十几毫秒),经历高温(发射药燃烧温度高达 2500~3600K)、高压(最大膛内压力高达 250~700MPa)、高速(弹丸初速高达 200~2000m/s)、高加速度(弹丸直线加速度是重力加速度的 1000~3000 倍,武器发射系统的零件加速度也可高达重力加速度的 200~500 倍,零件撞击时的加速度可高达重力加速度的 15000 倍)过程,并且发射过程以高频率重复进行(每分钟可高达 6000 次循环)。从工程的角度,可以把武器发射系统视为采用特殊能源的超强功率的特种动力机械。例如,一门 152mm 口径的火炮,炮口动能约为 13MJ,瞬时功率约为 940MW,相当于一个中等城市发电厂的功率。武器发射系统发射过程还伴随发生许多特殊的物理化学现象,如内膛表面的烧蚀和磨损、膛口冲击波、膛口噪声、膛口焰、机械运动、冲击、振动等。武器发射系统在使用中,还要能适应严寒酷暑、风沙淋雨环境,满足长期储存的要求,在高瞬态、强载荷、极端环境中保证武器可靠地工作,达到必要的工作寿命,并满足规定的重量指标。这种工作状况构成了武器发射系统的特色,也是武器发射系统研究的难点所在。

2. 对武器发射系统的设计要求

在武器发射系统的设计过程中,设计部门、使用部门和生产部门必须共同协作,密切配合,在严格遵循和执行国军标的前提下,以完成战术技术指标为总要求,设计并实现发射系统各部分的作战功能。概括地说,对武器发射系统设计时应综合考虑以下几方面内容。

1) 应满足既定作战功能要求

武器装备研制都是为了满足未来军事需求。武器发射系统作为武器装备的核心部分,已经赋予它相应功能。为了达到预期作战效果,武器发射系统设计就是要考虑武器发射系统自身的特点和在各种约束条件下,将设计理念具体化,确实实现武器发射系统预定的作战功能。

2) 应满足战术技术要求

战术技术要求是武器发射系统设计的基本依据,是使用方(军方)以文字形式对研制方提出的基本要求,这些要求大多以指标形式在研制任务书中予以规定,如威力、机动性、环境适应性、可靠性、维修性和经济性等。研制完成的产品必须无条件满足这些指标要求。这些要求之间往往相互制约,设计过程中必须科学合理地权衡和协调。

3) 应满批量生产要求

设计出来的只是图纸和说明书,并不是最终产品。形成最终产品需要制造生产。设计过程中,应充分考虑实际生产能力和生产水平,以及材料等资源情况,确保设计的产品最终能被制造出来,尤其是大批量生产,并且适当考虑节约资源,降低成本。

4) 应满足储存和使用要求

武器发射系统设计中应充分考虑武器使用时人机环工程技术的应用,提高工作效率。

如采用手动、自动和随动等多种方式操作,并可进行简易修正和调整等。根据具体作战需求选择合适的运行方式,如携行、牵引式、车载、轮式自行或履带式自行等。应考虑到公路运输、铁路运输、水面运输和空中运输(空运、空吊、空投)时的状况不同,对武器发射系统进行不同的运输适配性设计;还应考虑长期储存而不降低性能。

1.2.2 武器发射系统设计的主要内容

设计一般包括分析(也称反面设计)和综合(也称正面设计,简称设计)。分析的对象是已有产品,或者正面设计结果,甚至是一种构思。通过分析探讨原设计思想的科学性、合理性、先进性,以及改变设计的必要性和可能性。综合时将设计思想具体化,形成可物化产品,落实在图纸上和说明书中。分析和综合是相辅相成的,在设计过程中反复交替进行。

武器发射系统设计也包括分析和综合两方面,具体主要包括结构分析、动力学分析与仿真、总体设计和主要零部件设计等。

武器发射系统结构分析,主要通过研究现有的典型武器发射系统的总体结构、各零部件之间的联系和相互作用及其特点,分析武器发射系统及其主要结构的构成原理、工作原理、设计思想等,为研究武器发射系统设计方法和合理设计武器发射系统结构奠定基础。

系统动力学分析与仿真,是指用系统动力学和计算机仿真方法,寻求系统的最优方案(系统目标最优化,如费用最低、效能最大、效费比最高等),即用周密的可再现的技术,确定系统各种方案的可比性能、效能、费用等,并对这些指标进行量化,给出系统的最优方案。在系统的发展研究、方案选择、技术修改、使用等过程中,系统动力学分析与仿真可直接用来提出改进意见。由于武器发射系统工作过程具有明显动态特征,必须应用系统动力学方法研究武器发射系统工作过程规律。计算机仿真技术是以多种学科和理论为基础,以计算机及其相应的软件为工具,通过虚拟试验的方法来分析和解决问题的一门综合性技术。利用计算机仿真技术解决武器发射系统动力学问题是武器发射系统技术之一。计算机仿真的实现主要包括模型的建立和模型的仿真实验。武器发射系统动力学分析与仿真,通过建立武器发射系统动力学模型并进行仿真实验,分析武器发射系统的受力规律及运动规律,为分析、评价和改进现有武器发射系统,以及合理设计新型武器发射系统打下基础。

总体设计,是在分析的基础上,用系统思想综合运用各有关学科的知识、技术和经验,通过总体研究和详细设计等环节,落实到具体工作上,以创造满足设计目标的人造系统。武器发射系统总体设计,广义上是指用系统的观点、优化的方法,综合相关学科的成果,进行与武器发射系统总体有关因素的综合考虑,其中包括立项论证,战术技术要求论证,总体方案论证、功能分解、技术设计、生产、试验、管理等;狭义上是指用系统的观点、优化的方法,综合相关学科的成果,进行武器发射系统质的方面设计,主要包括武器发射系统组成方案、总体布置、结构模式、人机工程、可靠性、维修性、安全性、检测、通用化、标准化、系列化等涉及武器发射系统总体性能方面的设计。这里所讲的武器发射系统总体设计,如果不加说明的话,主要是狭义上的。

主要零部件设计,是指研究给定结构在给定载荷作用下力的传递、部件运动规律以及强度、刚度等问题,并根据总体设计要求及零部件本身作用及特点,研究主要零部件的构造原理和方法,设计主要零部件具体结构等。主要零部件设计的主要任务是解决创造新机构时所面临的问题。武器发射系统是一种特殊的机电系统,武器发射系统设计与一般机电系统设计既有相同的地方又有其特殊的方面。武器发射系统主要零部件设计,是指研究给定结构在发射的冲击载荷作用下力的传递、部件运动规律以及强度、刚度等问题,并根据总体设计要求及零部件本身作用及特点,研究武器发射系统主要零部件的构造原理和方法,设计武器发射系统主要零部件具体结构等。武器发射系统主要零部件设计主要包括身管设计、缓冲装置设计、自动机设计、发射架设计、运行系统设计等。

1.2.3 武器发射系统设计流程

早期的武器发射系统设计是以经验设计为主,即产品的设计是以经验数据为依据,运用一些附有经验常数的经验公式进行设计计算的一种传统的设计方法,这样的设计没有建立在严密的理论基础上,缺乏精确的设计数据和科学的计算公式。为了强调零件的可靠性,往往在设计中取偏大的安全系数,结果虽然安全,却增加了所设计零件的质量。一种新型武器发射系统的开发往往要经过设计—试制—试验—改进设计—试制—试验等多次循环,反复修改图纸,完善设计后才能定型,研制周期长,质量差,成本高。传统武器发射系统的开发流程如图1.6所示。

随着科学技术的发展,新的设计方法和手段也不断涌现,为传统的结构设计、强度分析、性能分析、试验等带来了新的变化。产品的设计由静态设计向安全寿命设计的动态设计方法过渡、由校验型设计向预测型设计过渡,现代设计理论和方法已成为武器发射系统提高性能的前提条件,也是由粗放型设计向精细化设计转变的重要环节。利用现代设计理论和方法,逐步建立各类数据库、专家知识库、设计规范、设计方法、设计准则、试验规范和工艺规范,形成规范的现代设计体系和虚拟试验体系,实现由"经验设计"向"预测和创新设计"转变。现代武器发射系统的开发流程如图1.7所示。

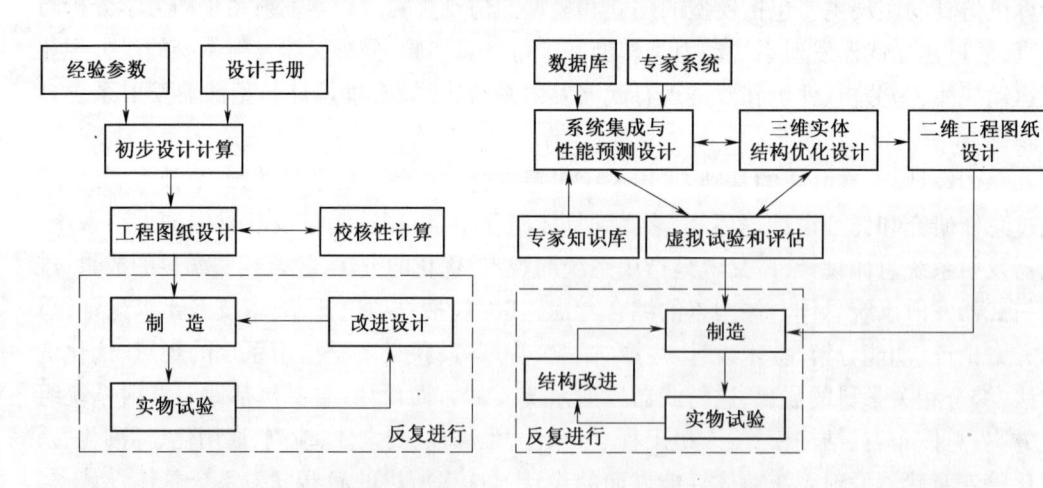

图1.6 传统武器发射系统的开发流程　　图1.7 现代武器发射系统的开发流程

武器发射系统具体设计流程如图1.8所示。

(1) 根据作战任务需求,进行终点效应分析,得出弹重、终点参数等。

(2) 根据终点效应分析结果和战技要求,进行弹药设计,给出弹丸参数、装药参数等。

(3) 根据射程要求,以及弹药设计和终点效应结果,进行外弹道设计,得出初速和射角等。

(4) 根据弹重、初速等参数,进行内弹道设计,给出相应膛压规律等。

(5) 根据总体要求,进行总体的初步设计,初步给出总体结构和主要尺寸。

(6) 根据内弹道设计、弹药设计和总体设计的结果,进行身管设计,给出身管的结构等。

(7) 根据内弹道设计、身管设计和总体设计的结果,进行受力和运动分析,给出最大后坐阻力、后坐长等。

(8) 根据受力和运动分析结果,进行缓冲装置设计与分析,给出缓冲装置的结构、射击载荷等;如果不符合总体要求,则改进设计。

(9) 根据射击载荷结果,进行架体设计和运动体设计,给出架体和运动体的结构等。

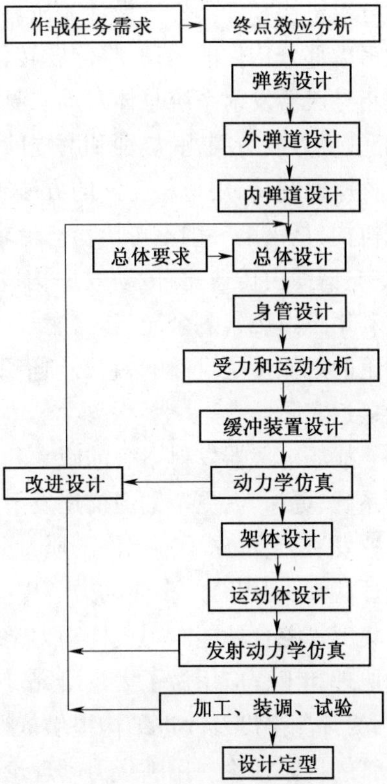

图1.8 武器发射系统设计流程

(10) 完善总体结构,监理发射系统整体动力学模型,进行发射动力学仿真,给出发射系统的工作性能等;如果不满足性能要求,则改进设计。

(11) 加工、装调、试验、验证;如果不满足要求,则改进设计;如果满足要求,则进行设计定型。

武器发射系统的设计过程是一个反复设计,反复分析,反复修改,反复验证,不断完善的过程。武器发射系统的设计过程是一个多方案、多参数、多目标的评价和决策过程。运用优化设计方法可以使这一过程科学化和规范化,减少不必要的反复,保证优质高效地完成设计任务。

1.3 武器发射系统设计理论

武器发射系统设计理论是武器发射系统设计的理论基础,是武器发射系统设计中基本概念、理论、方法及过程的高度概括。它主要研究武器发射系统的组成与性能评价,研究各种武器发射系统发射原理、伴随现象及其规律性,研究武器发射系统构成原理与方法,研究武器发射系统主要零部件的设计理论和设计方法等。

武器发射系统设计理论主要包括武器发射系统系统分析、武器发射系统总体设计和武器发射系统主要零部件设计等。

经典武器发射系统设计理论以质点力学和材料力学理论对问题进行近似的描述,从而导出机构和零部件的设计方法。在分析整体受力状态时,将研究对象视为刚体,用动静法考虑部分构件的运动,将问题转化为静力学问题求解,得出一些简单实用的结果,并以此指导武器发射系统总体布局。身管是武器发射系统发射时主要的受力部件,它的强度问题、应力疲劳问题、烧蚀和磨损问题均十分突出,经典理论将它简化为静压作用下的轴对称厚壁圆筒,用材料力学的方法求解。缓冲装置作为控制整体受力和运动的关键性液压机构,是借助一维不可压稳态流求解的。自动机是由一系列凸轮、杠杆组成的复杂运动机构,借助由传速比、传动效率构成的质量替换法,可以将它转化为单自由度问题求解。在利用膛内燃气剩余能量时,燃气的流动和流出问题都是按一维准定常流处理的。经典理论的近似性是显然的,它必须借助试验求取修正系数才能使计算结果在一定条件下比较接近实际。

战场对武器发射系统的威力和综合性能要求越来越高,促使设计理论的发展趋向于更系统、更深入、更精细地描述发射过程。例如,基于动力学方法的武器发射动力学理论迅速发展,它考虑了零部件的质量分布、动态耦合,建立了武器发射系统多刚体动力学模型、刚弹元件组合的多体动力学模型和相应的算法,通过振动特性分析预测其刚度和射击密集度等综合性能。用机构动力学理论分析自动机的多自由度问题,对各种新型自动机的原理和工程应用做了大量研究。用有限元理论对复杂形状的零件进行应力应变场的研究,为预测强度及改进结构提供依据。对身管的预应力强化过程进行弹塑性分析,改进了身管的自紧理论。用断裂力学理论研究身管材料强度和裂纹形成、扩展规律,预测它的低周疲劳寿命。在缓冲装置研究中,提出了轴对称二维定常和非定常湍流模型,用有限差分法详细分析了流液孔附近的流场并对各种情况下的阻力系数进行了理论探讨。对前冲机、可压缩流体缓冲器、二维后坐原理等均作了广泛深入的研究。武器发射系统总体设计理论日益受到重视,也有了相应的发展。武器发射系统设计理论一方面需要继续深化和完善,另一方面还要向新的领域拓展。

作为武器发射系统专业的基础教学,本书仍以牵引武器发射系统为主要对象,经典武器发射系统设计理论为主,适当介绍现代武器发射系统设计理论的新发展和动向。

武器发射系统的发展,总体上体现加速发展的特征,这与研究条件和方法的不断改进提高和研究经验的积累有着密切的联系。在不同的研究阶段,根据对问题的认识程度,灵活运用一种或综合运用数种方法,可以取得事半功倍的效果。

武器发射系统设计理论的发展,为武器发射系统设计提供了一系列行之有效的方法和技术。基于武器发射系统发射动力学模型的计算机仿真技术和虚拟样机技术,在方案设计和试验过程中适时地预测武器的综合性能并提出改进的途径,已成为武器发射系统设计的支撑技术之一;建立在最优控制理论、数学规划基础上的武器发射系统优化设计技术,在缓冲装置、自动机、平衡机等部件上应用,取得了显著的效果;以新原理、新结构、新材料为依托的武器发射系统轻量化技术,正在迅速发展;从分析武器发射系统故障率出发的可靠性分析和设计技术已逐步推广应用,为新武器发射系统的可靠性预测积累了有益的经验;由设计理论和设计经验总结出来的设计准则和设计规范陆续形成;标准化、通用化、系列化的水平不断提高；武器的人机工程设计问题也越来越受到重视。随着计算机的普及，上述各项技术大部分已软件化，形成了如武器发射系统动态设计和分析、发射动力学分析和计算、三维实体建模等多种专用软件包、专家系统和应用程序，配套的数据库、图形库也相继建立，成为武器发射系统研究和工程设计的强大工具，同时，也为建立以计算机为支撑的无图纸化设计方法准备了条件。要强调的是，上述有关设计方法和技术通常在结构方案大体确定之后才能发挥作用，而结构方案的确定，往往离不开设计者的经验和创造性思维，所以武器发射系统工作者需要有广泛的结构知识、丰富的实践经验和强烈的创新意识。

第2章 系统分析与总体设计

2.1 武器发射系统战术技术要求

武器发射系统设计是按照对它提出的主要战术技术性能要求进行的。战术技术性能要求以量化的形式给出,则称为战术技术指标。也就是说,战术技术指标全面地概括了所设计武器发射系统的性能特性。

武器发射系统的战术技术指标主要从作战效能和全寿命周期费用两个方面考虑。

2.1.1 系统效能

系统效能是预期一个系统满足一组特定任务要求的度量,它是系统的有效性、可信赖性和功能的函数。有效性是开始执行任务时系统状态的度量,是指系统在规定条件下随时使用时能正常工作的能力。可信赖性是在执行任务过程中系统状态的度量,是指系统在规定条件下在规定时间能正常工作的能力。功能是指系统能达到任务目标的能力。武器发射系统的作战效能是武器发射系统所能达到预定作战任务程度的定量度量。武器发射系统的全寿命周期费用是指研究、研制、采购、装备、使用这种武器发射系统所需的全部费用。武器发射系统的作战效能分为5个方面,即威力、机动性、快速反应能力、战场生存能力、可靠性。

1. 威力

武器发射系统威力是武器发射系统在战斗中迅速而准确地歼灭、毁伤或压制目标的能力,它是一个与弹、药、发射系统三要素密切相关的多目标函数。通常包括射程、射击精度、火力密度、弹丸对目标的毁伤效能等。

1) 射程

射程,一般指弹丸发射起点(射出点)至落点(炸点)的水平距离称为射程或射击距离,对空中目标射击通常用射高表示。它是衡量武器发射系统远射能力的标志。对于压制武器,通常以最大射程和最小射程来描述。对于坦克炮和反坦克武器,通常以直射距离和有效(穿/破甲)距离来描述。直射距离是指射弹的最大弹道高等于给定目标高(一般为2m)时的射击距离。有效距离是指在给定目标条件和射击条件下射弹能够达到给定毁伤概率的最大射击距离。对于防空武器,通常以有效射高和最大射高来描述。

2) 射击精度

射击精度是射击(弹)密集度和射击准确度的总称。

射击密集度是指在相同的条件下(气象、弹重、装药、射击诸元),用同一武器发射系统发射的弹丸,其弹着点(落点)相对于平均弹着点的密集程度,通常用标准偏差或公算偏差(或然误差)表示。对大口径地面压制武器,射击密集度一般用地面密集度来度量。

地面密集度分为纵向密集度和横向密集度。纵向密集度一般用距离标准偏差(或公算偏差)与最大射程的比值的百分数(或多少分之一)表示。横向密集度一般用方向标准偏差(或公算偏差)与最大射程的比值的百分数(或多少分之一、或密位数)表示。对以直瞄射击为主的武器发射系统,射击密集度一般用立靶密集度来度量。立靶按距离设置有100m立靶、200m立靶、1000m立靶等。立靶密集度分为高低密集度和方向密集度。高低密集度一般用高低标准偏差(或公算偏差)与立靶距离的比值的密位数表示。方向密集度一般用方向标准偏差(或然误差)与立靶距离的比值的密位数表示。

射击准确度是指平均弹着点对预期命中点的偏离程度。

射击精度越高,对目标毁伤的概率就越大。精确制导弹药就是通过在弹药系统中引入制导技术,排除了人工操作和射弹散布的偏差,极大地提高武器发射系统与自动武器发射系统的射击精度。

3) 射速

火力密度大,对目标毁伤的概率和开火的突然性大,既增加了命中目标的可能性,又使敌方来不及采取机动的防御措施,从而增大了对目标毁伤的效果。一般用发射速度来描述火力密度。发射速度(简称射速)是指武器发射系统在单位时间内可能发射的弹数。发射速度可分为理论射速和实际射速。理论射速是指单位时间内可能的射击循环次数。实际射速是指在战斗条件下按规定的环境和射击方式单位时间内能发射的平均弹数。实际射速又分为最大射速、爆发射速(也称突击射速)和持续射速(也称极限射速和额定射速)。最大射速是指在正常操作和射击条件下在单位时间内能发射的最大弹数。爆发射速是指在最有利条件下在给定的短时间(一般10~30s)内能发射的最大弹数。持续射速是指在给定的较长时间(一般1h)内武器发射系统不超过温升极限时可以发射的最大弹数。爆发射速远大于正常的射速。

4) 弹丸对目标的毁伤效能

弹丸对目标的毁伤效能,是指弹丸在目标区或对目标作用时,通过直接高速碰撞及装填物的特殊效应,产生或释放具有机械、热、化学、生物、电磁、核、光学、声学等效应的毁伤元,如实心弹丸、破片、爆炸冲击波、聚能射流、热辐射、高能粒子束、激光、次声、生物及化学战剂气溶胶等,使目标暂时或永久地,局部或全部丧失其正常功能。常用指标包括口径、初速、弹重、杀伤半径等。

2. 机动性

现代战争对武器系统机动性的要求越来越高。对于给定的武器系统,其机动性需求是由任务决定的。武器发射系统机动性分为运行机动能力和火力的机动能力两个方面。

1) 运行机动能力

武器发射系统的运行机动能力是运动能力和运输能力的总称。运动性就是武器发射系统快速运动,进入阵地和转换阵地的能力。运动性包括武器发射系统的动力性能、驾驶性能、制动性能和操纵性能等。运动性具体地又包含道路运动性和越野运动性两个方面。其中道路机动性主要体现在单位功率、最大速度、最大爬坡度、最大行驶距离等方面;越野机动性主要体现在单位压力、最小离地高、攀墙高、越壕宽和涉水深等方面。运动性对各军、兵种联合作战非常重要。运输性是武器发射系统对各种运输方式的适配能力,是指当部队进行大范围或远距离、特殊的紧急调动时,需要用各种运输手段实施,如利用铁路列车实施的铁路输送、使用轮式车辆在公路上实施的公路输送、使用水上运输工具实施的水路输送、使用飞机或直升机等空中运输工具装载装备并直接降落于地面的机降输送、利用航空器将输送的装备从空中投送到指定地点的空投输送、利用直升机外挂吊运的空吊输送等。运输性的因素包括许多方面,既与装备本身的设计特性有关,又与运输条件及运输环境有关。主要包括适应载运工具、装卸机械和交通基础设施的技术条件以及运输环境的条件。运输性对武器发射系统的重量、体积、外形尺寸、质心位置、装卸固定或结合的接口、运输环境条件都有明确要求,研制时都应满足。

2) 火力的机动能力

火力的机动能力,是指武器发射系统在同一个阵地或射击位置上,迅速而准确地捕捉目标和跟踪目标并转移火力的能力,系统的射界、瞄准操作速度和多发同时弹着是衡量火力机动性的标志。

3. 快速反应能力

武器发射系统的快速反应能力一般用系统反应时间来表述。武器发射系统反应时间是指武器发射系统工作时由首先发现目标到武器发射系统能开始发射第一发炮弹之间的时间。武器发射系统从受领任务开始到开火为止所需的时间是衡量武器发射系统快速反应能力的标志。在战场上反应快的一方必占优势。武器发射系统的反应能力主要取决于武器发射系统行军与战斗状态相互转换的时间、武器发射系统进入战斗状态时对阵地选择和设置的难易、对目标的发现、探测和跟踪能力、射击诸元求解与传输速度、射击准备(含弹药准备、供输弹、瞄准操作)的速度等。科学合理的结构设计,采用先进的侦察通讯设备和火控系统、随动系统,是提高武器发射系统反应能力的有效技术途径。

4. 战场生存能力

"消灭敌人,保存自己"是永恒不变的作战原则。在现代战场环境中,对武器发射系统和使用者生存的威胁因素大大增加,提高武器发射系统和使用者在战场上生存能力一直是武器发射系统设计师关注的问题。战场生存能力主要包括伪装和隐身能力、装甲防护能力、核生化"三防"能力、紧急逃生能力、迅速脱离战斗的能力、电子战信息战的能力等。

(1) 伪装和隐身能力,主要是采用的伪装措施和隐身技术。当部队进行调动、集结和隐蔽待命时,尽量不让敌方侦察发现,因此,应有适应环境的伪装措施。武器发射系统装备采用隐身技术,把发射时伴生的声、光、焰降低到尽可能小的程度。

(2) 装甲防护能力,主要是采用装甲和衬里防护。对非装甲的发射系统采用防盾,在有限的范围内防枪弹和破片的毁伤,减少膛口冲击波的伤害;对装甲发射系统,能防破片的毁伤。为了降低穿破甲后的二次毁伤效应,在装甲车内增加一种特殊的衬里,可以降低车内人员、仪器、设备的毁伤。

(3) 核生化"三防"能力,主要是装备具有"三防"能力的设施。未来战争在敌方实施核、生、化攻击时,自行武器发射系统应具有"三防"设施,以确保武器能安全地通过核、生、化污染过的地域。

(4) 紧急逃生能力,主要是武器发射系统应具备防火、灭火、抑爆、逃生的功能。遭敌攻击的一次或二次效应都可能引发火情,特别是在自行武器的驾驶舱、战斗舱内,由于空间狭小、易燃易爆物集中,因而必须有较完善的火情报警、自动灭火系统和消防器材;在设计时采用隔舱化的结构,弹药舱具有抑爆的技术措施;在结构设计时应使各乘员具有迅速、安全紧急逃生的功能。

（5）迅速脱离战斗的能力,主要是指为了防止敌方火力及突袭,武器发射系统应具备迅速转移的能力。当今侦察手段越来越先进,只要武器发射系统一开火就能迅速确定炮位的坐标并实施反击,因而要能在反击的炮火到达前迅速撤出到敌炮火威力范围以外的地域。装备有施放烟幕的系统,能形成足够宽度、高度、厚度、浓度并持续一定时间的烟幕,以便自行武器发射系统在烟幕的掩蔽下迅速脱离战斗。

（6）电子战信息战的能力,主要是为了对抗精确制导弹药的攻击,武器发射系统要求具备电磁干扰的能力,或发射诱饵进行误导、迷盲等。

5. 可靠性

武器发射系统的可靠性是武器发射系统内在质量的重要特征和标志,是武器发射系统的固有属性,贯穿着武器发射系统全寿命周期。武器发射系统的可靠性要求包括可靠性、维修性、安全性等。

（1）武器发射系统可靠性是指武器发射系统在规定的条件下和规定的时间内完成规定功能的能力。武器发射系统可靠性指标一般用故障率、平均故障间隔发数、寿命、储存期限等来度量。

（2）武器发射系统维修性是指武器发射系统在寿命周期内,经过维护和维修可以保持或恢复其正常功能的能力。武器发射系统维修性指标一般用预防维修周期、维修时间、修复时间、保养时间等来度量。

（3）武器发射系统安全性包括操作安全性和设备安全性等。

2.1.2 全寿命周期费用

武器发射系统全寿命周期费用包括研究与研制阶段费用、投资与采购（生产与装备）阶段费用和使用与支援阶段费用等。在减小武器发射系统全寿命周期费用中,特别要注意以下两个方面。

1. 勤务性

勤务性就是使操作武器的战士易于掌握和使用武器,以使武器保持最优的性能,发挥最大的设计功用。勤务性的基本原则是要求武器的使用简单、安全、可靠、方便和耐久,主要包括以下几个方面。在保障武器基本性能的情况下,武器的结构应尽量简单,操作尽量简易,且易于维护和保养;为保证武器的安全使用,应在武器易发生危险之处加置各种保险机构;为满足发射可靠性要求,武器发射机构的动作应可靠,不允许产生超出设计方案的意外故障;本着以人为本的原则,应尽可能方便战士操作使用;应保证武器在不同环境下使用的耐久性和可靠性。

2. 工艺性

武器系统的生产经济性要求主要体现在以下几方面。结构工艺性良好,便于生产,成本低;零部件通用化、标准化,互换性好,符合大量生产的要求;材料来源有保障。在设计中应使所设计的结构易于加工,提出的加工精度和粗糙度量值适当。在不影响武器性能的前提下,应做到尽量降低加工精度要求,以降低生产费用,提高成品率;由于加工方法是否先进也直接影响到武器性能及其生产费用,应尽量不采用诸如切削加工、精密铸造、高速锻造、电解加工和成型加工等先进工艺。现代战争对武器的消耗量很大,所以在武器生产时应尽量采用标准化和系列化的零部件,选择较大的公差配合来增加零件的互换性,以使武器符合大量生产的要求。由于我国贵重金属(如镍、铬等)稀少,而用于武器生产的金属合金也不能大量依靠进口,因此在保证武器性能的前提下应尽可能使用国产价格便宜的低合金钢材或普通钢材,这样做的好处在于普通材料易于取材,且价格低廉,节约成本;立足于国产材料,可避免战时一旦进口材料供应中断造成的原材料短缺。同时还要注意,在考虑减轻武器质量时,应尽量采取其他手段而避免单纯依靠使用轻质合金。

2.2 武器发射系统分析

2.2.1 系统分析的任务

武器发射系统系统分析,就是用系统分析方法来分析武器发射系统,寻求最优方案。武器发射系统系统分析,是使用周密、可再现技术来确定武器发射系统各种方案的可比性能。

武器发射系统系统分析的任务包含以下内容。

(1) 向武器发射系统设计决策者提供适当的资料和方法,帮助其选择能达到规定的战术技术指标的武器发射系统方案。

(2) 对武器发射系统设计的不同层次进行分析,提供优化方案。

(3) 对武器发射系统的发展、选择、修改、使用提出改进意见。

系统分析者应该不带偏见,进行公正的技术评估。因此,在进行武器发射系统系统分析时,必须注意系统分析的要素。

(1) 目标,系统分析的主要任务和目标必须明确。

(2) 方案,系统分析的目的是选择优化方案,必须进行多方案比较。

(3) 模型,系统分析确定的是各种方案的可比性能,必须建立抽象的模型并进行参数量化。

(4) 准则,系统分析的过程是选优过程,必须实现制定优劣评判标准。

(5) 结果,系统分析的结果是得到最优方案。

(6) 建议,系统分析的最终结果是提出分析建议,作为决策者的参考意见。

2.2.2 系统分析方法

武器发射系统系统分析方法主要包括系统技术预测和系统评估与决策两个方面。

1. 系统技术预测

武器发射系统技术预测,是预测现有武器发射系统(零部件)其特性及行为。武器发射系统技术预测方法主要有几何模拟法、物理模拟法、动力学数值仿真法、虚拟样机仿真法等。几何模拟法,是从结构尺寸上,用模型模拟实体,可以是实物几何模拟,如木模等,也可以是计算机实体造型,主要分析实体的造型、结构模式、联接关系等。物理模拟法,是根据量纲理论,用实物或缩尺模拟实物的动态特性。动力学数值仿真法,是应用动力学理论、建立数学模型,应用计算机求解、分析武器发射系统动态特性,并用动画技术进行动态演示。虚拟样机仿真法,是利用多媒体技术,造就和谐的人机环境,创造崭新的思维空间、逼真的现实气氛,模拟系统的使用环境及效能。目前应用较广泛的是武器发射系统动力学数值仿真和虚拟样机仿真。

1) 武器发射系统动力学数值仿真

武器发射系统动力学数值仿真是在计算机和数值计算方法发展的条件下形成的一门新学科。目前武器发射系统的动力学分析、动力学设计、动态模拟和动力学仿真,以及有关的试验、测试研究已具备了相当的水平,对武器发射系统的研制、开发起到积极的推动作用。

在总体与重要构件设计中,动力学数值仿真主要解决以下问题。已知力的作用规律和武器发射系统的结构,求武器发射系统一定部位的运动规律;已知力的作用规律和对武器发射系统运动规律的特定要求,对武器发射系统结构进行修改或动态设计;已知力的作用规律和武器发射系统的结构,求力的传递和分布规律。如自行火炮行进间射击时,对路面的响应对射弹散布影响分析;武器发射系统动态特性优化设计;以减小武器发射系统腔口动态响应为目标(跳动位移、速度、侧向位移、速度、转角及角速度等),找出主要影响因素,进行结构的动态修改。

武器发射系统动力学数值仿真关键是建立数学模型。一般在对研究对象深入理解和分析的基础上,用多刚体动力学方法建立武器发射系统动力学仿真数学模型。多刚体系统动力学是古典的刚体力学、分析力学与现在的计算机相结合的力学分支,它的研究对象是由多个刚体组成的系统。多刚体动力学方法是常见的动力学仿真方法,基本思想是把整个系统简化为多个忽略弹性变形的刚体,各个刚体之间利用铰链或带阻尼的弹性体连接,根据各刚体的位置、运动关系和受力情况建立相应的全系统动力学方程。

武器发射系统动力学数值仿真常用的多刚体动力学方法有拉格朗日方程法、凯恩法、牛顿—欧拉法、罗伯逊—维登伯格(R-W)法、力学中的变分法和速度矩阵法等。

2) 虚拟样机仿真

武器发射系统虚拟样机仿真,是结合武器发射系统动力学分析方法和运用有限元方法,运用三维计算机虚拟模型,对武器发射系统及其主要关键结构进行基于有限元的刚强度分析和基于刚体动力学的动力响应分析,预测武器发射系统及其主要关键结构的动态行为和特性。通过武器发射系统虚拟样机仿真可以预测武器发射系统的动态特性、系统精度以及系统动态刚强度等直接影响武器发射系统性能和状态的理论结果。

武器发射系统动力学虚拟样机仿真研究中,关键是解决两个技术问题模型的准确性和模型所需的原始参数的准确性。为此,在理论研究的同时,需要建立相应的试验条件来检验和校准动力学模型的准确性。

由于现代武器发射系统随着现代科学技术的发展变得越来越复杂,建立一个能考虑各种因素在内的精确的武器发射系统动力学虚拟样机几乎是不太可能的。为此,在建立武器发射系统动力学虚拟样机时应根据武器发射系统的特点,抓住要害,在前人研究的基础上,应重点考虑武器发射系统机电系统的耦合问题;武器发射系统系统动力学中的非线性问题;武器发射系统的动态响应问题;武器发射系统结构的性能控制问题。

2. 系统评估与决策

武器发射系统的研制过程是一个择优的动态设计过程,又是一个不断在主要研制环节上评价决策的过程。武器发射系统的评价决策与研制过程中结构优化设计不同处在于它是对经过多种方法优化提出的多方案的评价;它是系统的高层次综合性能评估。决策的目的和任务是合理决定武器发射系统的战术技术指标,选择方案,以最经济的手段和最短的时间完成研制任务,因此要有评价方法。显然,评价方法应能对被评系统做出综合估价(综合性),同时评价的结果应能反映客观实际并可度量(代表性和可测性),最后方法应简单可行(简易性)。

武器发射系统全面评价(不再区分方案与产品),应是性能(或效能)、经济性(全寿命周期费用)两方面的综合评价,即通常所说的"效费比"。根据需要,性能和经济性评价也可分开进行。

评价作为一种方案的选优方法或者作为提供决策的参考依据,不可能是绝对的。但评价方法的研究会促使决策的科学化,使考虑的问题更加有层次和系统,减少盲目性和片面性。

武器发射系统评估与决策方法主要有效费比分析法、模糊评估法、试验评价法等。

1) 效费比分析法

系统分析是对系统可比性能进行分析,系统的性能一般应转化为数量指标。为了对武器发射系统进行系统分析,通常将武器发射系统的主要战术技术指标转化为武器发射系统综合性能指标。效费比是常用的武器发射系统综合性能指标之一。

效费比(也称相对价值),是以基本装备为基准,经过规范化的,武器发射系统的相对战斗效能与相对寿命周期费用之比。

效费比综合评定不同武器发射系统的性能,应用比较广泛。

效费比分析法,也称综合指标法,是对能满足既定要求的每一个武器发射系统方案的战斗效能和寿命周期费用进行定量分析,给出评价准则,估计方案的相对价值,从中选择最佳方案。

效费比分析法主要用于3个方面:从众多方案中选择最佳方案;定量分析所选方案的相对价值;分析技术改进对系统的影响以及技术改进方向。

效费比分析的主要内容包括任务需求分析,不足之处和可能范围分析,使用环境分析,约束条件分析,使用概念分析,具体功能目标分析,系统方案分析,系统特性、性能和效能分析,费用分析,不定性分析,最优方案分析,预演,简化模型,效能与费用分析报告等。

效费比分析的主要关键是模型的建立,及其定量化描述。

武器发射系统效费比分析法的实质是建立一个能客观反映武器发射系统性能主要因素间关系的、可量化的评价指标体系,用以评估武器发射系统的综合性能,并引入武器发射系统效能概念,在估算或已知有关费用(成本或全寿命周期费用)的条件下对武器发射系统进行效费分析。

武器发射系统的效能与武器发射系统对目标的毁伤能力,射击能力,可靠性,生存能力等综合在一起,建立起相关的数学模型,通过计算得到量化结果。目前尚未有适用于不同武器发射系统的通用方法(主要指评价指标体系的组成与有关能力的定义和所含因素等),因此分析模型也因产品而异。

2) 模糊评估法

模糊评估法,是应用模糊理论对系统进行评估选择较优方案。武器发射系统中常有一部分定性要求如结构布局、外形、使用操作方便等无法定量,只能以好、较好等模糊概念评价。模糊数学评价实质是将这些模糊信息数值化进行评价的方法。这种方法对系统复杂,评估层次较多时也很适用。

模糊评估法的关键,是隶属度的确定,即将用自然语言表述的各方案的性能关系(模糊的)进行数量化(确定的)。确定各方案的性能关系,一般可以采用专家评估法(专家评估法也可以作为独立评估法使用)。

3) 试验评价法

在武器发射系统研制中,当某些技术、设计方案最终产品必须通过试验后才能做出评价时,采用试验评价法。试验评价法大致可以分鉴定试验、验证试验和攻关试验3种类型。

(1) 鉴定试验,是对最终产品的各项功能,按照经批准地有效的试验方法或试验规程进行试验,根据试验结果,评价被鉴定产品与下达的战术技术指标的符合程度,并做出结论,称鉴定试验。鉴定试验在设计定型和生产定型阶段,是做出能否定型的主要依据;在方案阶段是带有总结性的重要工作;对重大的改进项目,是决定取舍的依据。我国已制订了一系列作为国家和行业标准的试验法,是进行鉴定试验必须遵守的法规。

(2) 验证试验,是当一项新原理、新方案形成后,借助理论分析和计算仍不能完成评价和决策,而必须通过试验,取得结果才能评价、决策时,所进行的试验称验证试验。在方案构思和探索过程中,是十分重要的工作。验证试验根据试验内容可能是实物、半实物或数字仿真试验,也可以是射击试验。验证试验一般都需要有实验装置或技术载体。

(3) 攻关试验,是当研制工作碰到重大的技术难题,靠理论分析和计算难以或不可能进行定性,特别是定量分析而不得不借助试验时,这类试验称为攻关试验。进行攻关试验的关键是试验设计,合理的试验设计能迅捷地、经济地完成试验,达到预期的目的。攻关试验根据内容或运用现有的试验条件和措施,或部分、或全部更新;可以在实验室或厂房内,也可以在野外进行。

在武器发射系统的总体设计中,除了应用理论、方法和技术以外,还应重视贯彻和执行相关的技术标准,重视运用各类指导性的文件、资料、手册、通则,这是十分重要的。因为它们都是大量实践经验的总结,代表了相应时期的科学技术发展水平。对它们的执行和运用,可以避免个人经验的局限和水平的制约,还可以使设计人员把精力集中在关键问题的创造性劳动上,避免不必要的低水平重复劳动。

2.3 武器发射系统总体设计

我国的武器发射系统研制,一般分5个阶段。

(1) 论证阶段:主要工作是战术技术指标的可行性论证(论证由使用部门,即军兵种组织)。论证结果得到战术技术指标。战术技术指标经批准后,将作为型号研制立项的依据。

(2) 方案阶段:主要工作是论证功能组成、原理方案、方案设计、结构与布局等。方案论证,除理论计算和初步设计外,对关键技术或部件乃至整机,需要设计制造原理样机进行试验验证。从方案阶段开始,主要由工业部门负责。方案论证结果,落实到研制任务书的编制,上报主管领导机关,并经批准后,研制任务书即为设计、试制、试验、定型工作的依据。

(3) 工程研制阶段:主要工作是设计、试制、试验、鉴定等。工程研制阶段设计并制造出样机。通过工厂鉴定试验后,把遗留的问题逐一解决,并落实到设计定型样机(正样机)的图纸资料上,并按定型要求制造出若干设计定型样机。

(4) 设计定型阶段:主要工作是通过试验和部队热区、寒区试用,全面考核新设计的火炮性能,确认所设计的新火炮样机是否达到研制任务书的要求。设计定型阶段包括设计定型试验及设计定型(鉴定)。

(5) 生产定型阶段:主要工作是对生产工艺、生产条件的考核和鉴定,以及试生产产品的试验鉴定和部队试用。生产定型阶段包括生产定型试验、试用及生产定型。

武器发射系统总体设计,始于新武器发射系统的方案阶段并贯穿于武器发射系统研制的全程。它侧重处理武器发射系统全局性的问题。在方案阶段,根据上级下达的战术技术指标,分析可行的技术途径和技术难点,进行总体论证,对形成的若干个总体初步方案进行对比、评价决策和遴选;在工程研制阶段,运用参数分析、系统数值仿真、融合技术等方法指导部件设计,侧重解决部件之间的接口、人机工程、可靠性、可维修性、预留发展、系统优化和可生产性等问题;在设计定型阶段,要考核武器发射系统各项性能,还要继续处理新发现的问题。部件设计侧重解决具体技术问题,保证布局、结构、性能满足总体的要求。

武器发射系统研制的技术依据是军方(或需方)的战术技术指标。战术技术指标是对武器发射系统功能与战术性能的要求。

2.3.1 总体设计的内容

1. 总体设计的任务

我国目前把武器发射系统的研制过程分成5个密切联系的阶段。在方案阶段,新武器发射系统已经进行了包括功能组成,结构与布局等总体和重要组成部分的多方案论证和评价,并经上级决策选择了一个方案转入工程研制。因此,可以说武器发射系统的总体与全局性设计主要是在方案阶段完成的,也是总体工作最为复杂和繁重的阶段,将决定工程研制阶段的技术进展与风险大小,决定产品的技术品质。方案论证和评价工作的深入与详实,结论的可信度以及决策的准确性是十分关键的,是整个产品研制中的关键阶段。这个阶段形成的方案与设计是产品研制最早期的设计,在新技术采用较多以及经验相对不足时,设计者经常看不清设计系统中一些功能与所采取措施间的函数关系或必然联系,特别复杂的产品更是如此。方案论证中以及后续研制阶段中必然要反复协调修改与逐次迭代。

在分析研究战术技术指标的基础上,总体设计的任务如下所述。

(1) 提出武器发射系统的(功能)组成方案,工作原理。

(2) 分解战术技术指标,拟定和下达各组成部分的设计参数,确定各组成部分的软、硬件界面,软、硬件接口的形式与要求。

(3) 确定系统内物质、能量、信息的传递或流动路线与转换关系和要求。

(4) 建立系统运行和工作的逻辑及时序关系,对有关模型和软件提出设计要求。

（5）进行总体布局设计，协调有关组成部分的结构设计，确定系统形体尺寸、质量、活动范围等界限以及安装、连接方式。

（6）组织和指导编制标准化、可靠性、维修及后勤保障、人机工程等专用大纲、专用规范等设计文件。

（7）组织关键技术、技术创新点的专题研究或试验验证，对关键配套产品、器件、材料进行调研落实，对关键工艺与技术措施进行可行性调研与分析并提出落实的建议。

（8）提出武器发射系统工厂鉴定试验的方案与大纲，组织编写试验实施计划，组织武器发射系统的试验技术工作。

（9）编制武器发射系统总体设计、试验、论证等技术资料。

（10）负责研制全过程的技术管理。

2. 总体设计的一般原则

总体设计的原则是以低成本获得武器发射系统的较佳综合性能，获得较高的效费比。为达到此目的，在系统构成选择、总体构形与布局、设计参数确定等方面有以下一些原则。

（1）着眼于系统综合性能的先进性。在总体方案设计、选择功能组成时不只是着眼于单个组成性能的先进性，更注意组成系统综合性能的先进性。

（2）在继承的基础上创新。在满足战术技术指标的前提下，优先采用使用成熟技术和已有的产品、部件。结合实际情况，充分利用和借鉴现有相关技术的最新研究成果，积极开拓思路，进行技术创新，改进现有产品或进行创新设计。但是，一般采用新技术和新研制部件应控制在一定的百分比之内，比例过大将会增加风险和加长研制周期。

（3）避免从未经生产或试验验证的技术或产品系统中获取关键数据。

（4）从设计、制造、使用全过程来研究技术措施和方案的选取。综合考虑实现战术技术指标，并满足可生产性、可靠性、维修性、训练与贮存等各有关要求，从初始设计起将上述问题纳入设计大纲和设计规格书之中，譬如新武器发射系统设计不单要考虑维修性，而且要尽量利用已有的维修保养设施。可维修性考虑不周，问题积累多，可能造成装备实际上不可用的严重后果。

（5）注意标准化、通用化、系列化与组合化设计。在总体设计时，应当与使用方和生产企业充分研究标准化、通用化、系列化的实施，对必须贯彻执行的有关国家和军用标准，应列出明细统一下发，对只需部分贯彻执行的，则进行剪裁或拟定具体的大纲。充分重视组合化设计。

（6）尽量缩短有关能量、物质和信息的传递路线，减少传递线路中的转接装置数量。

（7）在技术方案设计完成后应认真编制制造验收技术条件及相关的检测、验收技术文件，进行综合试验设计并拟定试验大纲。

（8）软件是武器发射系统的重要组成部分，对它的功能要求、设计参数拟定、输入与输出，与有关组成的接口关系，检测与试验设计，应按系统组成要求进行。

3. 总体设计的主要内容

1）方案论证

方案论证对后续工作有重要影响，方案论证充分则事半功倍，否则后患无穷。方案论证主要包括以下主要内容。

（1）技术指标,可以分为可以达到的技术指标、经努力可能达到的技术指标、可能达不到的技术指标、不可能达到的技术指标。

（2）关键技术,包括需采取的技术措施,需专项攻关的问题。

（3）必要的实物论证,包括弹道、供输弹系统、反后坐装置、总体布置、随动系统、火控系统、探测系统等考核性试验。

2）样机方案设计

样机主要有原理样机、初样机、正样机、定型样机等。样机方案设计主要包括以下几部分。

（1）系统组成原理(框图),采用黑匣子设计原理,串行设计与并行设计相结合,合理管理。

（2）性能指标的分解与分配。

（3）结构总图(由粗到精)。

（4）各子系统的界面、接口的划定及技术协调、仲裁。武器发射系统参数是多维的(三维空间、时间、质量、环境条件、电、磁等),接口技术原则是适配、协调、安全、可用、标准。接口界面有物理参数(相关作用、匹配管理)、结构适配(干涉)、时序分配、电磁屏蔽、软件(可靠性、兼容性、稳定性等)。

3）组织实施系统试验

策划全系统的以及关系重大的各种试验,并组织实施,获取多种有用的试验数据,进行处理分析,对试验结果进行评估。

4）系统设计规范化、保证技术状态一致性

适时地下达设计技术规格书,确保技术状态一致性,可追溯性。

5）组织设计评审

组织和主持全系统和下一层次的设计评审。

6）技术文件及管理

拟定各类技术管理文件,并具体落实到位,实施管理。

4. 总体设计的一般步骤

武器发射系统的总体设计的一般步骤包括以下几步。

（1）分析战术技术指标。

（2）根据战术技术指标,划分功能组成,确定产品的组成层次。

（3）分解战术技术指标,拟定下属层次组成的设计参数和要求。

（4）进行工作原理与结构布局设计。

（5）对方案进行评价、决策。

（6）编制总体设计文件。

由于武器发射系统的特殊性和设计要求,研制中总体设计任务贯穿在研制的各阶段中,并且根据需要设置若干评审决策点,以确保研制工作正常进行。

2.3.2 总体方案构建

1. 选定系统组成

战术技术指标大体上确定了武器发射系统组成的基本框架。但由于某些功能可以合并或分解,因而可以设计或选择为一个或两个功能部件,又由于许多功能部件或产品有多种不同形式或结构,加上设计者可以根据需要进行创新,如功能合并或分解、结构形式或工作原理不同等,所以可以有不同的组成方案。只有针对具体的组成方案才能进行战术技术指标的分解,并对具体组成件提出为保证对应指标实现的具体设计参数。

不同国家的许多同类武器发射系统,功能和指标相近,但具体组成件的数目不尽相同,同功能件结构形式不同,因而在总体结构与外观上有十分显著的区别。在它们之间性能相近时,体现了一种设计风格;如果性能指标有高低之别,则体现了设计水平。所以选定系统组成时在实现战术技术指标的前提下,应从总体与组成件,各组成件之间的结构、工作协调以及经济性、工艺性等各个方面综合权衡。在满足功能和指标要求下,尽量选用成熟部件或设计,经加权处理后,一般新研制部件以不超过30%左右为宜。

选定系统组成是总体工作的初始工作,它与指标分解、设计参数拟定、总体结构和布局与接口关系等一系列总体工作有关,是一个反复协调的过程。

2. 分解战术技术指标与确定设计参数

把战术技术指标转化为武器发射系统组成部分的设计参数,是满足战术技术指标,提出系统组成及有关技术方案的重要工作。譬如武器发射系统的远射性指标有最大射程、直射距离、有效射高等,这项战术技术指标通过外弹道设计将转化为弹丸的初速。内弹道设计把初速转化为身管长度、药室尺寸以及发射药品号、药形、装药量等一系列身管、发射装药的设计参数。对一定质量的弹丸,达到一定初速,可以有不同的内弹道方案,所以战术技术指标分解为有关设计参数,形成技术措施时是多方案的。一项战术技术指标转化成各层次相应的设计参数时,有些参数还受其他战术技术指标的制约,如弹形不仅和射程有关也和散布有关,这种相互制约表示了武器发射系统各组成部分的依从和制约关系。所以分解转化战术技术指标必须全面分析,注意保证武器发射系统的综合性能,而不能只从一项指标考虑。

在实际工作中,战术技术指标有可分配和不可分配两类。如系统的质量,在经过分析或类比有关设计后,可向低层次逐层分配,为可分配参数。而如贯彻标准化、通用化、系列化、组合化的要求将直接用于有关组成部分,并不分配或不可分配。可分配战术技术指标还分为直接分配类和间接分配类。前者如武器发射系统从接到战斗命令,到完成一切射击准备的反应时间,可直接按一定比例分到有关组成环节上;后者如射程、环境条件,要通过各种可能措施的分析,选定有关组成的设计参数。战术技术指标的分解、转化都将从分析、分配过程中找出实现战术技术指标的关键和薄弱环节。

战术技术指标分解、设计参数的确定与系统组成的选定是密切相关的,实际上是对组成方案的分析和论证,并在各组成的软、硬特征上进一步细化和确定。这项工作是由总设计师统一组织,在组成系统的各层次,是由各级设计师同时进行的,是武器发射系统方案设计,总体设计的重要环节。

系统中指标分配主要是射程与射弹散布、反应时间、射击诸元求解与瞄准误差、射速、质量等,通过分配将基本确定了武器发射系统的软、硬特性。

战术技术指标分解与转化后应形成一个武器发射系统按组成层次形成的技术设计参数体系,它将反映指标分配与方案论证的过程,是武器发射系统设计的基础,也是制定各层次设计规格书的基础。

3. 武器发射系统的原理设计

与武器发射系统组成和战术技术指标转化工作同时进行的工作是原理设计,主要解决以下问题。

(1)武器发射系统各功能组成间能量、物质、信息传递的方向和转换,各功能组成间的界限与接口关系。

(2)系统的逻辑与时序关系。

(3)模型或软件的总体设计。

武器发射系统的各功能结构在工作时要按一定的顺序,有一定的持续时间,与其前行或后继的功能结构间有能量、物质、信息等的传递和转换。在功能组成设计、战术技术指标分解的同时,必需将各功能组成的上述关系一一弄清,才能形成完整的武器发射系统功能,包括各种工作方式的设计。

武器发射系统原理设计主要以方块图表示,在各方块之间有表明传递性质或要求的连线,此外有流程或逻辑框图来表明工作逻辑关系。时序图是协调处理时间分配的主要手段。

4. 总体布置与结构设计

确定武器发射系统的总体布置是各种武器发射系统设计的重要环节,与武器发射系统中主要装置或部件的结构、布局直接有关,应从火力部分以及一些最主要的关键装置或部件的结构选择开始。对自行武器发射系统而言,首先是武器发射系统及炮塔结构与布局,其次是发动机布局与底盘结构设计。如多管自行高炮炮塔是按中炮还是边炮布局,容纳几名炮手,对整个武器发射系统形式与有关仪器设备的布局与联接均带来很大的不同。

武器发射系统的总体布置要做到全系统的部件、装置在空间、尺寸与质量分布上满足武器发射系统射击时的稳定,各部件受力合理等有关要求,还应使勤务操作方便,动力与控制信号传输路程短,安装、调试、维修方便并减少分解结合工作,减少不安全因素等。

要做到上述要求是不容易的,因为总体布局与有关结构设计是在有空间、质量等各种限制条件下进行的,许多要求之间是矛盾的。

5. 武器发射系统总体性能检验、试验方法及规程、规范的制定

武器发射系统设计中对于人机工程,操作勤务,维修保养,安全与防护各方面要求,应有详细的设计规范或参考资料。

在结构设计时除使用计算机辅助手段设计平面布置图,各种剖视图、三维实体与运动图外,对特别难以布置或特别重要的结构布置,用按比例或同尺寸实体模型进行辅助设计是必要的。

2.3.3 总体布置

武器发射系统零部件以及相互协调配合决定武器发射系统性能。武器发射系统总体布置就是从武器发射系统的整体性能要求出发,进行总体安排,协调各零部件之间的关系,将设想变为具体设计方案,以寻求最有利的设计方案。

在武器发射系统总体布置时会受到一些限制,尤其是对武器发射系统的尺寸和质量以及防护性能的限制。在武器发射系统总体布置时,在满足总体战术技术要求的前提下,应尽可能考虑一些特殊限制,合理设计结构。

1. 质量估算

质量估算一般利用金属利用系数和质量分配系数进行。质量分配系数

$$\varepsilon = \frac{m_0}{m_Z}, \varepsilon_i = \frac{m_i}{m_Z}$$

式中:ε 为后坐部分质量分配系数,一般简称为质量分配系数;m_0 为后坐部分质量;m_Z 为武器发射系统战斗状态质量;m_i 为第 i 个零部件质量;ε_i 为第 i 个零部件质量分配系数。也有以后坐部分质量为基准,定义其他零部件质量分配系数

$$\varepsilon_i' = \frac{m_i}{m_0}$$

1) 全炮战斗状态下质量(全炮重)

根据炮口动能 E_0,参考现有同类武器发射系统金属利用系数 η_E,选取武器发射系统金属利用系数 η_E,利用金属利用系数估算全炮战斗状态下质量(全炮重),即

$$m_Z = \frac{E_0}{\eta_E}$$

或者根据火药气体作用全冲量 I_p,参考现有同类武器发射系统冲量系数 $\eta_I = 30 \sim 70$,选取武器发射系统冲量系数 η_I,利用武器发射系统冲量系数估算全炮战斗状态下质量(全炮重),即

$$m_Z = \frac{I_p}{\eta_I}$$

2) 武器发射系统各部分质量

后坐部分质量,可以利用质量分配系数 ε 来估算:

$$m_0 = \varepsilon m_Z$$

一般质量分配系数,$\varepsilon = 0.3 \sim 0.5$。可以证明,当 $\varepsilon = 0.5$ 时,m_Z 最小。此时,炮架质量等于后坐部分质量。一般炮架质量 m_j 也可以利用炮架金属利用系数 η_j 和后坐动能 E_T 来估算:

$$m_j = \frac{E_T}{\eta_j}$$

炮身质量,可以利用质量分配系数 ε_{ps} 来估算:

$$m_{ps} = \varepsilon_{ps} m_Z$$

也可以利用后坐部分质量来估算:

$$m_{ps} = \mu m_0$$

式中:比例系数 μ 与后坐部分的组成有关,一般 $\mu = 0.85 \sim 0.97$。

2. 总体尺寸确定

1) 火线高

火线高是指武器发射系统在战斗状态,射角 $\varphi = 0$ 时,炮身轴线距水平地面的距离。火线高的确定,主要考虑发射时的稳定性、作战时的隐蔽性、开关闩时的方便性、后坐不碰地、行军稳定性、结构布置的可能性等。

2) 质心位置

武器发射系统质心位置是指武器发射系统在战斗状态,射角 $\varphi = 0$ 时,武器发射系统

质心到前后支点的距离。武器发射系统质心位置的确定,主要考虑发射稳定性、机动性、抬架力、放列性等。

3) 后坐长

后坐长是指武器发射系统后坐部分最大后坐距离。后坐长的确定,主要考虑后坐力、射速、后坐不碰地等。

4) 耳轴位置

耳轴位置是指武器发射系统耳轴中心到支点的距离,以及耳轴中心到炮尾后端面的距离。耳轴位置的确定,主要考虑与武器发射系统质心位置、后坐长的协调,射界、瞄准的轻便性、摇架和上架的结构等。

5) 辙距和最低点距地高

辙距是指武器发射系统行军状态时,武器发射系统左右车轮中心线间的距离。最低点距地高是指武器发射系统行军状态最低点距离地面的最小距离。辙距和最低点距地高的确定,主要考虑武器发射系统宽度、方向射界、行军侧向稳定性、行军通过性等。

6) 极限尺寸

极限尺寸是指武器发射系统行军状态和战斗状态外形的最大长、宽、高。极限尺寸的确定,主要考虑武器发射系统行军通过性,运输性,隐蔽性等。

3. 各部件的布置与协调

武器发射系统和其他机械产品一样,是由许多零、部件有机组合而成的整体。武器发射系统性能的好坏不仅取决于各零部件本身的性能,而在很大程度上取决于各零部件的相互协调和配合。因此在决定各零部件的结构和有关参数时,必须从武器发射系统的整体性能要求出发,首先进行总体安排,协调各零部件之间的关系,即进行总体布置。

总体布置的目的是将对整炮的设想变成具体的设计方案,同时也是为了校核初步选定的各零部件的结构和尺寸能否符合整炮尺寸和参数的要求,以寻求最有利的设计方案。总体布置的依据是战术技术要求。总体布置的主要工作内容是全炮的结构设计和接口设计。

起落部分布置主要是缓冲装置和摇架相对炮身位置的确定,同时考虑高低机齿弧和耳轴在摇架上的布置位置。

缓冲装置的布置位置直接影响到后坐部分及起落部分的质心位置。从而影响射击时身管、摇架和高低齿弧的受力。同时影响摇架的结构和火线高等。还要考虑留有适当的空间安置必要的装置等。在确定后坐部分质心位置时,为减小身管和炮架等的受力,应尽量使之接近炮膛轴线,以减小动力偶矩;在满足总体布置其他要求的情况下使质心后移,有利于减小起落部分的重力矩。缓冲装置相对炮身的布置位置基本有下列3种,即缓冲装置布置在身管的上、下方,或全部布置在身管的下方,或全部布置在身管的上方,在满足系统综合性能的前提下,尽量使结构布置紧凑。

摇架上耳轴的位置不同,会影响高低机齿弧的受力、射击精度和后坐(是否容易碰地)。

回转部分布置主要是高低机布置、方向机布置、平衡机布置布置等。

高低机布置包括高低齿弧的位置、传动机构和手轮位置的确定。同时需要协调布置空间所涉及的部件(如摇架、上架、方向机和平衡机等)之间的关系。手轮的位置必须按照人机工程原理,满足操作方便的要求。现代武器发射系统均采用两个瞄准具,直接瞄准具和间接瞄准具。为不使两个瞄准具相互妨碍操作,应将其左右、前后均相隔一定的距离布置。常将直接瞄准具放在外侧,间接瞄准具放在内侧。方向机布置应根据所需的方向射界、瞄准速度和驱动方式来确定。平衡机布置主要是确定支点位置,放置状态,力求减小手轮力,同时考虑使结构布置紧凑和减轻平衡机质量。

对自行武器系统,还应考虑炮塔的布置、火力控制和通信系统布置、底盘系统的布置等。

炮塔的主要功能是搭载成员和弹药,为各配套设备提供支座,承受射击时的载荷,为炮塔内的人员和设备提供防护等。因此要求炮塔必须满足功能要求,具备足够的刚强度,具有足够的防护能力,重量轻等。

炮塔的布置,主要从行军通过性、隐身性、美观性等角度,考虑炮塔体外形的总体尺寸(长×宽×高),炮塔前甲板与水平面夹角、前侧甲板与水平面夹角、侧甲板与水平夹角等。从稳定性角度,考虑炮塔质心位置、回转中心位置、耳轴中心位置等。从使用性角度,布置炮塔观察窗口、指挥塔、防护罩、舱门、炮塔吊钩和登车握把、工具筐等。

自动炮座圈采用大座圈,保证乘员有较大的活动空间,便于战斗操作。炮塔座圈采用气密袋结构形式,能在车内快速充气密封。活动防盾与托架间采用气密袋结构,充气密封。

吊篮的主要作用是作为炮塔的内支撑,安装各部件。吊篮的布置主要考虑紧凑性、可达性、与其他部件的接口,以及人机工程要求。各组件一般单层排列,避免了交叉拆卸。各组件可以上下布置,也可以内外布置。各组件尽可能符合标准化与互换性的要求,优先考虑采用标准件和通用件。维修工具为常用工具,减少维修内容,降低维修技术要求。采用模块化结构。吊篮的各部件尺寸都是符合人机工程要求、维修方便、可靠的。炮长、瞄准手座椅可以前后、上下调节,装填手座椅可以折叠,作战时可取下。

炮塔内弹药的布置是在满足总体携弹量的要求前提下进行的,主要考虑有利于安全性、有利于供输弹操作、有利于提高射速、有利于利用空间、有利于补弹等。

辅助武器是自行武器发射系统上必不可少的重要组成部分。一般配备 12.7mm 高平两用枪,枪塔可 360° 回转,具有猛烈的对地面和对空射击火力,特别是能用接近垂直于地面的大仰角射击。炮塔两侧装甲板上分别布置多具烟幕弹发射器。自动步枪作为乘员的自卫武器按编制配备,战斗仓内留有固定位置。

火控系统一般包括有火控、随动、通信等部分。火控部分由火控计算机、炮长显控台、横倾/纵倾传感器、惯性导航系统(包括里程计、高程计)、瞄准手显示器与装填手显示器、卫星定位系统、直瞄镜和激光测距机等组成。随动部分由方位/高低传感器、随动控制箱、交流伺服驱动器、执行电机、半自动操纵台等组成。通信部分由数传电台、无线电话、通信控制器、车通等组成。视实际需要,上述内容可以增、删、改。火控系统主要功能是自主定位定向导航、解算诸元、自动操瞄和自动复瞄、直瞄、数传通信、系统自检。

炮长显控台一般采用计算机控制,设置操作键盘和显示器。软件的功能应齐全,操作界面应友好,操作键盘尽可能简化。

火控计算机主要完成操瞄解算、随动控制等项工作。火控计算机要求运算速度快,工作可靠,环境适应性强等。

定位定向一般可采用惯性导航系统和卫星定位系统组合完成。惯导系统安装在炮塔上。惯导系统配有里程计和高程计，具有自主寻北和自主导航功能。卫星定位系统一般采用双星（GPS/GLONASS）定位仪。作战使用时，武器发射系统可自主定位定向。在卫星信号不能利用时，武器发射系统可在测地分队标定的基准点获得惯导系统的位置初始值。

随动控制箱主要完成自动/半自动调炮方式的切换和与随动系统有关的逻辑判断和控制。半自动操纵台要求其输出特性应能控制武器发射系统低速平稳运动。一般操纵台的右操纵手柄上设击发按钮，左操纵手柄上设激光测距按钮。操纵台上还设有随动系统的有关开关。

通信电台选用高性能电台和通讯控制器，无线电话车内通话器性能可靠。

直瞄镜一般采用激光测距机与光学瞄准合一型。激光测距机与火控计算机有通信接口。激光测距按钮安装在半自动操纵台上。直瞄镜同时保留手动装表功能。

姿态传感器主要是姿态角传感器。一般高低传感器采用多级旋转变压器；方位传感器采用粗精组合自整角机。

瞄准手显示器采用数码管显示，一般应具有自动调炮时实时显示武器发射系统当前指向与到位值的偏差量，手动间瞄时显示周视瞄准镜和瞄准具的装定诸元，手动直瞄时显示直瞄镜的装定值，需要时射击前显示射击倒计时，装填手显示器采用数码管显示弹种、装药号、引信等参数等功能。

自行武器发射系统的底盘系统，一般是选用现有底盘，只根据实际要求对其做适应性改进。

对底盘系统总的性能要求主要包括底盘自重，底盘承载能力，外廓尺寸（车体总长、车体高、车体宽度），回转中心位置、可靠性、维修性、保障性、环境适应性等。

车体设计，主要从实用性出发，根据总体性能要求，在保证满足强度和刚度要求的前提下，对底甲板、发动机支架、平衡肘支架、诱导轮支架、侧传动支架、传动装置支架等做改进性设计。

动力仓布置直接影响全炮布置及性能。动力仓布置可以发动机前置，也可以发动机后置。发动机前置有利于传动系统布置，有利于发射系统布置和补弹，但是对射击稳定性不利，并且炮口离车体较近，炮口冲击波对车体及成员影响较大。发动机后置对射击稳定性有利，炮口冲击波对车体及成员影响较小，但是不利于传动系统布置，不利于发射系统布置和补弹。目前一般都采用发动机前置方式。动力仓布置还应考虑降低车体高度、保证具有足够的战斗室空间，以及发动机进气口和出气口的布置，发动机的散热等。

动力装置主要根据所需额定功率和最大扭矩等性能要求选择发动机型号。发动机进气口的布置要考虑防尘等，一般都采用空气滤清器，对水陆两栖型还要适应水中浮渡或潜渡要求。发动机排气管路的布置要考虑对驾驶员工作环境的影响。发动机的散热可以采用水箱、散热器、冷却风扇等。

传动装置目前广泛采用液力传动装置。

行驶装置主要包括悬挂系统和车轮（对履带式自行炮，包括主动轮、负重轮、诱导轮、履带板、平衡肘及履带调整器等），缓冲器和减震器，转向操作系统和制动操作系统等。

行军固定器可以是人工操作或遥控自动操作。

动力舱必须设置灭火系统，战斗舱必须设置灭火抑爆系统。灭火抑爆系统一般包括自动灭火瓶及控制装置,以及手动灭火瓶。动力舱灭火系统控制装置一般安装在驾驶员处。战斗舱灭火抑爆系统控制装置一般安装在炮长处。

核生化"三防"装置,一般采用集体"三防"方式。集体"三防"装置,由辐射报警仪、三防控制盒、含磷毒剂报警器、增压风机和滤毒罐等组成。一般"三防"和灭火控制盒放在驾驶舱,三防和灭火报警信号通过电旋连至炮长操控面板,通过告警灯指示给炮长。抑爆控制盒和探测器安装在炮塔,抑爆灭火瓶放于底盘,通过电旋与抑爆控制盒相连,三防控制盒的风扇、毒剂报警和辐射报警信号线通过电旋与炮塔的排风扇关闭机和控制盒相连。

2.3.4 总体设计技术

武器发射系统总体设计的方法与技术是以基础理论、通用技术为基础,结合武器发射系统的特点应用而形成的。

1. 系统工程理论与方法

系统工程用于武器发射系统设计,其基本思想是将设计对象看成系统、确定系统目的,和功能组成,并对组成结构进行优化,制订计划予以实施(制造)并进行现代管理。系统工程有几个重点,一是对设计系统的分析,明确设计要求;二是通过功能分析提出多个方案;三是对方案进行优化与综合评价决策。

系统分析是运用系统概念对武器发射系统设计问题进行分析,为总体设计确定科学的逻辑程序,也为技术管理提供协调控制的节点。

2. 优化方法

优化技术的应用,主要是根据武器发射系统战术技术指标,建立优化目标,根据实际可能情况,建立约束条件,应用最优化理论和计算技术,进行最优设计。

武器发射系统的总体设计优化有两类不同性质的问题。一是根据战术技术指标设计原理方案时的优化;二是主要技术参数的优化。

原理方案的优化一般不易运用数学方法。而武器发射系统的参数优化,由于战术技术指标的多目标性,设计参数众多而且参数与目标之间难以有确定的数学模型描述。当前一般采用综合优化方法。

采用综合优化方法可以说是对设计的过程控制。这与单纯的类比设计、经验设计有本质的不同。它已经把武器发射系统设计从思想方法到过程控制纳入到现代设计方法学上来。

目前武器发射系统某些重要部件或涉及总体有关的部分参数设计已在可能条件下应用了数学优化方法,主要使用非线性有约束离散优化方法,此方法在武器发射系统设计的运用在逐步扩展。

试验优化方法主要用在新产品或新组成研制中,因机理不完全清楚,或设计经验不足,各参数对设计指标影响灵敏度难以确定,其一般做法是制造样机或模拟装置,经过多次试验、修改而确定方案;或者按试验数据构造一个函数,求该函数的极值。所以,武器发射系统的优化设计在全过程中仍然是多种途径并行的综合过程。目前仍在进一步的研究和探索。

多学科设计优化方法是一种通过充分探索和利用工程系统中相互作用的协同机制来

设计复杂系统和子系统的方法论,其主要思想是在复杂系统的设计过程中,充分考虑复杂系统中互相耦合的子系统之间相互作用所产生的协同效应,利用分布式计算机网络技术来集成各个学科的知识,应用有效的设计优化策略,组织和管理设计过程,定量评估参数的变化对系统总体、子系统的影响,将设计与分析紧密结合,寻求复杂系统的整体最优性能。多学科优化设计不是传统优化设计的单向延伸,也不是任何一种具体算法,它是将优化方法、寻优策略和数据分析及管理等集成在一起,来考虑如何对复杂的、由相互作用或耦合的子系统组成的系统进行优化设计的技术。多学科设计优化突出特点是适合分析由多个耦合学科或子系统组成的复杂系统,既能够得到整体的优化又保持各系统一定的自主性。

武器发射系统设计主要涉及结构、材料、运动学、气体动力学、结构动力学、热力学、生物力学弹道学、武器发射系统设计理论等多个学科的知识。传统的设计是设计人员根据要求在某一学科领域进行设计、优化,再交给总体设计人员去分析,总体设计人员在总的战术技术要求下,凭经验在各个领域之间进行反复权衡、协调,得出设计方案。这样虽然可以得到武器发射系统的一个局部满意解,但不能使其达到全系统、全性能和全过程的最优化,设计效率也较低。随着对武器发射系统综合性能的不断追求,这种方法已不能满足现代武器发射系统设计的要求,武器发射系统设计需要向着多学科融合的并行协同设计与总体最优设计发展。

多学科设计优化方法也称为多学科设计优化过程,是针对具体问题而采用的优化计算框架及组织过程,主要用来解决多学科设计优化中各子学科之间以及子学科与系统之间信息交换的组织和管理,它是多学科设计优化技术的核心部分。目前,多学设计优化方法主要分为单级优化方法和两级优化方法。单级优化方法只在系统级进行优化,子系统级只进行各子学科的分析和计算,单级优化方法主要包括单学科可行方法和多学科可行方法等;两级优化方法则在子系统级对各学科分别进行优化,而在系统级进行各学科优化之间的协调和全局设计变量的更新,两级优化方法主要包括协同优化方法、并行子空间优化方法和两级集成系统综合方法等。

3. 计算机辅助设计

计算机辅助设计(CAD)是现代武器发射系统研制开发的重要手段。随着计算机的日益普及,有关软件、硬件支撑系统的不断升级与扩充,目前武器发射系统研制中广泛地采用了 CAD 技术,基本实现了无纸化设计。

武器发射系统 CAD 技术应用主要内容是建立武器发射系统图形库、数据库,利用计算机进行武器发射系统总体结构设计(造型)和武器发射系统结构设计,以及系统评估。

CAD 技术在武器发射系统中应用的关键技术主要有武器发射系统设计、武器发射系统动力学分析、武器发射系统评估等应用程序与图形软件的接口技术,武器发射系统三维实体建模与造型技术,武器发射系统参数设计技术(武器发射系统结构设计标准化,保留设计过程,用若干组参数代表结构,即结构参数化),以及图形库与模型库的保护与管理技术等。

当前在武器发射系统的总体方案论证和结构方案设计上,开发研制了一大批适用的软件包,如内、外弹道设计与分析,装药结构设计分析,武器发射系统发射动力学分析及仿真,武器发射系统结构动态设计,武器发射系统重要部件的计算分析与优化设计,三维实体建模,专家系统和应用程序,武器发射系统效能分析、评价等,并相继建立了配套的数据库和图形库。这不但提高了武器发射系统的研究和设计工作的效率与质量,而且给武器发射系统设计、研究工作的进一步现代化提供了良好的条件。

4. 可靠性设计

武器发射系统系统可靠性的重要性越来越突出,甚至在某种情况下宁肯降低一些系统的作战性能也要提高系统的可靠性。广义可靠性包括可靠性、维修性、测试性、安全性和保障性,有时将安全性包含在可靠性中,而将测试性包含在维修性中。可靠性是系统固有属性,主要是设计出来的,在制造中实现的,在使用中表现出来的。可靠性设计将渗透到工程设计的全过程。

武器发射系统系统可靠性设计技术,一般包括武器发射系统系统可靠性分析、武器发射系统系统可靠性指标分配、武器发射系统结构可靠性3个方面。

武器发射系统系统可靠性分析,主要采用故障模式及影响分析法和故障树分析法。

武器发射系统系统可靠性指标分配,主要是根据各分系统的重要性、复杂性、技术成熟程度、技术力量等因素,将系统可靠性指标合理地分配到各分系统即零部件上,保证完成后的整个系统满足可靠性指标的要求。

武器发射系统结构可靠性,是保证系统满足可靠性指标要求的基础。在零部件设计时必须考虑提高可靠性的措施。提高可靠性的措施主要有如下几个方面。

(1) 简化结构,减少系统构成。
(2) 采用冗余设计。
(3) 负荷减额设计。
(4) 结构强度概率设计。
(5) 稳健性设计。
(6) 零件标准化、通用化设计。
(7) 安全保险装置设计。
(8) 调节环节设计。
(9) 局部更换重要件,延长系统寿命。
(10) 自由行程设计。
(11) 防护装置设计。
(12) 运动平稳性设计。
(13) 合理设计剩余能量,减少撞击。
(14) 减振设计。
(15) 放松设计。
(16) 人机环工程设计。

5. 轻量化技术

武器发射系统的威力与机动性是一对相互制约的矛盾,随着威力的不断提高,武器发射系统质量和体积都会增加,从而降低机动性。武器发射系统总体设计中,解决武器发射系统威力与机动性之间的矛盾是其永恒的主题。

武器发射系统总体设计时不可避免地要受到一些限制,尤其是对武器发射系统的尺寸和质量以及防护性能的限制。当前,我国对武器发射系统的尺寸和质量的限制主要是由于武器发射系统常常需要经铁路和公路输送。铁路上的限制主要指桥梁和隧道的高度、平板车的宽度以及正常的两列火车错车时的限制。公路输送时的主要限制来自武器发射系统自身的质量。限制武器发射系统质量的因素是公路桥梁的负载强度。在战区内,武器发射系统能通过的桥梁越多,其机动力越强。武器发射系统越重,它需要工程保障部队提供的架桥设备就会更强更重。在铁路和公路输送的尺寸限制之内,要最大限度地降低武器发射系统的高度,使其侧影尽可能低,使其目标尽可能小,这一点具有重要战术意义。此外,武器发射系统质量也是越轻越好,这样有利于将武器发射系统运动体承受的压力降到最低限度,对提高武器发射系统的通行能力有重要影响。武器发射系统的战略机动性能,主要决定于铁路和公路运输对坦克外部尺寸的限制。武器发射系统的战术机动性能,主要指武器发射系统在战区内靠自己的动力,在一定的距离上行驶的能力,战场机动力是很容易理解的。它包括灵活地进入和撤出发射阵地,快速地跃进和敏捷地更换掩蔽地。很明显,武器发射系统暴露于敌人火力之下的时间的长短与它的战场机动力密切相关。决定机动性能的主要因素首先是发动机输出功率与质量之间的关系,被称作功率质量比。其次,是悬挂系统的减震性能和保证越野平稳,使乘员不致过于疲劳的能力。第三是履带或车轮的设计,它决定着对地面的附着力以及对地面的压力。最后,是通过壕沟、坡道和断崖的能力。为获得最佳战术机动性能,设计人员要求履带或车轮能经受长距离的道路行驶,而又不破坏路面和阻碍后续部队的行动。还要求它不破坏传动比,以保证持久的高速度。为获得最佳战场机动力,设计人员又要求传动比高,以便能提供良好的加速性能和爬坡性能,这都是战场上不可缺少的条件。悬挂系统的高度精密的控制能力,对其武器发射系统的瞄准是必不可少的。保证乘员能够经受高速越野行驶的性能,仍是十分重要的。这对持久地越野行驶,仍然是个决定性因素。

当前,对于我国的空降兵所需求的武器发射系统,要满足空降的要求。若干年后,随着国防现代化的发展,无论是战略机动,还是战区机动,就不仅仅是铁路和公路输送,也要进行空运、空吊和海运等方式,对武器发射系统的轻量化将提出新的要求。

轻量化技术就是在满足一定的威力需求下,解决使用方对武器发射系统的质量和体积的要求,并取得良好的射击效果。轻量化技术是武器发射系统总体设计中自始至终必须考虑的主要技术之一。

武器发射系统设计,也像一般机械产品设计一样,是始于结构终于结构的设计。轻量化技术中一个十分重要的途径就是创新的结构设计,如新颖的多功能零部件的构思,一件多用,紧凑、合理的结构布局,符合力学原理的构件外形、断面、支撑部位及力的传递路径等。采用新结构原理,如下架落地、新型炮口制退器、前冲原理、新型反后坐装置、减小后坐力等。一个开放的系统,结构方案无穷多,可以在规定的约束条件下,进行多方案的优化。由于仿真技术、可视化技术和虚拟现实技术的发展,创新的结构设计完全可以少做乃至不做实物模型,而用计算机进行各种分析与试验,从而经过优化与权衡,选取较优的方案。结构优化设计,尤其是基于应力流的结构拓扑优化设计和基于结构刚度的结构优化设计,在结构轻量化中将起到积极作用。

武器发射系统的各种构件都要承受发射时火药燃气产生的作用力,或经过各类缓冲装置减载后传递下来的力。减小后坐力是轻量化技术的一个主要方面,尤其是自动炮设计,始终将减小后坐力作为一项关键技术,目前普遍采用浮动原理来减小后坐力。当前武器发射系统普遍采用反后坐技术，由此引起武器发射系统结构的一系列变化，发明许多新结构、新装置。同时普遍采用炮口制退器，且效率有增大的趋势，随着效率的增加，噪声和冲击波的超压值对炮手和暴露的装置、设备的有害影响一直困扰着武器发射系统的设计，需要研制新的防护装置和寻求减少、抑制负面影响的新原理、新结构。对于有运动体的武器发射系统，除了承受发射的载荷以外，还要承受运动时不同路面、不同运动速度产生的载荷，它一方面影响运动体的刚、强度，另一方面还影响到装在武器发射系统上的仪器、仪表、装置、设备的正常工作和连接。

轻量化技术中具有举足轻重的一项技术是材料技术。合理选择优质高强度合金钢、轻合金材料、非金属材料、复合材料、功能材料和纳米技术材料是有效的技术途径。美国、原苏联以及西方发达国家早就在炮架上采用了铝合金、钛合金，一些武器发射系统构件上还采用工程塑料和复合材料，我国在轻武器和迫击炮上也成功地应用材料技术以达到减重的目的。关注材料科学的发展，发挥材料科学技术的推动作用，研究新型材料的应用和它的加工工艺，是一项十分重要的工作。

6. 人机环工程设计

人机环工程中，"人"是指对武器系统操作的人，"机"是人所控制的一切对象的总称，"环境"是人、机共处的特定条件，它既包括物理因素效应，又包括社会因素的影响。

人机环工程设计的显著特点是对于系统中人、机和环境3个组成要素，不单纯追求某一个要素的最优，而是在总体上、系统级的最高层次上正确地解决好人机功能分配、人机关系匹配和人机界面设计合理3个基本问题，以求得满足系统总体目标的优化方案。

在人机系统中，充分发挥人与机械各自的特长，互补所短，以达到人机系统整体的最佳效率与总体功能，这是人机系统设计的基础。人机功能分配必须建立在对人和机械特性充分分析比较的基础上。一般地说，灵活多变、指令程序编制、系统监控、维修排除故障、设计、创造、辨认、调整以及应付突然事件等工作应由人承担。速度快、精密度高、规律性的、长时间的重复操作、高阶运算、危险和笨重等方面的工作，则应由机械来承担。随着科学技术的发展，在人机系统中，人的工作将逐渐由机械所替代，从而使人逐渐从各种不利于发挥人的特长的工作岗位上得到解放。人机功能分配的结果形成了由人、机共同作用而实现的人机系统功能。现代人机系统的功能包括信息接受、贮存、处理、反馈和输入/输出以及执行等。

在复杂的人机系统中，人是一个子系统，为使人机系统总体效能最优，必须使机械设备与操作者之间达到最佳的配合，即达到最佳的人机匹配。人机匹配包括显示器与人的信息通道特性的匹配，控制器与人体运动特性的匹配，显示器与控制器之间的匹配，环境（气温、噪声、振动和照明等）与操作者适应性的匹配，人、机、环境要素与作业之间的匹配等。要选用最有利于发挥人的能力、提高人的操作可靠性的匹配方式来进行设计。应充分考虑有利于人能很好地完成任务，既能减轻人的负担，又能改善人的工作条件。

人机界面设计主要是指显示、控制以及它们之间关系的设计。作业空间设计、作业分析等也是人机界面设计的内容。人机界面设计，必须解决好两个主要问题，即人控制机械和人接受信息。前者主要是指控制器要适合于人的操作，应考虑人进行操作时的空间与控制器的配置。例如，采用坐姿脚动的控制器，其配置必须考虑脚的最佳活动空间，而采用手动控制器，则必须考虑手的最佳活动空间。后者主要是指显示器的配置如何与控制器相匹配,使人在操作时观察方便,判断迅速、准确。

武器发射系统是由人来操作、使用与维护的。如果要使武器发射系统的效能达到最大值,人的因素及其与武器发射系统的接口问题就更为重要。因此,人机环境系统工程设计就成为武器发射系统设计的一个重要组成部分,人的因素应当包括在武器发射系统总体设计技术研究的思维过程中,在武器发射系统研制过程中,要始终贯彻"以人为本"的工程设计思想。

在武器发射系统研制过程中,需要大量人的因素数据,其主要目的在于帮助设计师确定人机界面,设计显示装置和控制装置,布置乘员的工作区域和操作空间等。

武器发射系统操作的可靠性、安全性、便捷性、协调性等极为重要,战斗人员的视觉和心理感受是影响战斗力的重要因素之一,这与"人机环境"关系的状况密切相关。如果因人机关系不尽合理而影响到武器发射系统的操控性能或造成人员伤害、身心疲劳等,后果是严重的。因此,需以安全、可靠、高效、灵活、便利、舒适等为目标,认真细致地分析武器发射系统武器系统操作中相关的"人机环境"关系,并据进行相应的设计,努力做到总体上空间、色调及色彩配置协调、悦目,细节处求精求美;视觉上要美观,操作上要感觉便利。

武器发射系统人机环境系统工程设计要从总体着眼,细节着手,落到实处。整体视觉效果和外部构件的设计,将有助于改善武器发射系统外部整体视觉印象,如全系统色彩计划和外部造型美化等。细节设计是否合理、到位、周全、精致,很能反映设计与技术的水准,会使人产生精致或粗陋、人性或冷酷、先进或落伍等诸多联想,应予以精心考虑,否则会因小失大,影响对整个装备设计水准的印象和判断,如操作空间、视域和作业域,环境温度、湿度、空气质量、照明,人的习惯与舒适性,防误措施等。

7. 虚拟样机技术

虚拟样机技术是一门综合多学科的技术,它是在制造第一台物理样机之前,以机械系统运动学、多体动力学、有限元分析和控制理论为核心,运用成熟的计算机图形技术,将产品各零部件的设计和分析集成在一起,从而为产品的设计、研究、优化提供基于计算机虚拟现实的研究平台。因此虚拟样机亦被称为数字化功能样机。

虚拟样机技术不仅是计算机技术在工程领域的成功应用,还是一种全新的机械产品设计理念。一方面与传统的仿真分析相比,传统的仿真一般是针对单个子系统的仿真,而虚拟样机技术则是强调整体的优化,它通过虚拟整机与虚拟环境的耦合,对产品多种设计方案进行测试、评估,并不断改进设计方案,直到获得最优的整机性能。另一方面,传统的产品设计方法是一个串行的过程,各子系统的设计都是独立的,忽略了各子系统之间的动态交互与协同求解,因此设计的不足往往到产品开发的后期才被发现,造成严重浪费。运用虚拟样机技术可以快速地建立多体动力学虚拟样机,实现产品的并行设计,可在产品设计初期及时发现问题、解决问题,把系统的测试分析作为整个产品设计过程的驱动。

武器发射系统虚拟样机技术是虚拟样机在武器发射系统设计中的应用技术。武器发射系统虚拟样机更强调在武器发射系统实物样机制造之前,从系统层面上对武器发射系统的发射过程、性能/功能、几何等进行与真实样机尽量一致的建模与仿真分析,利用虚拟现实"沉浸、交互、想象"等优点让设计人员、管理人员和用户直观形象地对武器发射系统设计方案进行评估分析,这样实现了在武器发射系统研制的早期,就可对武器发射系统进行设计优化、性能测试、制造和使用仿真,这对启迪设计创新、减少设计错误、缩短研发周期、降低产品研制成本有着重要的意义。

武器发射系统虚拟样机技术的核心是如何在武器发射系统实物样机制造之前,依据武器发射系统设计方案建立武器发射系统发射时的各种功能/性能虚拟样机模型,对武器发射系统的功能/性能进行仿真分析与评估,找出武器发射系统主要性能和设计参数之间内在的联系和规律,为武器发射系统的设计、制造、试验等提供理论和技术依据。武器发射系统的发射是一个十分复杂的瞬态力学过程,为了正确描述武器发射系统发射时的各种物理场,需要建立武器发射系统多体系统动力学、武器发射系统非线性动态有限元、武器发射系统射击密集度、武器发射系统总体结构参数灵敏度分析与优化等多种虚拟样机模型,为武器发射系统的射击稳定性、炮口扰动、刚强度、射击密集度等关键性能指标的预测与评估分析提供定性定量依据。

利用虚拟样机开发平台的三维CAD模块构建武器发射系统的三维实体模型,并通过系统的转换接口生成三维实时模型。借助于虚拟现实系统,研制人员和使用方可真实地感受所设计武器发射系统的外形、结构布置以及操作方便性,便于及时地提出改进措施。设计人员利用精确的三维实体模型可以计算所有零部件和系统的质量、惯性张量和质心位置,准确地分析各关键点所承担的载荷。在此基础上,利用虚拟样机系统的多柔体动力学分析模块对武器发射系统的射击稳定性与炮口扰动进行分析与评估,提出更改措施和修改方案。

第3章 身管设计

3.1 概 述

3.1.1 身管及其作用

炮身是身管武器的一个重要部件，它的主要作用是承受火药燃气压力，导引弹丸运动，并赋予弹丸一定的初速。炮身主要组成零件是身管、炮尾、炮闩、炮口装置和其他附件。

身管是炮身的重要零件，在发射时承受高压火药燃气的作用；炮闩和炮尾共同承受火药燃气向后的作用力并使炮身后坐；它们还同药筒或紧塞装置一起，在发射时可靠地密闭火药燃气。身管与炮尾可以用螺纹或断隔螺纹连接，也可以通过连接筒或被筒连接。身管的内部结构称为内膛。

对枪械而言，与炮身相应的部件是枪身，其组成和功能与炮身相似。对火箭导弹发射系统而言，与炮身相应的部件是定向器，由于发射时压力很小，其主要作用是导引弹药运动，赋予弹药一定的初始运动方向和合适的离轨速度。

按内膛的结构可以将身管分为滑膛和线膛两种。滑膛身管的内膛由光滑的圆柱面和圆锥面组成。滑膛身管目前主要用于迫击炮、无后坐力炮、部分坦克炮和反坦克炮。线膛身管的内部有膛线，能使弹丸产生高速旋转运动，以保证弹丸的飞行稳定性。它的炮膛一般由药室、坡膛和线膛3个部分组成。坡膛是弹丸导转部(弹带)开始切入膛线的部位。通常将药室和坡膛统称为药室部，所以线膛身管的内膛一般分为线膛部和药室部两部分。对火箭炮，为了提高密集度，有时在定向管内加工1~2条导向槽，与火箭弹上的导向钮配合，引导火箭弹作直线和低速旋转运动，导向槽类似于膛线。

身管按其结构及应力状态可分为单筒身管、筒紧身管、自紧身管、可分解身管4类。

(1) 单筒身管是由一个毛坯制成，它结构简单，加工方便，因而得到了广泛的应用。目前制式枪械和火炮中大部分身管都是单筒身管。单筒身管发射时，内层产生的应力很大，而外层的应力很小。也就是说，外层材料没有得到充分利用。对高膛压发射来说，采用单筒身管必须增加壁厚和采用高强度钢，这对武器的使用和生产都是不利的。

(2) 筒紧身管是由两层或多层同心圆筒过盈地套合在一起，这样内筒存在与发射时方向相反的应力，外筒存在与发射时方向相同的应力，从而提高了身管的强度。通常采用外筒加热或内筒冷却的方法将内、外筒套合在一起。这种炮身的层数越多，其径向应力分布越均匀，因而强度提高亦越多，但在加工工艺上也越困难。

(3) 自紧身管(自增强身管)的结构同单筒身管完全一样，但在制造时对其膛内施以高压，使身管由内到外局部或全部产生塑性变形。在高压去掉以后，由于各层塑性变形不同,造成外层对相邻内层产生压应力,即内层受压、外层受拉,就像多层筒紧身管一样,因而使身管强度得以提高。对内壁施加高压的方法一般有液压法、冲头挤扩法和爆炸法等。由于此种身管结构简单,加之自紧工艺不断改进,目前在国内外一些新设计的火炮中得到了较广泛的应用。

(4) 可分解身管是由两层套合在一起,并且两层之间存在一定间隙,便于分解。随着身管武器初速、膛压、射速的提高,炮膛的烧蚀、磨损问题变得日益严重。这个问题在大口径、高初速的加农炮和小口径自动炮中非常突出。解决这个问题的一个方法是把身管做成内、外两层,在内层寿命结束后,可换上一个新的内管使身管武器恢复原有的战斗性能。为了保证内管更换方便,在内、外管之间留有一定的间隙。在发射时由于内管膨胀,间隙消失,因而外筒(被筒)也承受内压的作用。可分解身管又可以分为活动衬管(被筒全长覆盖)、活动身管(被筒在身管尾部一定长度上覆盖)、带被筒的单筒炮身(被筒和身管之间留有较大的间隙,发射时被筒并不承受内压的作用)。实践表明,炮膛烧蚀比较严重的部位,仅在从膛线起始部向炮口方向大约10倍口径的长度上,为此而更换整个内管是不合算的,于是出现了短衬管炮身。

3.1.2 对身管的要求

身管设计是根据总体对炮身的战术技术要求进行的。对身管的战术技术要求主要包括以下内容。

(1) 具有足够的强度,发射时不能出现永久变形。
(2) 具有足够的刚度,身管弯曲不能过大,受力变形不能过大。
(3) 具有足够的寿命,保持良好的弹道性能。
(4) 满足总体对重量、重心、刚度、连接等方面的要求。
(5) 材料来源容易,加工方便。

3.1.3 身管设计的主要内容

炮身设计的主要内容包括身管设计,以及炮尾设计、炮闩设计和炮口制退器设计等。由于炮尾和炮闩的设计主要是按总体要求在选取结构形式之后进行强度校核,而炮口制退器从作用原理上属于反后坐装置,受篇幅限制,本书主要介绍身管设计,其他装置设计可以参看有关教材和专著。

身管设计主要包括身管结构设计、身管强度设计和身管寿命设计。

(1) 身管结构设计包括身管内膛结构设计和身管外部结构设计。身管内膛结构设计,是保证满足内、外弹道对炮身提出的各参数的要求,使炮膛结构合理。身管外部结构设计,是在满足发射时的刚强度要求前提下,考虑炮身各零部件的连接,炮身与摇架及反后坐装置等的连接,以及身管武器总体设计要求,如质量、质心、刚度等。

(2) 身管强度设计是身管设计的一项基本任务,其目的是以膛内火药燃气的最大压力曲线(即身管设计压力曲线)为依据,应用厚壁圆筒理论和强度理论,确定身管的材料和壁厚,使其具有足够的强度和刚度,保证身管弯曲量不能过大和发射时身管不出现永久性变形,而且有较高的寿命,即能在较长的期间内保持规定的战斗性能。

(3) 身管寿命设计是根据身管特点,在设计中考虑提高身管寿命的技术措施。

3.2 身管内膛结构设计

这里主要介绍线膛枪炮的内膛结构设计,滑膛枪炮不存在膛线,但药室和坡膛与线膛枪炮类似。筒式定向器没有药室和坡膛,仅有导向部,导向部设计与枪炮导向部类似。

3.2.1 药室结构设计

1. 药室

药室为身管内膛后部扩大部分,其容积由内弹道设计决定,其结构形式主要决定于身管武器的特性、弹药的结构及装填方式。药室作用是保证发射时火药燃烧的空间,并同药筒或紧塞具一起共同密封炮膛。常见的药室结构有3种:药筒定装式的药室、药筒分装式的药室、药包装填式的药室。

1)药筒定装式的药室

枪械和中小口径火炮发射的弹丸、发射药和药筒的质量均较轻,可将它们装配成一个整体,射击时一次性装入膛内,有利于提高射速。这种弹药称为药筒定装式弹药。其药筒称为定装式药筒。

装填药筒定装式炮弹的药室叫做药筒定装式药室,如图3.1所示。药筒定装式药室的形状结构与药筒的外形结构基本一样。为了容纳弹带、药室圆柱部的长度一般要比药筒口部的长度长出弹带的宽度。为了便于装填炮弹和射击后抽出药筒,药筒本体的外表面做成具有1/40~1/120的锥度。药筒连接锥锥度的大小与身管武器威力、身管的结构尺寸和药筒工艺有关,常用的锥度范围为1/5~1/10。为装填和抽筒方便,药室和药筒之间留有适当的间隙,间隙的大小与药筒的强度有关。间隙太小,装填和抽筒不方便。间隙太大,会使药筒塑性变形过大甚至破裂,要求抽筒较大,形成抽筒无力,甚至卡壳的故障。一般药室本体的直径间隙为0.35~0.37mm,连接锥部的直径间隙为0.2~0.8mm,圆柱部的直径间隙为0.2~0.5mm。应该指出,圆柱部的间隙与药筒材料特性对密闭火药燃气起着关键的作用,匹配合理,闭气性就好。此外,纵向尺寸和公差与炮弹在膛内装填时的定位有关。一般分底缘定位和肩部定位,设计时要区别对待。

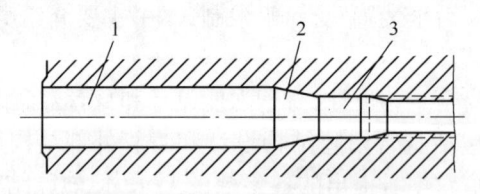

图3.1 药筒定装式的药室结构
1—药室本体;2—连接锥;3—圆柱部。

2)药筒分装式的药室

大口径的加农炮和榴弹炮,要用几种初速来增大射击范围,因此要采用变装药。另外大口径火炮的发射药、药筒、弹丸的质量很大,一次装填很困难。一般大口径火炮,如果装药盛于药筒之中。均采用药筒分装式炮弹。发射前,先将弹丸装入炮膛,然后再装药筒。

根据火炮性能和威力的不同,分装式药筒的结构分为以下两种。

(1) 分装式药筒的结构形式与定装式药筒的结构形式基本相同,但药筒口部的长度比定装式药筒的短。这种结构的药筒一般多用于大威力的加农炮。对应于这种药筒的药室和药筒定装式的药室基本相同。

(2) 分装式药筒的结构形式主要是药筒本体,没有连接锥和口部。对应的药室结构一般由药室本体和圆柱部组成,如图 3.2 所示。药室本体具有一定的锥度,以便射击后抽出药筒。

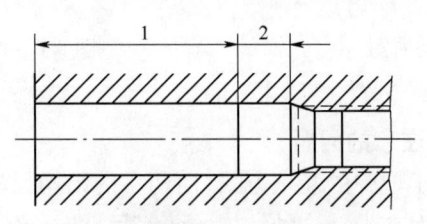

图 3.2 分装式药筒的药室结构
1—本体;2—圆柱部。

3) 药包装填式的药室

大口径火炮,尤其是大口径自行火炮、舰炮和要塞炮的药筒质量和体积都较大,使用不便,而且要消耗大量的铜或其他金属材料。一般在军舰和要塞内,往往都设有良好的弹药库和弹药运输装置,发射药可以不用药筒来保护。在这种情况下,常采用药包装填,对应于这种装填方式的药室,叫做药包装填式的药室,其结构如图 3.3 所示。

这种结构的药室一般由紧塞圆锥、圆柱本体和前圆锥(有的火炮没有这一部分)组成。为了防止射击时火药燃气从身管后面泄漏出来,要采用一种专门的紧塞具与紧塞圆锥相配合密闭火药燃气。紧塞圆锥的锥角一般为 28°~30°。当药室扩大系数 x 较小时,可省去前圆锥,药包装填的药室只由紧塞圆锥和圆柱本体组成,如图 3.4 所示。

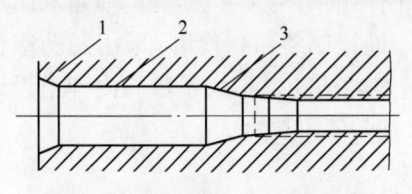

图 3.3 药包装填式的药室结构
1—紧塞圆锥;2—圆柱本体;3—前圆锥。

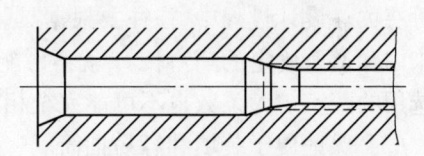

图 3.4 没前锥的药包装填式药室

随着作战需求的变化,新型弹药(如无壳弹、埋头弹等)、新型装药结构(如刚性装药、模块装药等)和液体发射药的不断出现,会导致新的药室结构出现。

2. 坡膛

坡膛是药室与线膛部之间的过渡段,其结构如图 3.5 所示。坡膛的主要作用是连接药室与线膛部;对药筒分装式或药包分装式药室,在发射前还使弹丸定位,发射时使弹带由此切入膛线。

为了起到上述作用,坡膛具有一定的锥度,锥度的大小与弹带的结构、材料和炮身的寿命等有关。常用的坡膛锥度是 1/5~1/10。为了减小坡膛的磨损,可采用由两段圆锥组成的坡膛,如图 3.6 所示,为了保证弹丸定位可靠,第一段圆锥锥度应大些,一般取 1/10;为了减小磨损,第二段圆锥锥度应小些,一般取 1/30~1/60。膛线起点在第一段圆锥上。

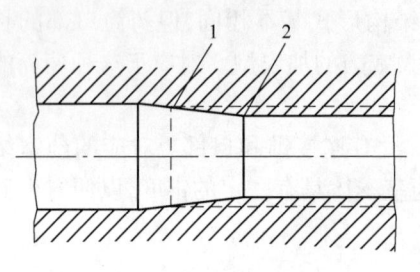

图 3.5　坡膛结构简图
1—膛线起点；2—膛线全深起点。

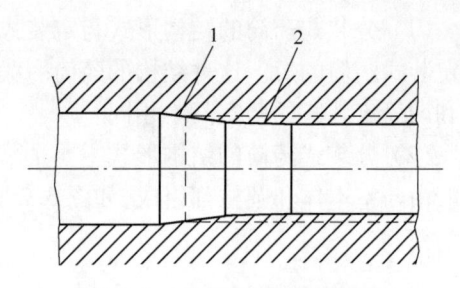

图 3.6　两个锥度的坡膛结构
1—第一锥段；2—第二锥段。

3. 确定药室结构时应注意的问题

药室的结构形式取决于炮弹的装填方式，而药室的结构尺寸，在采用药筒装填时则取决于药筒的外形尺寸。因而在设计这种结构的药室尺寸时，必须与药筒设计互相配合，共同来满足对火炮提出的要求。在采用药包装填时，则需根据紧塞具的结构尺寸和药包的结构尺寸来设计。

在确定药室结构时，应注意以下几个问题。

(1) 弹丸装填到位后，弹丸后面药室(或者药筒内腔)的容积应符合内弹道设计确定的药室容积 W_0。因此，在采用药筒定装式炮弹时，应使药筒与弹丸结合好以后，药筒内腔的容积基本等于药室容积 W_0。采用药筒分装式炮弹时，在弹丸和药筒装填好以后，弹丸后面所空的药室容积与药筒内的容积之和，应与内弹道所确定的药室容积 W_0 基本相等。

(2) 保证弹丸装填到位后，弹丸底面到药室底的距离与内弹道设计确定的药室长 l_{ys} 基本相等。内弹道设计确定的药室长 l_{ys} 是由药室缩颈长 l_0 与药室扩大系数 χ 确定的，即 $l_{ys}=l_0/\chi$，而 $l_0=W_0/S$。药室扩大系数是根据身管武器威力选取的一个经验系数，它的大小直接与药室长 l_{ys} 有关。而药室长 l_{ys} 又与身管和闩体的结构尺寸、炮身的质量和质心位置等有关。设计过程中，往往要根据具体情况对 l_{ys} 进行调整，这样实际采用的药室长与原来内弹道所确定的药室长 l_{ys} 就不可能完全相等，实际的药室扩大系数与内弹道设计时所选用的药室扩大系数也不可能完全相同，但要求其差值不要太大。

(3) 保证便于装填和容易抽筒。

(4) 药室和药筒的工艺性要好。

3.2.2　膛线的结构及其设计

膛线是指在身管内表面上制造出的与身管轴线具有一定倾斜角度的螺旋槽。膛线对炮膛轴线的倾斜角叫做缠角 α。

膛线绕炮膛旋转一周，在轴向移动的长度(相当于螺纹的导程)用口径的倍数表示，称为膛线的缠度 η。图 3.7 所示，AB 为膛线，AC 为炮膛轴线，d 为口径。缠角与缠度的关系为

$$\tan\alpha = \frac{BC}{AC} = \frac{\pi d}{\eta d} = \frac{\pi}{\eta}$$

1. 膛线分类

根据膛线对炮膛轴线倾斜角度沿轴线变化规律的不同，膛线可分为等齐膛线、渐速膛线和混合膛线 3 种。

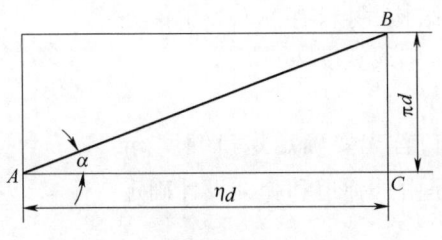

图3.7 等齐膛线展开图

(1) 等齐膛线的缠角为一常数。若将炮膛展开成平面,则等齐膛线是一条直线,如图3.7所示。等齐膛线在弹丸初速较大的火炮(如加农炮和高射炮)和枪械中被广泛应用。等齐膛线的优点是容易加工,缺点是弹丸在膛内运动时,起始阶段弹带作用在膛线导转侧的力较大,并且此作用力的变化规律与膛压的变化规律相同,即最大作用力接近烧蚀磨损最严重的膛线起始部,因此对身管寿命不利。

(2) 渐速膛线的缠角为一变数,在膛线起始部缠角很小,有时甚至为零(以便减小此部位的磨损),向炮口方向逐渐增大。若将炮膛展开成平面,渐速膛线为一曲线,如图3.8所示。渐速膛线常用于弹丸初速较小的火炮。渐速膛线的优点是可以采用不同曲线方程来调节膛线导转侧上作用力的大小。减小起始部的初缠角,就可以改善膛线起始部的受力情况,有利于缓解这个部位的磨损。缺点是炮口部膛线导转侧作用力较大、膛线制造的工艺过程较为复杂。

(3) 混合膛线吸取了等齐膛线和渐速膛线的优点,在膛线起始部采用渐速膛线,这样膛线起始部的缠角可以做的小些,甚至为零,以减小起始部的磨损;在确保弹丸旋转稳定性的前提下,在炮口部采用等齐膛线,以减小炮口部膛线的作用力。这种膛线的形状如图3.9所示。它是由一段曲线和一段直线组成的。

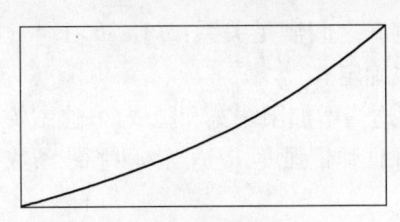

图3.8 渐速膛线的展开曲线

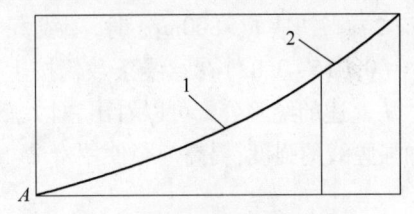

图3.9 混合膛线的展开曲线
1—渐速段;2—等齐段。

2. 膛线的结构

膛线在炮膛横截面上的形状如图3.10所示。图中凸起的为阳线,凹进的为阴线(泛指膛线),a为阳线宽、b为阴线宽,t为膛线深,d为阳线直径(口径),d_1为阴线直径,R为膛线根部圆角。为了加强膛线根部的强度,减小应力集中和便于射击后擦拭炮膛,必需将阳线与阴线连接处(即膛线根部)加工成圆角。

根据膛线深度与口径的比值(t/d)的不同,膛线又分为浅膛线(膛线深度约为口径的百分之一)与深膛线(膛线深度约为口径的百分之二)。

炮膛横截面上膛线的数目叫做膛线的条数,用n表示。膛线条数用下式确定:$n=\pi d/(a+b)$。为了加工和测量方便,一般均将n做成4的倍数。膛线条数的多少与身管武器威力、炮膛寿命和弹带的结构、材料有关。为了保证弹带强度,阴线宽度均大于阳线宽度。

3. 膛线曲线的确定

在确定膛线曲线之前,首先要确定炮口缠度 η_1 和炮口缠角 α_1。一般 η_1 是由外弹道和弹丸设计确定的,α_1 由以下关系式确定:

$$\alpha_1 = \arctan \frac{\pi}{\eta_1}$$

若 $\alpha_1 < 7°30'$,一般将 α_1 取为常数,即采用等齐膛线。

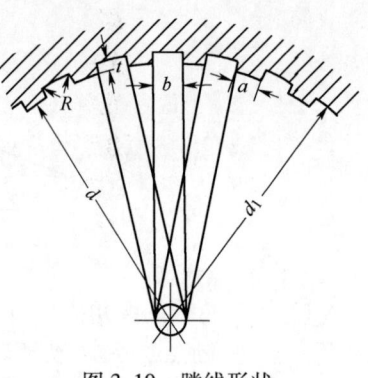

图3.10 膛线形状

若 $\alpha_1 > 7°30'$,一般采用渐速膛线或混合膛线。

4. 膛线结构参数的确定

膛线结构参数指膛线的宽度、深度和条数,一般在膛线类型确定后,根据身管武器威力、用途和弹带的结构,并参考现有同类型身管武器的膛线结构来选取。

在选取膛线结构参数时,常常遇到这样的矛盾:一方面,为了使弹丸在膛内导转可靠,要求膛线条数多而深;另一方面,为了减小弹带切入膛线的阻力,使起始部磨损小,又要求膛线条数少而浅。

目前,一般都根据经验公式来选取膛线的宽度、深度和条数。

(1) 当初速 $v_0 \leqslant 800 \text{m/s}$ 时,阳线宽 a 与阴线宽 b 之间满足关系:$3a > b > 2a$;膛线深 t 的范围为 $t = (0.01 \sim 0.015)d$;有时也可用经验公式来确定膛线条数,对于加农炮 $n = 4d$;对于榴弹炮 $n = 3d$,式中口径的单位用厘米,为了便于加工和测量,应将膛线条数归整为4的倍数,(小口径身管武器常归整为2的倍数)。

(2) 当初速 $v_0 > 800 \text{m/s}$ 时,阳线宽 a 与阴线宽 b 之间满足关系:$3.1a > b > 1.4a$;膛线深 $t = (0.015 \sim 0.02)d$;膛线条数仍按上面的关系式确定。

从上述的经验公式可以看出,对大威力火炮,应适当增加阳线宽和膛线深,这主要是为了加强膛线的强度,提高炮膛使用寿命。此时为了保证弹带强度,应适当减少膛线条数。

3.3 厚壁身管设计

3.3.1 厚壁圆筒的弹性应力应变

在进行身管强度设计时,通常把身管看成是由许多段理想的厚壁圆筒组成。对这些厚壁圆筒做以下基本假设。

(1) 形状是理想的圆筒形。
(2) 材料是均质和各向同性的。
(3) 圆筒承受的压力垂直作用于筒壁表面且均匀分布。
(4) 圆筒受力变形后仍保持其圆筒形,任一横截面变形后仍为平面(平面假设)。
(5) 压力是静截荷,圆筒各质点均处于静力平衡状态。

这样,就把厚壁圆筒问题简化为静力作用下的轴对称问题。在上述假设条件下得出的计算公式将用于身管强度设计。显然，发射时身管受力和变形是不完全符合上述假设的，但利用厚壁圆筒公式计算身管强度比较简便，由此产生的与实际工作情况的偏差，可以利用合理地选择安全系数来加以考虑。

为了研究问题方便，我们在轴向截取一段圆筒，设其内径为 r_1、外径为 r_2，它承受的内压为 p_1，外压为 p_2，如图 3.11 所示。

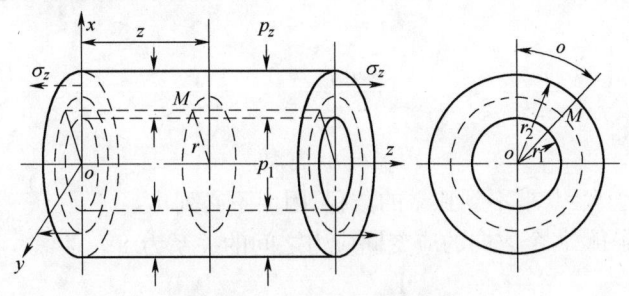

图 3.11 厚壁圆筒示意图

采用空间直角坐标系 $oxyz$，其坐标原点在圆筒段左端的中心，z 轴为圆筒的中心线指向右方。xy 轴处于 O 点所在的圆筒横截面上。圆筒上各点采用圆柱坐标系，任一点 M 的位置由 r、θ、z 确定。

1. 厚壁圆筒内的应力和应变

在圆筒壁内任取一单元体，此单元由轴向长度 $\mathrm{d}z$、夹角为 $\mathrm{d}\theta$ 的二辐射面及半径各为 r 及 $r+\mathrm{d}r$ 的同心圆柱面构成。作用在各面上的应力如图 3.12 所示，其中 σ_t 为切向应力、σ_r 为径向应力、σ_z 为轴向应力。假设各法向应力向外为正，向内为负。由轴对称假设可知，各平面都没有剪应力作用，因为如果存在剪应力，则单元体产生畸变时，就不能使截面保持为圆形截面了，因而 σ_t、σ_r、σ_z 都是主应力。

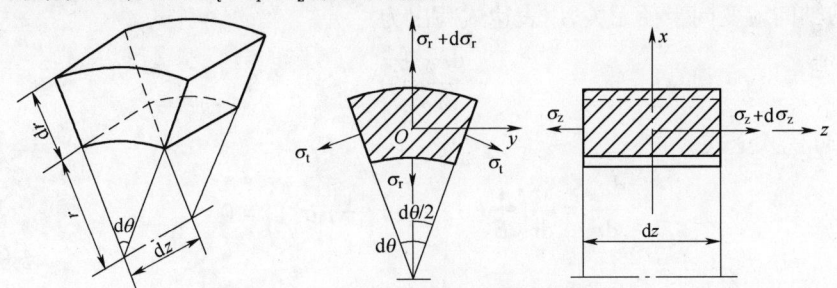

图 3.12 圆筒壁内单元体的主应力

在单元体上取直角坐标系，原点 O 位于二面角 $\mathrm{d}\theta$ 的等分平面内单元体的中心上。取 Ox 轴指向半径增大的方向；Oy 轴为过 O 点的圆弧的切线，指向右方；Oz 轴平行于圆筒轴。现在利用已知条件确定圆筒的应力、应变的关系式。

我们要求出 3 个方向的应力 σ_t、σ_r、σ_z 和 3 个方向的应变 ε_t、ε_r、ε_z。采用材料力学中解超静定问题的方法来求解。

1) 应力间的基本关系式

由 $\sum X = 0$，有

$$(\sigma_r + \mathrm{d}\sigma_r)(r + \mathrm{d}r)\mathrm{d}\theta\mathrm{d}z - \sigma_r \cdot r \cdot \mathrm{d}\theta\mathrm{d}z - 2\sigma_t \sin\frac{\mathrm{d}\theta}{2}\mathrm{d}r\mathrm{d}z = 0$$

43

略去高阶微量 d$\sigma_r$drdθdz，因为 dθ 很小，sin(dθ/2)≈dθ/2，展开上式整理之后得

$$\sigma_r + r\frac{d\sigma_r}{dr} - \sigma_t = 0 \tag{3.1}$$

由 $\sum Z = 0$，得

$$(\sigma_z + d\sigma_z)rdrd\theta - \sigma_z \cdot rdrd\theta = 0$$

化简得

$$d\sigma_z = 0$$

所以

$$\sigma_z = 常数 \tag{3.2}$$

由 $\sum Y = 0$ 及 $\sum M = 0$ 求不到独立的方程，因而不必列出。

由广义虎克定律，3个方向的应变同应力之间的关系为

$$\left. \begin{array}{l} \varepsilon_r = \dfrac{1}{E}(\sigma_r - \mu\sigma_t - \mu\sigma_z) \\ \varepsilon_t = \dfrac{1}{E}(\sigma_t - \mu\sigma_z - \mu\sigma_r) \\ \varepsilon_z = \dfrac{1}{E}(\sigma_z - \mu\sigma_r - \mu\sigma_t) \end{array} \right\} \tag{3.3}$$

有3个主应力以后，很容易由式(3.3)求出3个方向的应变。σ_z 为常数，而 σ_t 与 σ_r 之间只有一个关系式，为了解出各个应力和应变的表达式，必须再建立一个 σ_t 与 σ_r 的补充方程，补充方程需要利用变形的几何条件来建立。

2) 补充方程

由平面假设可知，横截面上的各点在变形前后仍然在一个平面上，也就是说，此横截面各点的轴向应变同半径无关，用表达式写出为

$$\frac{d\varepsilon_z}{dr} = 0 \tag{3.4}$$

将式(3.3)代入上式

$$\frac{d\varepsilon_z}{dr} = \frac{d}{dr}\left(\frac{1}{E}(\sigma_z - \mu\sigma_r - \mu\sigma_t)\right) = 0$$

得

$$\frac{d}{dr}(\sigma_r + \sigma_t) = 0$$

积分之后得补充方程

$$\sigma_r + \sigma_t = 2C_1 \tag{3.5}$$

其中 $2C_1$ 是积分常数。代入式(3.1)消去 σ_t，得

$$2\sigma_r + r\frac{d\sigma_r}{dr} = 2C_1$$

两端乘以 rdr

$$2\sigma_r \cdot rdr + r^2 d\sigma_r = 2C_1 rdr$$

即

$$d(r^2\sigma_r) = d(C_1 r^2)$$

积分,并引入积分常数 C_2

$$r^2\sigma_r = C_1 r^2 - C_2$$

或

$$\sigma_r = C_1 - \frac{C_2}{r^2} \tag{3.6}$$

将式(3.6)代入式(3.5),有

$$\sigma_t = C_1 + \frac{C_2}{r^2} \tag{3.7}$$

再将此二式代入式(3.3),有

$$\left. \begin{aligned} \varepsilon_r &= \frac{1}{E}\left(C_1(1-\mu) - C_2\frac{1+\mu}{r^2} - \mu\sigma_z \right) \\ \varepsilon_t &= \frac{1}{E}\left(C_1(1-\mu) + C_2\frac{1+\mu}{r^2} - \mu\sigma_z \right) \\ \varepsilon_z &= \frac{1}{E}(2C_1\mu + \sigma_z) \end{aligned} \right\} \tag{3.8}$$

式(3.6)、式(3.7)和式(3.8)为用积分常数 C_1 和 C_2 表示的圆筒壁内的应力、应变关系。对于一般合金钢来说, $\mu = 0.25 \sim 0.3$。但是,为了化简应变公式,常选 $\mu = 1/3$,这样式(3.8)简化为

$$\left. \begin{aligned} \varepsilon_r &= \frac{1}{E}\left(-\frac{4}{3}\frac{C_2}{r^2} + \frac{2}{3}C_1 - \frac{1}{3}\sigma_z \right) \\ \varepsilon_t &= \frac{1}{E}\left(\frac{4}{3}\frac{C_2}{r^2} + \frac{2}{3}C_1 - \frac{1}{3}\sigma_z \right) \\ \varepsilon_z &= \frac{1}{E}\left(-\frac{2}{3}C_1 + \sigma_z \right) \end{aligned} \right\} \tag{3.9}$$

由式(3.6)至式(3.9)可求得如下关系式

$$\left. \begin{aligned} \sigma_r + \sigma_t &= 2C_1 \\ (\sigma_t - \sigma_r)r^2 &= 2C_2 \\ \varepsilon_r + \varepsilon_t &= \frac{2}{E}[(1-\mu)C_1 - \mu\sigma_z] = \frac{2}{3E}(2C_1 - \sigma_z) \\ (\varepsilon_t - \varepsilon_r)r^2 &= \frac{2}{E}(1+\mu)C_2 = \frac{8}{3E}C_2 \end{aligned} \right\} \tag{3.10}$$

上面求出的应力、应变公式中,都有积分常数 C_1、C_2,为了得出 C_1、C_2 同已知参量的关系,必须利用已知的边界条件。

3) C_1、C_2 的确定

已知内压 p_1 和外压 p_2,可以写出边界条件如下:

$$\left. \begin{aligned} \text{内表面} \quad & r = r_1 \quad \sigma_{r1} = -p_1 \\ \text{外表面} \quad & r = r_2 \quad \sigma_{r2} = -p_2 \end{aligned} \right\} \tag{3.11}$$

将其分别代入式(3.6),得

$$\begin{cases} -p_1 = C_1 - \dfrac{C_2}{r_1^2} \\ -p_2 = C_1 - \dfrac{C_2}{r_2^2} \end{cases}$$

由此可确定积分常数

$$\left. \begin{array}{l} C_1 = \dfrac{p_1 r_1^2 - p_2 r_2^2}{r_2^2 - r_1^2} \\ C_2 = \dfrac{(p_1 - p_2) r_1^2 r_2^2}{r_2^2 - r_1^2} \end{array} \right\} \tag{3.12}$$

将 C_1、C_2 代入各应力、应变关系式化简后(习惯上用压力 p 代替 $-\sigma_r$),得 Lame 公式为

$$p = -\sigma_r = p_1 \frac{r_1^2}{r^2} \frac{r_2^2 - r^2}{r_2^2 - r_1^2} + p_2 \frac{r_2^2}{r^2} \frac{r^2 - r_1^2}{r_2^2 - r_1^2} \tag{3.13}$$

$$\sigma_t = p_1 \frac{r_1^2}{r^2} \frac{r_2^2 + r^2}{r_2^2 - r_1^2} - p_2 \frac{r_2^2}{r^2} \frac{r^2 + r_1^2}{r_2^2 - r_1^2} \tag{3.14}$$

$$\sigma_z = 常数$$

$$\varepsilon_r = \frac{1}{E} \left(-\frac{2}{3} p_1 \frac{r_1^2}{r^2} \frac{2r_2^2 - r^2}{r_2^2 - r_1^2} - \frac{2}{3} p_2 \frac{r_2^2}{r^2} \frac{r^2 - 2r_1^2}{r_2^2 - r_1^2} - \frac{1}{3} \sigma_z \right) \tag{3.15}$$

$$\varepsilon_t = \frac{1}{E} \left(\frac{2}{3} p_1 \frac{r_1^2}{r^2} \frac{2r_2^2 + r^2}{r_2^2 - r_1^2} - \frac{2}{3} p_2 \frac{r_2^2}{r^2} \frac{r^2 + 2r_1^2}{r_2^2 - r_1^2} - \frac{1}{3} \sigma_z \right) \tag{3.16}$$

$$\varepsilon_z = \frac{1}{E} \left(-\frac{2}{3} \frac{p_1 r_1^2 - p_2 r_2^2}{r_2^2 - r_1^2} + \sigma_z \right) \tag{3.17}$$

从这些公式中可以看出以下内容。

(1) 径向和切向的应力与应变都同内压和外压呈线性关系。

(2) 径向和切向的应力与应变都随 r^2 而变化。

(3) 轴向应力为常数,轴向应变不仅与轴向应力有关而且与内压和外压有关。

对于单筒身管,外压 $p_2 = 0$,轴向应力 σ_z 可以忽略,上述公式可简化为

$$p = -\sigma_r = p_1 \frac{r_1^2}{r^2} \frac{r_2^2 - r^2}{r_2^2 - r_1^2} \tag{3.18}$$

$$\sigma_t = p_1 \frac{r_1^2}{r^2} \frac{r_2^2 + r^2}{r_2^2 - r_1^2} \tag{3.19}$$

$$E\varepsilon_r = -\frac{2}{3} p_1 \frac{r_1^2}{r^2} \frac{2r_2^2 - r^2}{r_2^2 - r_1^2} \tag{3.20}$$

$$E\varepsilon_t = \frac{2}{3} p_1 \frac{r_1^2}{r^2} \frac{2r_2^2 + r^2}{r_2^2 - r_1^2} \tag{3.21}$$

由式(3.19)可知圆筒内外表面切向应力之比为

$$\frac{\sigma_{t1}}{\sigma_{t2}} = 1 + \frac{\delta}{r_1} + \frac{\delta^2}{2r_1^2}$$

式中:δ 为壁厚。当壁厚比大于 4.88% 时,内外表面切向应力差就大于 5%(一般工程可接受误差)。换言之,当壁厚比小于 4.88% 时,就可以不考虑壁内切向应力差别,看作壁内切向应力均匀分布,此时称为薄壁圆筒;否则就应考虑壁内切向应力分布,此时称为厚壁圆筒。

在身管设计中,目前仍主要采用第二强度理论,即最大应变理论。$E\varepsilon$ 称为第二强度理论的相当应力。$E\varepsilon_r$ 和 $E\varepsilon_t$ 为径向和切向的相当应力。由式(3.20)和式(3.21)可以看出单筒身管壁内产生的最大相当应力是 $E\varepsilon_t$。

4) 轴向应力和圆管的端部条件

身管壁实际上存在着轴向应力的作用,它是由火药气体作用力、炮身后坐惯性力、膛内时期弹带作用力和后效期炮口制退器拉力等作用力产生。轴向应力 σ_z 的值,主要决定于圆管的端部条件。

若将身管看成具有封闭的底,承受着内压 p_1 和外压 p_2 的作用(图 3.13),则其轴向应力 σ_z 为

$$\sigma_z = \frac{p_1 r_1^2 - p_2 r_2^2}{r_2^2 - r_1^2} \quad (3.22)$$

当外压 $p_2 = 0$ 时,轴向应力为

$$\sigma_z = \frac{p_1 r_1^2}{r_2^2 - r_1^2} \quad (3.23)$$

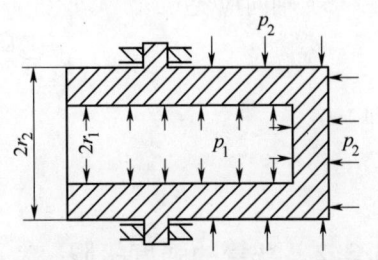

图 3.13 带底厚壁圆筒受力简图

这说明,只承受内压作用的闭端圆管,其管壁内的应力状态是三向应力状态,而其中的轴向应力为一常数。从式(3.18)和式(3.19)可知,轴向应力的公式又可表示为

$$\sigma_z = \frac{1}{2}(\sigma_r + \sigma_t)$$

2. 厚壁圆筒内的应变与位移

在圆筒半径 r 处取厚为 dr,长为 dz 的圆环(图 3.14 和图 3.15)。根据轴对称假设,在压力作用下,圆环上 A 点移动到 A' 点,径向位移为 u;B 点移动到 B' 点,径向位移为 $u+du$;C 点移动到 C' 点,轴向位移为 w;D 点移动到 D' 点,轴向位移为 $w+dw$。

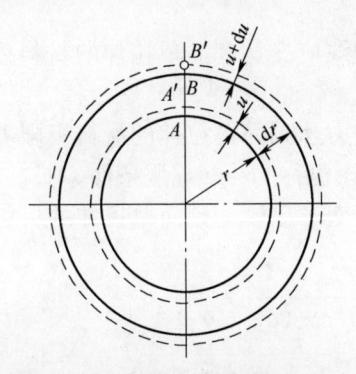

图 3.14 圆筒壁的径向、切向变形

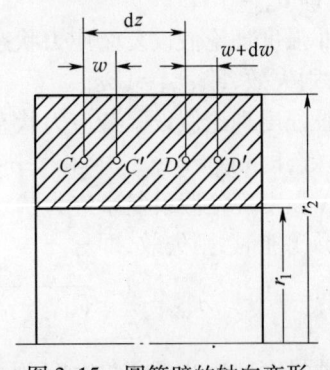

图 3.15 圆筒壁的轴向变形

1) 径向应变

圆环沿半径方向在变形前 AB 为 dr，变形后为 A′B′ = dr+u+du-u = dr+du。径向应变为

$$\varepsilon_r = \frac{A'B' - AB}{AB} = \frac{(dr + du) - dr}{dr}$$

即

$$\varepsilon_r = \frac{du}{dr} \tag{3.24}$$

2) 切向应变

变形前圆周长为 $2\pi r$，变形后为 $2\pi(r+u)$，因此切向应变 ε_t 为

$$\varepsilon_t = \frac{2\pi(r+u) - 2\pi r}{2\pi r}$$

即

$$\varepsilon_t = \frac{u}{r} \tag{3.25}$$

3) 轴向应变

$$\varepsilon_z = \frac{C'D' - CD}{CD} = \frac{(dz + dw) - dz}{dz}$$

即

$$\varepsilon_z = \frac{dw}{dz} \tag{3.26}$$

3.3.2 身管的强度极限

1. 强度理论

材料的承载能力是根据标准试件在简单拉伸（或压缩）应力状态下得出的极限应力（如比例极限 σ_p、屈服极限 σ_s 等），而实际受力状态比较复杂，一般是复杂应力状态。如何将简单应力状态得到的材料极限应力用来衡量实际零件的承载能力，主要是通过所谓"强度理论"（又称为材料失效理论、材料屈服条件、材料屈服准则等）来实现。强度理论是建立复杂应力状态下材料破坏（失效）的假设，即给出复杂应力状态下相当应力与材料在简单拉伸（压缩）条件下的极限应力的关系。强度极限条件：$\sigma_{xd} \leqslant \sigma_0$，其中 σ_{xd} 为复杂应力状态下相当应力，σ_0 为材料极限应力。常用的有四大强度理论。

第Ⅰ强度理论假设复杂应力状态下，当最大主应力达到简单拉伸的材料极限应力时，则失效，即 $\sigma_{xd} = |\sigma_1|$。

第Ⅱ强度理论假设复杂应力状态下，当最大拉伸线应变达到简单拉伸的材料极限线应变时，则失效，即 $\sigma_{xd} = |E\varepsilon_{max}|$。

第Ⅲ强度理论假设复杂应力状态下，当最大剪应力达到简单拉伸的材料极限剪应力时，则失效，即 $\sigma_{xd} = 2|\tau_{max}| = |\sigma_1 - \sigma_3|$。第Ⅲ强度理论也称 Tresca 屈服条件。

第Ⅳ强度理论假设复杂应力状态下，当最大形状变形比能达到简单拉伸的材料极限形状变形比能时，则失效，即

$$\sigma_{xd} = \frac{1}{\sqrt{2}}\sqrt{(\sigma_1 - \sigma_2)^2 + (\sigma_2 - \sigma_3)^2 + (\sigma_3 - \sigma_1)^2}$$

各种强度理论从不同角度定义了破坏准则，还有人定义最大应变能理论、内摩擦理论

等,各有利弊。实验表明,相当应力的实验值介于第Ⅲ强度理论与第Ⅳ强度理论的相当应力值之间,因此有人采用修正公式:

$$\sigma_{xd} = K|\sigma_1 - \sigma_3|$$

式中:0<K<1。

2. 强度极限

单筒身管是一个单层的圆筒,射击前管壁内没有人为的预应力。射击时,发射药点燃后,火药燃气压力作用在身管内表面上,迫使身管向外膨胀。如何保证身管在火药燃气压力作用下不产生塑性变形,就是从强度角度身管具有多大的承载能力问题。

身管武器在各种复杂情况下射击时,身管都必须具有足够的强度。身管在火药燃气压力作用下,不但不能产生破裂(通常称为炸膛),而且内表面不能产生塑性变形(通常称为胀膛)。单筒身管不产生塑性变形时所能承受的最大内压力,称为单筒身管弹性强度极限。当内压小于或等于身管弹性强度极限时,身管内表面只产生弹性变形。当内压超过身管弹性强度极限时,身管内表面就要产生塑性变形。因此一般就以身管弹性强度极限的大小来表示身管强度的高低。

为了简化问题,我们在厚壁圆筒基本假设的基础上再补充以下几个假设。

(1)单筒身管的任一横截面是一个内半径为 r_1、外半径为 r_2 的厚壁圆筒(图3.16)。

(2)身管外表面的压力为零。

(3)忽略身管的轴向力的作用。

1)采用第Ⅱ强度理论的身管弹性强度极限

第Ⅱ强度理论认为,材料的危险状态是由最大拉伸线应变引起的,故也叫做最大线应变理论。根据身管不产生塑性变形的要求,其壁内的最大应变 $E\varepsilon_{max}$ 必须满足条件:

$$\varepsilon_{max} \leqslant \varepsilon_P$$

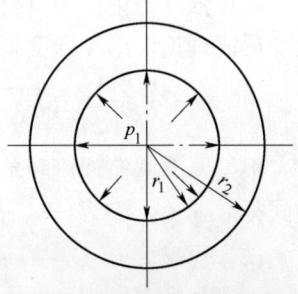

图3.16 单筒身管横截面简图

式中:$\varepsilon_p = \sigma_p/E$ 为身管材料拉伸应力达到材料比例极限 σ_p 时的应变;E 为材料的弹性模量。

因此上式可写成

$$E\varepsilon_{max} \leqslant \sigma_P$$

发射时,当身管壁内产生的最大相当应力 $E\varepsilon_{max} = \sigma_p$ 时,表示身管在火药燃气压力作用下,其内表面材料达到极限状态。

由厚壁圆筒理论可知,发射时单筒身管壁内产生的最大相当应力是切向相当应力 $E\varepsilon_{t_1}$,其最大值产生在身管内表面上。因此将 $r=r_1$ 代入式(3.21)得

$$E\varepsilon_{t_1} = \frac{2}{3} p_1 \frac{2r_2^2 + r_1^2}{r_2^2 - r_1^2}$$

设内压 p_1 为采用第Ⅱ强度理论的身管弹性强度极限,则当 $E\varepsilon_{t_1} = \sigma_p$ 时,$p_1 = P_1$,代入上式得

$$P_1 = \frac{3}{2}\sigma_P \frac{r_2^2 - r_1^2}{2r_2^2 + r_1^2} = \frac{3}{2}\sigma_P \frac{W^2 - 1}{2W^2 + 1} \tag{3.27}$$

式中:$W = r_2/r_1$,为身管外径与内径的比值(简称径比)。当身管材料和强度等级选定后,σ_p 就确定了,此时 P_1 的大小仅取决于身管的径比 W。

2) 采用第Ⅲ强度理论的身管弹性强度极限

第Ⅲ强度理论认为,材料的危险状态是由最大剪应力引起的。故也叫最大剪应力理论。由材料力学可知,最大剪应力等于最大主应力 σ_1 和最小主应力 σ_3 差值的一半,且简单拉伸时材料到达比例极限时的最大剪应力为 $\sigma_P/2$,即身管不产生塑性变形的条件为

$$\sigma_1 - \sigma_3 \leq \sigma_P$$

由厚壁圆筒理论可知,单筒身管最大的主应力是内表面的切向应力 σ_{t1},最小的主应力是内表面的径向应力 σ_{r1}。这样,身管强度条件可写为

$$\sigma_{t1} - \sigma_{r1} \leq \sigma_P$$

根据单筒身管的受力条件,应用厚壁圆筒的公式推出内表面的切向应力 σ_{t1} 和径向应力 σ_{r1}。设内压 $P_{1Ⅲ}$ 为第Ⅲ强度理论的单筒身管弹性强度极限,则将 σ_{t1} 和 σ_{r1} 代入身管的强度条件中,取 $\sigma_{t1} - \sigma_{r1} = \sigma_P$ 时,$p_1 = P_{1Ⅲ}$,即可得

$$P_{1Ⅲ} = \sigma_P \frac{r_2^2 - r_1^2}{2r_2^2} = \sigma_P \frac{W^2 - 1}{2W^2} \tag{3.28}$$

3) 采用第Ⅳ强度理论的身管弹性强度极限

第Ⅳ强度理论认为,材料的危险状态是由形状变形比能达到极限值引起的,故也叫最大变形能理论。第Ⅳ强度理论的强度条件为

$$\frac{1}{2}\sqrt{(\sigma_1 - \sigma_2)^2 + (\sigma_2 - \sigma_3)^2 + (\sigma_3 - \sigma_1)^2} \leq \sigma_P$$

根据厚壁圆筒理论和单筒身管的受力情况可知:$\sigma_1 = \sigma_{t1}$,$\sigma_2 = \sigma_z = 0$,$\sigma_3 = \sigma_{r1}$。代入上式得

$$\sqrt{\sigma_{t1}^2 - \sigma_{t1}\sigma_{r1} + \sigma_{r1}^2} \leq \sigma_P$$

设内压 $P_{1Ⅳ}$ 为第Ⅳ强度理论的身管弹性强度极限,将 σ_{t1} 和 σ_{r1} 的表达式代入上式,并取极限情况时的内压 $p_1 = P_{1Ⅳ}$,则得

$$P_{1Ⅳ} = \sigma_P \frac{r_2^2 - r_1^2}{\sqrt{3r_2^4 + r_1^4}} = \sigma_P \frac{W^2 - 1}{\sqrt{3W^2 + 1}} \tag{3.29}$$

从以上的研究中可以看出,对一定材料和尺寸的身管,由于采用的强度理论不同,所得到的身管弹性强度极限公式也不相同。具体地说,对同一身管,可以得出3种不同数值的身管弹性强度极限。实验结果表明,第Ⅱ强度理论适用于脆性材料,第Ⅲ、第Ⅳ强度理论适用于塑性材料。一般,在复杂应力状态下,第Ⅳ强度理论可较确切地反映出构件的应力状态。

为了弥补各强度理论与实际的差别,在采用不同强度理论设计身管强度时,都要选用相应的安全系数,使设计尽可能地同实际情况相接近。

在上述讨论中,不论采用哪一种强度理论研究单筒身管弹性强度极限,我们都认为所受的是静压力。实际射击时,作用在身管内的火药燃气的压力,在相当短的时间内(一般为千分之几秒)增高到最大值。材料的动载极限应力同静载极限应力有很大区别,射击时身管变形速度很快,其比例极限比静拉伸的情况下所确定出来的比例极限值要高。

4) 轴向应力对身管强度的影响

发射时,身管实际是受轴向拉应力作用的,如身管后坐产生的惯性力,药室的锥面所

引起的轴向力等。为了简化,采用两端带底并只承受内压 p_1 作用的厚壁圆筒来确定轴向应力 σ_z。当外压 $p_2=0$ 时,有式(3.23)

$$\sigma_Z = \frac{p_1 r_1^2}{r_2^2 - r_1^2}$$

因此若考虑轴向应力的影响,则身管内表面上产生的切向相当应力为

$$E\varepsilon_{t1} = \frac{2}{3}p_1 \frac{2r_2^2 + r_1^2}{r_2^2 - r_1^2} - \frac{1}{3}\sigma_Z = \frac{2}{3}p_1 \frac{2r_2^2 + r_1^2}{r_2^2 - r_1^2} - \frac{1}{3}p_1 \frac{r_1^2}{r_2^2 - r_1^2} = \frac{1}{3}p_1 \frac{4r_2^2 + r_1^2}{r_2^2 - r_1^2}$$

采用第Ⅱ强度理论,即 $E\varepsilon_{t1} = \sigma_P$ 时,$P_1 = P_{1z}$(下标 z 表示考虑了轴向应力的影响),则

$$P_{1Z} = 3\sigma_P \frac{r_2^2 - r_1^2}{4r_2^2 + r_1^2} \tag{3.30}$$

比较一下考虑轴向应力和忽略轴向应力的第Ⅱ强度理论的单筒身管弹性强度极限。即

$$\frac{P_{1Z}}{P_1} = \frac{3\sigma_P \dfrac{r_2^2 - r_1^2}{4r_2^2 + r_1^2}}{\dfrac{3}{2}\sigma_P \dfrac{r_2^2 - r_1^2}{2r_2^2 + r_1^2}} = \frac{4r_2^2 + 2r_1^2}{4r_2^2 + r_1^2} = \frac{4W^2 + 2}{4W^2 + 1} > 1$$

由此可知,考虑轴向应力 σ_z 时,身管弹性强度极限比忽略轴向应力的要大。因而在设计身管强度时,采用忽略轴向应力的身管弹性强度极限公式更安全。

5) 身管弹性强度极限与壁厚的关系

下面研究身管弹性强度极限与壁厚的关系,以便设计身管时能合理地使用金属材料。第Ⅱ强度理论的身管弹性强度极限 P_1 与壁厚的关系为

$$P_1 = \frac{3}{2}\sigma_P \frac{W^2 - 1}{2W^2 + 1}$$

上式对 W 求导数,即

$$\frac{dP_1}{dW} = \frac{3}{2}\sigma_P \frac{(2W^2 + 1)2W - (W^2 - 1)4W}{(2W^2 + 1)^2} = \frac{3}{2}\sigma_P \frac{6W}{(2W^2 + 1)^2} > 0$$

从得出的结果看出,P_1 随半径比 W 的增加而增加,但是随着半径比 W 的增加,P_1 增加的越来越小。当外半径 r_2 趋向无穷大时,上式的极限值为

$$\lim_{W \to \infty} P_1 = \lim_{W \to \infty} \frac{3}{2}\sigma_P \frac{W^2 - 1}{2W^2 + 1} = \frac{3}{4}\sigma_P = 0.75\sigma_P$$

这就是说,当身管外半径 r_2(或 W)趋向无穷大时,第Ⅱ强度理论的弹性强度极限 P_1 也只趋向一个极限值 $0.75\sigma_P$。

用同样方法可以研究第Ⅲ、第Ⅳ强度理论的弹性强度极限与壁厚的关系。当身管外半径 r_2 趋向无穷大时,它们的弹性强度极限的最大值也分别趋向一个极限值,即

$$\lim_{W \to \infty} P_{1Ⅲ} = \frac{1}{2}\sigma_P = 0.5\sigma_P$$

$$\lim_{W \to \infty} P_{1Ⅳ} = \frac{1}{\sqrt{3}}\sigma_P = 0.577\sigma_P$$

图 3.17 给出了这 3 种强度理论的身管弹性强度极限和身管的相对质量随半径比的变化曲线。单位长度身管质量 m_{sg} 的近似式为

$$m_{sg} = \pi(r_2^2 - r_1^2)\rho = \pi r_1^2 \rho\left(\frac{r_2^2}{r_1^2} - 1\right) = m_1(W^2 - 1)$$

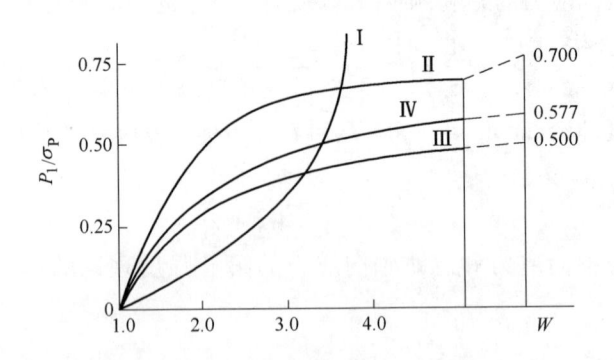

图 3.17 P_1/σ_p 随 W 的变化曲线

I—身管相对质量随 W 变化的曲线;II—P_1/σ_p 随 W 变化的曲线;
III—$P_{1\text{III}}/\sigma_p$ 随 W 变化的曲线;IV—$P_{1\text{IV}}/\sigma_p$ 随 W 变化的曲线。

式中:ρ 为密度;m_1 为单位长度内腔金属质量。因此身管的相对质量为

$$\frac{m_{sg}}{m_1} = W^2 - 1$$

从图 3.17 中可以看出,当 W 接近或超过 3 以后,随着 W 的增加,各强度理论的身管弹性强度极限都增加得很慢。相反,身管的相对质量却增加的很快。因此,设计身管时,壁厚选取在三倍口径以下(即 $W \leq 3$)比较适合。在制式火炮中,常用的 W 值如下:加农炮和高射炮为 2.0~3.0;榴弹炮 1.7~2.0。

根据式(3.21)可知,内表面($r=r_1$)上的切向相当应力为

$$E\varepsilon_{t1} = \frac{2}{3}p_1\frac{2r_2^2 + r_1^2}{r_2^2 - r_1^2} = \frac{2}{3}p_1\frac{2W^2 + 1}{W^2 - 1}$$

外表面($r=r_2$)上的切向相当应力为

$$E\varepsilon_{t2} = p_1\frac{2r_1^2}{r_2^2 - r_1^2} = p_1\frac{2}{W^2 - 1}$$

内外表面切向相当应力的比值为

$$\frac{E\varepsilon_{t1}}{E\varepsilon_{t2}} = \frac{1}{3}(2W^2 + 1)$$

上式说明,单筒身管内外表面切向相当应力的比与内外半径比的平方成正比。其变化曲线如图 3.18 所示。

这条曲线说明,身管壁厚薄时,其内外表面的切向相当应力相差不大,亦即壁内应力分布的较为均匀;而随外半径的增大,内、外表面切向相当应力的差值就越来越大。身管壁内应力分布越来越不均匀。当 $r_2/r_1 = 3$ 时,由图中曲线可以查出内、外表面切向相当应

力之比达到6.33。因此,单筒身管 $r_2/r_1 > 3$ 后,用增加壁厚来提高身管弹性强度极限是不恰当的,此时应采用筒紧或自紧身管。

3.3.3 身管理论强度曲线

1. 身管设计压力曲线

1) 发射过程中身管受力

身管武器发射时,高压火药燃气推动弹丸向前运动,同时使炮身后坐。炮身在发射时承受径向、轴向和切向3个方面的力和力矩。径向作用力主要由身管本身承受,而轴向合力和扭矩则通过反后坐装置、摇架等传递到炮架上。

径向作用力主要由两个部分组成,即火药燃气对身管壁的压力和弹丸的径向作用力。火药燃气的径向压力是身管强度设计的主要依据,其变化规律将在身管设计压力曲线中作详细讨论。弹丸对身管的径向作用力主要是指弹带(弹丸导转部)对身管的径向作用力 F_r 及弹丸定心部对膛壁的作用力。

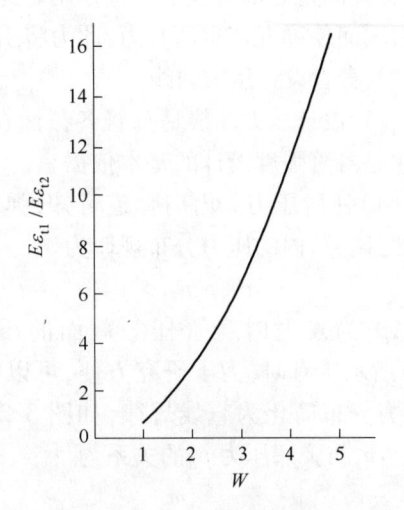

图3.18 身管内、外表面上相当切向应力的比值与壁厚的关系

弹带在开始切入膛线时,弹带对膛壁产生很大的径向作用力,随着弹带的挤进,此径向作用力迅速减小。弹丸在膛内加速运动时,由于弹丸旋转及质量分布不均匀,会使弹带对膛壁的作用力加大(在膛口附近有较大的数值)。弹带对膛壁径向作用力的规律如图3.19所示。由图中可以看出,弹带挤入膛线时的径向作用力有可能超过膛内最大压力;穿甲弹的弹体壁较厚,对身管的径向作用力比弹体壁较薄的杀伤爆破榴弹大一些。弹带对膛壁的径向作用力对身管强度有一定的影响,但它的作用是局部的,而且还没有适当的工程计算方法求出其数值,因而它对身管强度影响只在安全系数选择上予以考虑。由于弹丸与炮膛之间不同心并存在间隙,火药燃气对弹丸作用的合力不通过弹丸质心,因而会

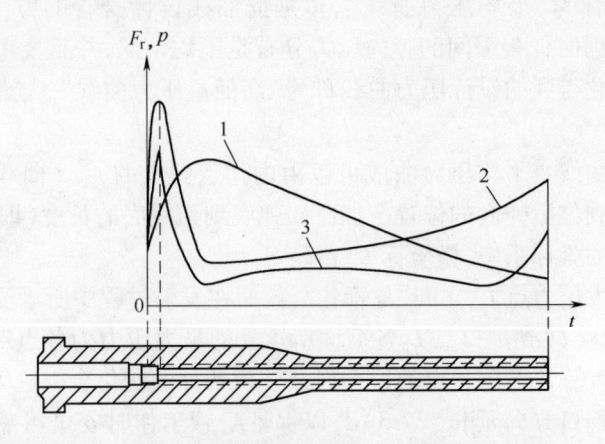

图3.19 弹带对膛壁的径向作用力
1—膛压曲线;2—穿甲弹;3—杀伤爆破弹。

引起弹丸的定心部对膛壁产生作用。此外，长身管有静力弯曲，实际上弹丸在膛内作曲线运动，因而使弹丸产生离心力，此力将引起身管的横向振动，对射击密集度有一定影响。

2) 身管设计压力曲线

身管设计压力曲线是身管各截面在任何射击条件下所承受的火药燃气最大压力曲线，它是身管强度设计的基本依据。

(1) 弹后压力。由内弹道可知，弹丸在膛内运动时期，膛内的压力分布规律为

$$p_t > p_x > p_d$$

其中，p_x 为发射时身管任一截面的压力，如图 3.20 所示。有时，为了研究方便，可以将此时膛内压力分布简化为直线规律，如图 3.20 中虚线所示。p_x 与弹底压力 p_d 的关系为

$$p_x = p_d\left(1 + \frac{m_y}{2\varphi_1 m_d}\left(1 - \frac{x^2}{L^2}\right)\right) \quad (3.31)$$

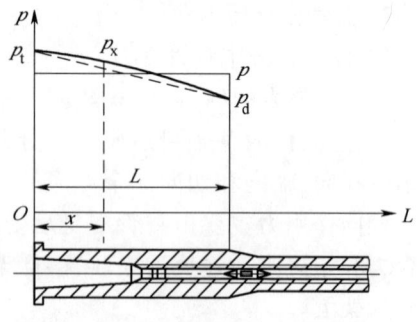

图 3.20　弹丸后部空间的压力曲线

式中：L 为药室底至弹底的距离；x 为截面至药室底的距离；m_y 为装药质量；m_d 为弹丸质量；φ_1 为考虑弹丸旋转和摩擦的次要功计算系数（取 1.02）。

膛底压力 p_t 与弹底压力 p_d 的关系式为

$$p_t = p_d\left(1 + \frac{m_y}{2\varphi_1 m_d}\right) \quad (3.32)$$

为了研究方便，可以认为弹后空间各截面压力为一常量，此常量为上述压力分布曲线的积分平均值，称为内弹道平均压力，用 p 来表示。p 是膛内压力的积分平均值，它并不代表某具体截面上的压力，在发射的任一瞬间 $p_t > p > p_d$。

$$p = p_d\left(1 + \frac{m_y}{3\varphi_1 m_d}\right) \quad (3.33)$$

设计身管时有两种常用的设计压力曲线。其一认为，发射时任一瞬间的膛内压力都是平均压力，即在任一瞬间弹后空间身管壁上都承受内弹道平均压力 p 的作用。由此得到的设计压力曲线称为"平均压力曲线"，依据此曲线设计身管的方法叫做"平均压力法"。其二认为，发射时任一瞬间的膛内压力分布是不均匀的，并且要考虑药温变化对压力规律的影响。由此得到的设计压力曲线称为"高低温压力曲线"，与此相应的身管设计方法称为"高低温法"。

(2) 平均压力曲线。平均压力曲线可以由内弹道解出的 $p-l$ 曲线求出。$p-l$ 曲线的坐标原点为装填到位后弹底的位置。如已知弹底到药室底的长度（即药室长）为 l_{ys}，则在以药室底为原点的坐标系中，横坐标 $L=l+l_{ys}$。

在药室底到最大压力点 L_m 之间，身管各个截面在发射过程中所承受的压力最大值均为 p_m 而由最大压力点 L_m 到炮口点 L_g 各截面所承受的最大压力为各点对应的 $p-l$ 曲线上的压力值。考虑到计算最大压力点的误差以及装填条件的变化会引起 L_m 位置的变化，通常将最大压力值向炮口方向延长 $(2\sim3)d$，以保证身管工作时安全可靠。平均压力曲线 $(p-L)$ 如图 3.21 所示。用平均压力法设计身管，虽然计算简单，但没有考虑膛内压力的实际分布规律，因此一般只作为初步设计的依据。

(3) 高低温压力曲线。高低温压力曲线主要考虑两个因素：①发射时膛内压力的分布；②装药初温对压力曲线的影响。

为了得到高低温压力曲线，我们分两个步骤来分析。首先考虑膛内压力分布时的设计压力曲线，然后再考虑受装药初温影响的设计压力曲线。

① 考虑膛内压力分布时的设计压力曲线。考虑膛内压力分布时的设计压力曲线与平均压力曲线不同的是先将内弹道解出的 $p-l$ 曲线换算成弹底压力曲线 p_d-l，并利用膛底压力与平均压力的关系式计算出最大膛底压力值 p_{tm}。

$$p_{tm} = (1 + \lambda_1 \frac{m_y}{\varphi_1 m_d}) \frac{\varphi_1}{\varphi} p_m \tag{3.34}$$

式中：φ 为次要功计算系数，$\varphi = \alpha + \lambda_2 m_y/m_d$；$\lambda_1 = (\Lambda_g + 1/\chi)/(\Lambda_g + 1)/2$；$\lambda_2 = (\Lambda_g + 1/\chi)/(\Lambda_g + 1)/3$；$\alpha$ 为取决于身管长度 L_{sg} 的系数（在 $L_{sg} < 25d$ 时，取 $\alpha = 1.06$；在 $25d < L_{sg} < 40d$ 时，取 $\alpha = 1.05$；在 $L_{sg} > 40d$ 时，取 $\alpha = 1.03$）；$\chi = l_0/l_{ys}$ 为药室扩大系数；$l_0 = W_0/S$ 为药室自由容积缩颈长；l_{ys} 为药室长；W_0 为药室容积；S 为炮膛横截面面积；$\Lambda_g = l_g/l_0$ 为弹丸相对行程长；l_g 为弹丸行程长。

为了保证安全，将最大弹底压力 p_{dm} 的作用点 L_m 向炮口方向移动 $1.5d$ 的距离，并用直线连接最大膛底压力点 p_{tm} 和最大弹底压力点 p_{dm}。为了简便，将前移的最大压力点 p_{dm} 与燃烧结束点的 p_{dk} 也用直线连接，如图 3.22 所示。考虑膛内压力分布时的设计压力曲线由以下 3 个线段组成：$L = 0$ 至 $L = L_m + 1.5d$，为 p_{tm} 至 p_{dm} 的直线；$L = L_m + 1.5d$ 至 $L = L_k$，为 p_{dm} 至 p_{dk} 的直线；$L = L_k$ 至 $L = L_g$（炮口），为 p_d-L 曲线的 p_{dk} 至 p_{dg} 一段。

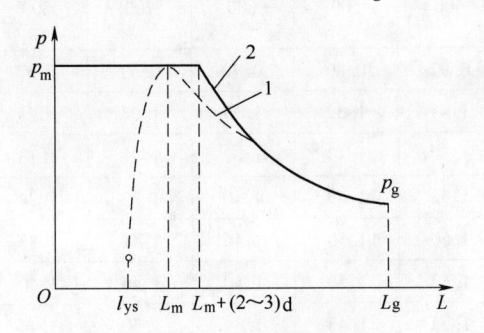

图 3.21　平均压力曲线

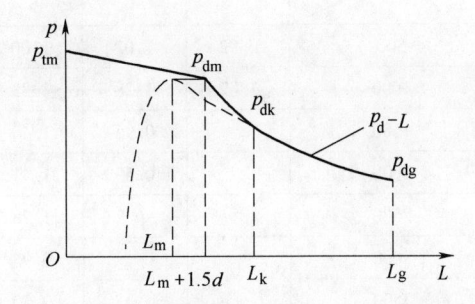

图 3.22　考虑压力分布设计压力曲线

② 高低温压力曲线。身管武器在作战条件下使用时，装药温度受气温影响很大。为了保证安全，身管设计压力曲线就要考虑装药温度的变化。我国目前采用的温度范围是标准常温为 $+15\ ℃$，高温采用 $+50\ ℃$，低温采用 $-40\ ℃$。

设装药温度为 t，改变量为 $\Delta t = t - 15\ ℃$。装药初温变化，最大膛压也要变化，其变化值为

$$p_m^t = p_m + \Delta p_m$$

式中：Δp_m 为装药初温度变化引起的最大压力改变量，由内弹道经验公式可知

$$\Delta p_m = m_t \cdot \Delta t \cdot p_m$$

由此得

$$p_m^t = (1 + m_t \cdot \Delta t) p_m \tag{3.35}$$

式中,m_t为最大压力的温度修正系数。实际上,装药的初温影响着火药的燃烧速度u_1。由内弹道学可知火药燃气压力全冲量$I_k=e_1/u_1$,式中:e_1为火药的厚度。可见,初温变化就使压力全冲量I_k的数值改变,初温升高,u_1增加,I_k下降;反之,I_k上升。这样,我们可以写出温度修正系数m_t同压力全冲量修正系数m_{Ik}的关系(此关系随火药不同而异)。初步计算时可以采用如下的关系式:

对于硝化棉系火药　　　　　$m_t = 0.0027 m_{Ik}$

对于硝化甘油系火药　　　　$m_t = 0.0035 m_{Ik}$

系数m_{Ik}随装填密度Δ及最大压力p_m不同而变化,表3.1给出系数m_{Ik}的数值。

在高温+50℃、+40℃和低温-40℃的情况下,最大压力的可能变化范围可由上述修正公式(3.35)计算得到。实验证明,最大压力随温度的变化规律并不一定是线性的,而且随着火药品种的不同,出入较大。因此,为了保证设计的身管在工作时安全可靠,高温最大压力最好以弹道炮的实验数据为依据。利用式(3.34)和式(3.35)可以计算出p_{tm}^{+50}和p_{tm}^{-40}的值。并将内弹道计算得出的平均压力的高低温曲线换算成弹底压力的高低温曲线:$p_d^{+50}-l$和$p_d^{-40}-l$。然后按"考虑膛内压力分布时的设计压力曲线"的绘制方法,在同一坐标中作出3条压力曲线:$p_d^{+50}-L$、p_d-L、$p_d^{+40}-L$。取其外包络线,就得出身管的高低温压力曲线,如图3.23所示,因此高低温法又叫做包络线法。目前在身管武器设计时,都采用高低温压力曲线作为身管强度设计的依据。

表3.1　系数m_{Ik}值

Δ/(kg/m³) p_m/MPa	100	200	300	400	500	600	700	800
500	0.92	1.02	1.00	0.92	0.80	0.70	0.63	0.57
1000	1.02	1.28	1.33	1.41	1.32	1.19	1.08	0.98
1500		0.96	1.40	1.50	1.43	1.32	1.22	1.13
2000		0.59	1.41	1.53	1.49	1.40	1.32	1.24
2500			1.28	1.50	1.50	1.46	1.40	1.33
3000			0.98	1.40	1.50	1.50	1.46	1.40
3500			0.50	1.23	1.45	1.51	1.50	1.44
4000				1.03	1.36	1.48	1.50	1.46
4500				0.80	1.24	1.42	1.48	1.47

③ 高低温压力曲线计算方法。在弹道试验中测量最大膛底压力p_{tm},用下式可由求出内弹道最大压力p_m。

$$p_m = \frac{\varphi}{\varphi_1 \left(1 + \lambda_1 \dfrac{\omega}{\varphi_1 q}\right)} p_{tm} \tag{3.36}$$

以前由于计算机不普及,为了计算方便,人们习惯于借助内弹道的压力表和换算公式,求出高低温压力曲线上的5个控制点(A、B、C、D、E)和p_d^t-L、$p_d^{-40}-L$两段曲线,然后按照高低温曲线的化规律用直线连接A点和B点、B点和C点,用p_{dk}^t-l曲线连接C点和D点,用$p_d^{-40}-L$曲线连接D点和E点,即可得到身管的高低温压力曲线(图3.24)。

现在计算机已非常普及,以往的内弹道解法(包括表解法和其他分析解法)已被计算机解法所代替,因此计算高低温压力曲线也比以前容易得多。只要在内弹道的燃速方程中乘上$(1+m_t \cdot \Delta t)$,并将式(3.36)中的p_{tm}用$p_{tm}^t = (1+m_t \cdot \Delta t)p_{tm}$代入计算出$p_m^t$。以$p_m^t$值为标准解出$p^t - l$曲线,然后换算成$p_d^t - l$曲线。并计算出高温膛底最大压力$p_{tkm}^{+50} = 1.12 p_{m(T)}^{+50}$,再用计算机在同一坐标系中作出若干条曲线:$p_d^{+50} - L$、$p_d^t - L$、$p_d^{-40} - L$,根据身管设计的要求采集其外包络线上的若干点,即可得到高低温设计压力曲线。

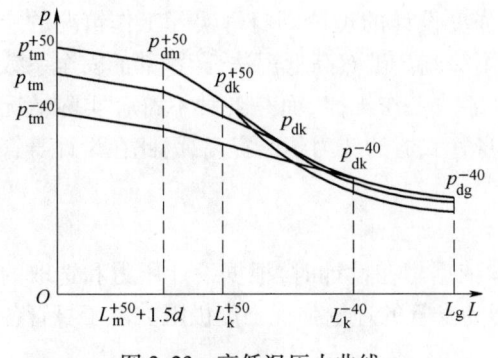

图 3.23 高低温压力曲线

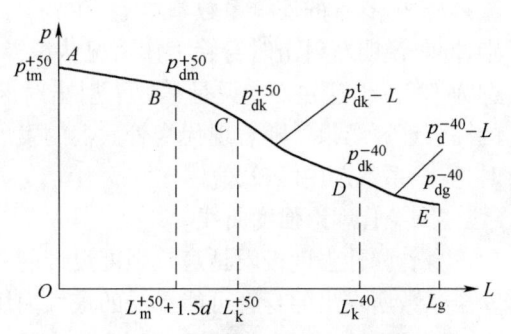

图 3.24 身管高低温压力曲线

3. 身管理论强度曲线

1) 安全系数

由前面所建立的身管弹性强度极限公式计算的身管强度与实际的身管强度是有一定差别的,其原因是身管的实际工作情况与基本假设有差别,如身管不是理想的厚壁圆筒,它有沟槽、锥面、凸臂、膛线等;身管材料不均质,其两端的比例极限有0.8~1.2MPa的差值,还存在加工造成的内应力;公式中的身管内压与实际上身管所受的内压力不一致;实际上火药燃气压力对身管的作用是动载作用等。

为了使理论设计尽可能地接近实际情况,人们通过反复实践找到处理这个问题的方法,就是采用适当的安全系数。

设n为身管的安全系数,P_1为身管的弹性强度极限,p为身管的计算内压(即设计压力),则$n = P_1/p$。在一般情况下,当$n > 1.0$时即可保证身管使用安全性,但由于药室部、膛线部、炮口部在使用中有各自的特殊性,因此这3个部段的安全系数也不相同。在药室部,膛压变化比较均匀,不受弹丸运动引起的其他力的作用,轴向力比身管其他部位大。在膛线部,内表面有膛线容易造成应力集中,在弹丸通过前、后膛压的动力效应较大,受弹丸运动所引起的弹带径向作用力和其他附加的作用。在炮口部,由于没有相邻连接面的作用而使炮口端面变形较大,在温度快速升高时炮口部的材料机械性能会很快下降,炮口部容易受到损伤。综合以上特点,这3个部段的安全系数应该是炮口部的n>膛线部的n>药室部的n。

由于身管强度设计的方法有两种,相对应的安全系数也有两种选取方法。用平均压力法设计身管时,其各部的安全系数是药室部$n = 1.2$;膛线部$n = 1.35$;炮口部$n = 2 \sim 2.5$。用高低温法设计身管时,因为考虑了温度对膛压的影响,压力的计算值比较符合实际,故其安全系数也取得小些。身管各部的最低安全系数如下:药室部$n = 1$;膛线部根据膛线深度的不同分为两种,对浅膛线 $n=1.1$,对深膛线 $n=1.2$;炮口部 $n=1.9$(对自行炮和坦克炮,$n=1.7$)。

考虑到工作的情况和与炮口制退器的连接,在炮口二倍口径的长度上都采用炮口部安全系数。炮口部到最大膛压前移点之间的安全系数的变化规律应取为由线膛部的安全系数至炮口部安全系数的直线,即由 1.1(或 1.2)直线变化到 1.9(或 1.7)。

应该注意的是对于不同种类的身管武器,其安全系数的选取是在对身管武器的实际情况作具体的分析之后确定的。

总之,身管的安全系数基本上反映了身管强度设计的理论同身管实际工作情况的差别,同时说明对射击时身管工作情况认识得还不深刻。虽然高低温法,药室部的安全系数选为 1.0。但这并不能说是掌握了射击时药室部的工作规律,而是各种不符合实际情况的综合计算结果。随着现代身管武器的发展,身管武器的威力不断提高,因此在设计身管时,安全系数选用的较大。

2) 身管理论强度曲线

身管弹性强度极限是身管强度设计的基本依据。在设计时,根据设计压力和选取的安全系数所求出的身管可能承受的最大内压即为身管的理论弹性强度极限。由于身管各横截面的设计压力和身管各部要求的安全系数不尽相同,所以各横截面的理论弹性强度极限也不相同。将身管各横截面的理论弹性强度极限与身管相对应的位置绘制成的曲线,叫做身管理论强度曲线。即以身管各横截面的位置为横坐标,以理论弹性强度极限为纵坐标,绘制成的曲线。

下面介绍两种强度设计方法的身管理论强度曲线。

(1) 平均压力法的身管理论强度曲线。把图 3.25 所示平均压力曲线 abc 各截面的压力,乘以身管各部位所要求的安全系数,即可得到身管各截面的理论弹性强度极限:

药室部　　$P_1 = 1.2 p_m$

膛线部　　$P_1 = 1.35 p$

炮口部　　$P_1 = (2.0 \sim 2.5) p_g$

将各点 P_1 值连成曲线 $ABCDEFG$ 就是身管的理论强度曲线。

(2) 高低温法的身管理论强度曲线。把图 3.26 所示高低温压力曲线 $abcdef$ 各截面的压力,乘以身管各部位所要求的安全系数,即可得到身管各截面的理论弹性强度极限,将各点连接成曲线 $ABCDEF$ 就

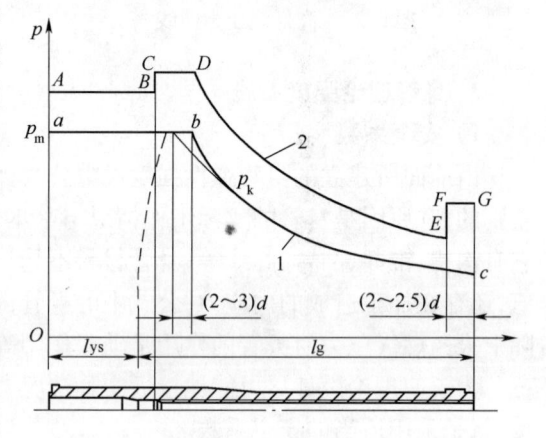

图 3.25　平均压力曲线和身管理论强度曲线
1—平均压力曲线;2—身管理论强度曲线。

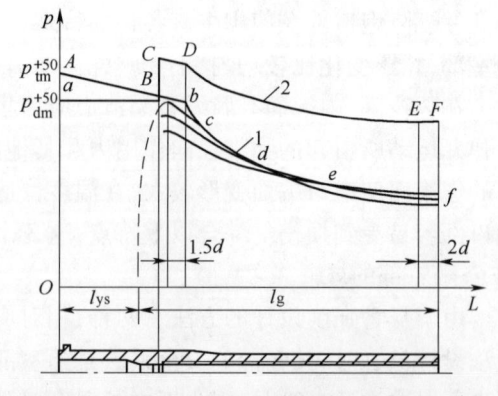

图 3.26　高低温压力曲线和身管理论强度曲线
1—高低温压力曲线;2—身管理论强度曲线。

是身管理论强度曲线。

3.3.4 单筒身管设计

1. 身管的材料

设计身管时,必须根据身管武器性能、工艺条件、炮身寿命等对材料提出下列要求。

(1) 具有足够的强度,在火药燃气压力作用下,身管内表面不应产生塑性变形。

(2) 具有足够的硬度,在装填炮弹和弹丸沿炮膛运动时,不致因磨擦碰撞而使身管受到损坏;在高温时具有一定硬度,以耐烧蚀和磨损。

(3) 具有较好的韧性,可承受火药燃气压力的动力作用,并且在火药燃气压力反复作用下,不会产生脆断。

(4) 材料的比例极限 σ_p 和强度极限 σ_b 的差值应尽可能大一些,当火药燃气压力因偶然原因而不正常增大时,身管不会破裂。

(5) 材料的性能是稳定的,能抵抗火药燃气生成物的腐蚀作用和火药燃气的高温作用。

(6) 材料应有较好的工艺性。

(7) 选取的材料应适合我国的资源情况。

我国制造枪炮的材料是特种合金钢。钢的性能、牌号等都按标准选取。我国炮钢的标准有 YB 475—64、WJ 1633—86、GJB 1220—91 等。常用炮钢的牌号有 PCrNi1Mo、PCrNi3Mo、PCrNi3MoV、PCrNi3MoVA 等,P 代表炮钢。

2. 身管外部结构设计

根据身管武器种类和性能的不同,身管武器总体对身管外部结构的要求也不相同。一般的要求包含以下内容。

(1) 身管与其他零部件,如炮尾、膛口装置等要连接可靠,拆装方便。

(2) 身管的外形应满足后坐与复进的导向要求。

(3) 身管的质量和质心位置以及横向尺寸应满足武器总体的要求。

(4) 身管应具有足够的刚度。

(5) 在小口径高射速的武器中,身管应拆装方便,以便及时更换灼热的身管;在坦克炮、自行炮中,有时要满足炮身前抽的要求。

(6) 身管外形的工艺性要好。

上述要求是密切联系又相互制约的。如身管质心位置一般希望靠近身管后端面,但这与身管刚度要求,复进、后坐时的导向要求(如与筒形摇架相配合)是有矛盾的。因而设计时,应对具体情况作具体分析。

3. 单筒身管设计的一般程序

设已知内弹道计算需要的所有参数和由内膛设计获得的身管各截面的内半径 r_1。身管设计步骤包含以下内容。

1) 作出高低温设计压力曲线

具体方法见高低温压力曲线计算方法。

2) 确定和绘制身管的理论强度曲线

具体作法见身管的理论强度曲线。

3) 确定材料及其比例极限

参考同类型武器选取身管用钢的钢号和强度类别,查出所需要的材料比例极限 σ_P。

4) 确定身管理论外形

身管理论外形是按身管弹性强度极限来确定的,它是以后设计身管实际外形的基础。根据已知条件可用下式(采用第Ⅱ强度理论)来逐点确定身管的外半径为

$$r_2 = r_1 \sqrt{\frac{3\sigma_P + 2P_1}{3\sigma_P - 4P_1}} = r_1 \sqrt{\frac{3\sigma_P + 2nP}{3\sigma_P - 4nP}}$$

身管的理论外形实为一曲线。在概略设计时可在药室部、膛线部、炮口部各选取 1~3 个断面计算出外径,并用直线逐点连接而成为身管理论外形。

5) 调整身管外形

考虑到身管与其他零部件的连接、后坐和复进的导向、总体和勤务的要求以及加工等问题,需对身管外形进行调整。调整原则如下所示。

(1) 对配合表面(主要是身管与炮尾、膛口装置、套箍、摇架的配合面),具体结构、外形尺寸和公差及配合应根据具体情况来确定。

(2) 对非配合表面,为了便于加工,一般都按理论外形调整成圆柱形或截锥形表面。

(3) 在调整时,应尽量避免缺口、沟槽,以及突然过渡等,以防止产生应力集中,同时应注意身管质心位置的要求。

6) 绘制身管简图

根据调整后的身管外形尺寸画出身管简图。

7) 计算身管的实际强度极限

根据身管简图上的实际尺寸计算出身管各横截面实际能承受的最大压力,此最大压力称为身管的实际强度极限,用符号 P_{1s} 表示。

$$P_{1s} = \frac{3}{2}\sigma_P \frac{r_2^2 - r_1^2}{2r_2^2 + r_1^2}$$

8) 计算身管的实际安全系数

身管的实际强度极限 P_{1s} 与设计压力曲线上的对应值 p 的比值,称为实际的安全系数 n_s,即 $n_s = P_{1s}/p$。设计中常用实际的安全系数表示身管强度的大小,因而当计算出实际强度极限后,还需求出其安全系数。若无其他特殊要求,实际的安全系数都不能小于要求的安全系数。

为了计算方便,通常对身管内外径有变化的横截面,从身管后端面向炮口用顺序号注明,然后再计算 P_{1s} 和 n_s。

9) 绘制身管零件图

以上设计步骤不是一成不变的,在具体设计时,可根据身管武器的种类及其战术技术要求和现有的已知条件作适当的更改,以便于分析计算。

3.4 自紧身管设计

当身管的长度确定以后,若要提高身管武器的初速,往往是增高膛压,因此就要求设计出能承受高膛压的身管。在讨论单筒身管的弹性强度极限时已经知道有两种方法可以

使单筒身管承受更高的内压,一是增加身管的壁厚,二是提高材料的强度类别。由于单筒身管的内外壁应力分布不均匀,因此当壁厚增加到一定程度($r_2/r_1>3$)时,身管的质量增加迅速,而身管的弹性强度极限增加缓慢,并趋向一个极限值。提高材料强度,将会带来韧性下降,合金元素的含量增多,加工困难和经济性差等一系列问题。因此必须寻求其他的方法来提高身管的强度。为了讨论这个问题,下面对在内外压作用下的厚壁圆筒切向相当应力进行分析。

由式(3.16)可知,不考虑轴向应力影响,当$r=r_1$时,内外压作用下的内表面切向相当应力为

$$E\varepsilon_{t1} = \frac{2}{3}p_1 \frac{2r_2^2 + r_1^2}{r_2^2 - r_1^2} - p_2 \frac{2r_2^2}{r_2^2 - r_1^2}$$

应用第Ⅱ强度理论,在$E\varepsilon_{t1} = \sigma_p$的极限情况下,在内、外压作用下的身管弹性强度极限为

$$P_1 = \frac{3}{2}\sigma_P \frac{r_2^2 - r_1^2}{2r_2^2 + r_1^2} + p_2 \frac{3r_2^2}{2r_2^2 + r_1^2}$$

此式同单筒身管弹性强度极限式(3.27)对比,增加了一项$p_2 \frac{3r_2^2}{2r_2^2 + r_1^2}(>0)$,也就是说在同样身管尺寸和材料的情况下,如果存在有外压则可以使身管的强度提高。

以某火炮为例,设$\sigma_P = 700\text{MPa}$,内外之比$r_2/r_1 = 2.31$。当$p_2 = 50\text{MPa}$时,强度提高了17.7%;当$p_2 = 90\text{MPa}$时,强度提高了31.8%。若当$p_2 = 90\text{MPa}$时,仍保持$P_1 = 390\text{MPa}$,则σ_P只需480MPa,即σ_P可相应下降31.8%,显然这将会带来一系列好处。

目前使身管得到一定外压的办法就是采取工艺措施使身管内层产生与其工作时方向相反的应力(预应力),外层产生与工作时方向相同的应力。发射时,由于预应力的存在,使身管内层的最大应力降低,外层的应力则提高,身管的内外壁应力的分布趋于均匀,因而可以在同样壁厚,同样材料的条件下,使身管能承受更大的内压。一般称这种身管为紧固身管。由于产生预应力的方法不同,紧固身管又分为3种,即筒紧身管、丝紧身管、自紧身管。

由于合金钢质量不断提高,而筒紧、丝紧身管加工又比较复杂,所以目前制式身管武器中很少采用这种结构,但有时为了提高炮身的某些特殊性能,也采用筒紧结构。为提高身管的抗烧蚀性能,在身管内层用抗烧蚀性能好的材料制成衬管,广泛采用的是自紧身管。

3.4.1 自紧及其工艺过程

从结构形状来看,自紧身管和单筒身管一样,是一个毛坯制成的,只是在身管制造过程中(一般在身管精加工前),需要经过一定的特殊处理,使管壁内产生有利的残余应力来提高身管的弹性强度极限和疲劳寿命。身管自紧原理,主要是在身管内部加高压,迫使管壁内产生一定的塑性变形(残余变形),根据圆筒变形的特点,沿管壁厚度上变形是不均匀的;当内压逐渐增大时,内表面首先产生塑性变形,然后塑性区向外扩展,在内表面上最大,逐渐向外表面减小;自紧后,管壁内的弹性变形有恢复到原位置的趋势,但由于塑性变形阻止其恢复,在壁内产生了残余应力分布;当发射时,能使管壁内的应力分布比较均

匀,从而提高了身管的弹性强度极限,同时也可提高身管的疲劳寿命。

自紧身管的三大优点,如下所述。

(1) 提高身管的强度。在同样材料强度和相同尺寸的条件下,自紧身管比单筒身管的强度可提高约70%或以上。

(2) 可节省大量合金元素。因为自紧身管提高了强度,所以,在身管尺寸大致相同的条件下可以采用强度类别较低的材料。

(3) 对提高身管寿命有利。这有两方面的含意:其一,试验表明,身管耐烧蚀性能随其含碳量的降低而提高。而自紧身管可以采用含碳量低的合金钢;其二,试验表明,一些高强度炮钢身管多次发射以后,在膛内要产生裂纹并随着发数的增多而扩大,最后贯穿管壁引起身管破裂,这就是所谓疲劳破坏。身管自紧可以使疲劳寿命得到明显的提高。

此外,由于自紧时对膛内施以高压,可及时发现和排除毛坯中的疵病。防止身管在战斗使用中发生意外事故。自紧原理还可以应用于活动身(衬)管炮身的内管和筒紧炮身的内管,从而使这些炮身的强度进一步提高。

自紧原理也广泛应用于化工容器和其他高强度的超高压容器和管道的设计制造中,在这些领域中,自紧处理有时称为自增强处理。

目前身管自紧的方法有3种:液压自紧、冲头挤扩自紧和爆炸自紧。

1. 液压自紧法

液压自紧是身管自紧常用的方法,它是利用高压液体直接作用在身管的内表面上,引起管壁内塑性变形,产生有利的残余应力分布,从而提高身管的强度和疲劳寿命。

液压自紧时主要的设备有超高压泵(工作压力达1400MPa)、芯棒、高压密封装置、测量仪器(主要是应变仪和数采)、压力传感器等。自紧时采用芯棒,主要是为了安装密封装置,减小液体容量和承受轴向力的作用。

身管毛坯为均匀圆筒形或是外径仅有不大的锥度。自紧时,在其内腔用液体施加高压,并监测身管外径尺寸变化,以控制毛坯产生预定的塑性变形量。其工艺装置如图3.27所示,液压自紧密封结构中的核心零件是芯轴,它不仅要承受自紧过程中高压液体产生的压力和轴向力,还是其他各种密封件的基础构件。

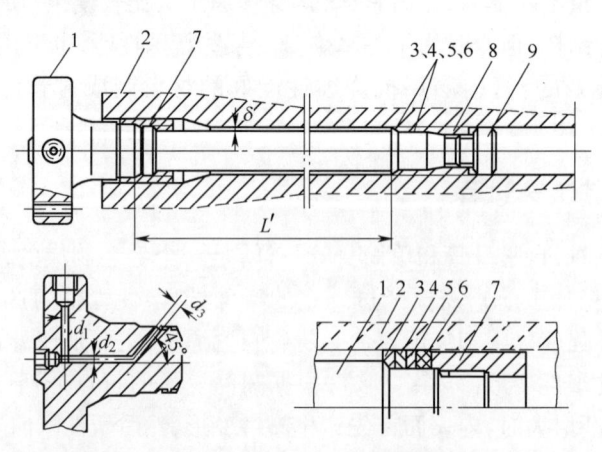

图3.27 液压自紧工艺装置

1—芯轴本体;2—自紧身管半精加工毛坯;3、4—钢支撑环;5—牛皮垫环;6—O形圈;7、8—压紧螺帽;9—导向头。

两端的密封结构基本相同。自紧高压油进入进孔是关键部位，d_1、d_2、d_3一般应相等，且不可过大，特别是孔的交接处应尽量避免尖角的存在，因容易引起应力集中，它在疲劳应力作用下，是裂纹的发源地。图中把出油孔作成斜孔与芯轴轴线成45°夹角是为了减小应力集中的影响。

为了使自紧能适用于不同自紧长度的变化，使用一种移动紧塞具的自紧方法（图3.27）。它的芯棒能够沿身管移动，并且长度可以变化，可以对身管不同部位分段自紧，自紧压力也可以相应变化。

2. 挤扩自紧法

挤扩法（机械自紧）是用一个大于身管毛坯内径的冲头强力通过内腔，迫使内腔扩大产生预定的塑性变形从而达到自紧的目的。冲头前部有一定的锥度，以利挤入炮腔。炮膛产生塑性变形的大小由冲头对自紧前内腔的过盈量来控制（挤扩时，冲头同身管间的压力相当于液压自紧时的内压P_1）。冲头的运动可以是用压力机直接推动或拉动冲头的芯杆，也可以是用高压液体直接推动冲头运动，冲头前进时与筒壁紧密贴合能可靠地紧塞液体，它们的工作原理如图3.28所示。

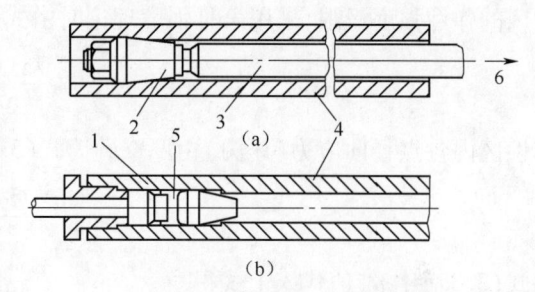

图3.28 冲头挤扩原理图
1—O形密封圈；2—冲头；3—拉杆；
4—身管毛坯；5—高压液体；6—拉杆运动方向。

3. 爆炸自紧法

为使自紧工艺进一步简化，有人通过试验对爆炸自紧法进行了研究。此种方法是将炸药放在身管毛坯内中心位置，炸药周围介质可以是水或空气，毛坯外部可以有限制变形的模具，也可以没有，这同闭式或开式液压自紧法类似。通常上述装置全部放入水中，如图3.29所示。爆炸自紧身管可以使内腔永久变形量达到1%~6%。实验表明，爆炸自紧法对身管金属材料的机械性能和微观组织并无有害影响。通过内腔加上衬套的方法还可以对具有锥形内腔的毛坯进行自紧。由于它不用专门的高压设备，生产周期短，因此值得进一步研究。

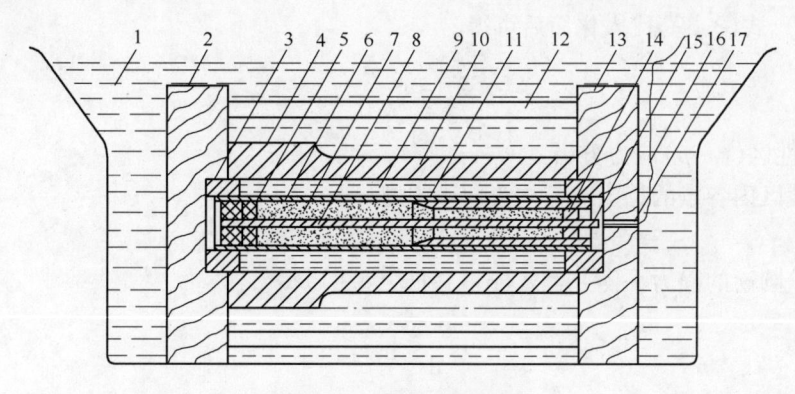

图3.29 爆炸自紧装置
1、9—水；2—后端盖；3—橡胶密封堵头；4、5、14—软质密封堵头；6—不锈钢管；7—炸药；
8—导爆索；10—自紧毛坯；11—塑料套管；12—张力柱；13—前端盖；15—雷管；16—导线；17—填充物。

3.4.2 自紧曲线

1. 自紧时的应力分析

在自紧时,身管内表面首先开始达到屈服状态,随着内压的增大,塑性变形的区域逐渐向外扩展,若设 ρ 为塑性区的外边界半径,则可将身管壁分成塑性区($r=r_1 \sim \rho$)和弹性区($r=\rho \sim r_2$,且 $r_1 < \rho < r_2$),此时为弹塑性状态身管。当内压进一步增大时,塑性区边界继续向外扩张,直至达到外表面,即 $\rho = r_2$,此时身管为全塑性状态。

1) 弹性区($\rho \sim r_2$)应力分析

这个区可以看成是内径为 ρ,外径为 r_2 的单筒身管,在半径 ρ 处的径向压力 p_ρ 即为弹性区的弹性强度极限,采用第Ⅲ强度理论时由式(3.28)可得

$$p_\rho = \sigma_s \frac{r_2^2 - \rho^2}{2 r_2^2} \tag{3.37}$$

弹性区内各点径向应力(压力)由厚壁圆筒式(3.18)得

$$p = p_\rho \frac{\rho^2}{r^2} \frac{r_2^2 - r^2}{r_2^2 - \rho^2}$$

将式(3.37)中 p_ρ 值代入上式得

$$p = \sigma_s \frac{\rho^2}{r^2} \frac{r_2^2 - r^2}{2 r_2^2} \tag{3.38}$$

弹性区内的切向应力由厚壁圆筒式(3.19)可得

$$\sigma_t = p_\rho \frac{\rho^2}{r^2} \frac{\rho^2 + r^2}{r_2^2 - \rho^2}$$

把 p_ρ 值代入后得

$$\sigma_t = \sigma_s \frac{\rho^2}{r^2} \frac{r_2^2 + r^2}{2 r_2^2} \tag{3.39}$$

弹性区内按第Ⅲ强度理论的相当应力为

$$2\tau = \sigma_1 - \sigma_3 = \sigma_t + p$$

把式(3.38)、式(3.39)代入化简后可得

$$2\tau = \sigma_s \frac{\rho^2}{r^2} \tag{3.40}$$

2) 塑性区($r_1 \sim \rho$)应力分析

在塑性区内各点的相当应力均为屈服强度,即

$$2\tau = \sigma_t - \sigma_r = \sigma_s \tag{3.41}$$

由厚壁圆筒的静力平衡方程式(3.1)和式(3.41)得

$$r \frac{d\sigma_r}{dr} = \sigma_s \tag{3.42}$$

对上式由 r 至 ρ 进行积分,即

$$\int_p^{p_\rho} d(-\sigma_r) = -\sigma_s \int_r^\rho \frac{dr}{r}$$

由此式解出半弹性状态自紧身管塑性区内各点的压力为

$$p = \sigma_s \ln \frac{\rho}{r} + p_\rho$$

将式(3.37)中的 p_ρ 代入可得

$$p = \sigma_s \left(\ln \frac{\rho}{r} + \frac{r_2^2 - \rho^2}{2r_2^2} \right) \tag{3.43}$$

把式(3.43)代入式(3.41)解出切向应力为

$$\sigma_t = \sigma_s \left(1 - \ln \frac{\rho}{r} - \frac{r_2^2 - \rho^2}{2r_2^2} \right) \tag{3.44}$$

当 $r=r_1$ 时由式(3.43)可得弹塑性状态自紧时的内压为

$$P_1 = \sigma_s \left(\ln \frac{\rho}{r_1} + \frac{r_2^2 - \rho^2}{2r_2^2} \right) \tag{3.45}$$

利用式(3.43)和式(3.38)、式(3.40)和式(3.41)就可以求出弹塑性状态身管内的压力曲线及剪应力分布曲线,如图3.30(a)所示。

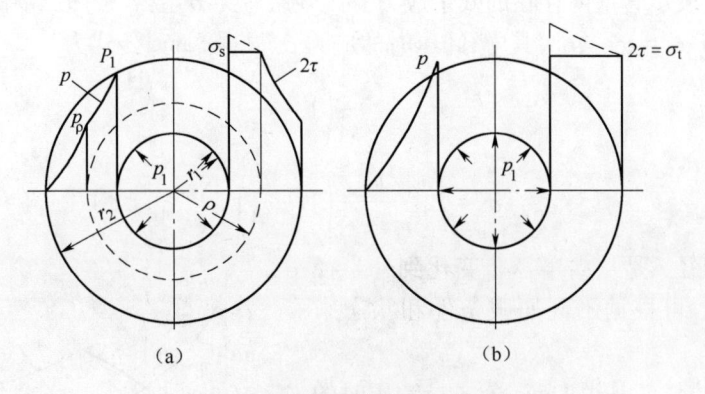

图 3.30 自紧时身管壁内应力分布
(a)弹塑性状态;(b)全塑性状态。

全塑性状态时($\rho = r_2$),由式(3.43)得

$$p = \sigma_s \ln \frac{r_2}{r} \tag{3.46}$$

由式(3.46)得全塑性状态自紧时的内压

$$P_1 = \sigma_s \ln \frac{r_2}{r_1} \tag{3.47}$$

利用式(3.46)和式(3.41)就可以求出全塑性状态身管内的压力曲线及剪应力分布曲线,如图3.30(b)所示。

如果采用第Ⅳ强度理论也可以依照上述方法导出自紧时的压力。对弹塑性状态

$$P_1 = \frac{2}{\sqrt{3}} \sigma_s \left(\frac{r_2^2 - \rho^2}{2r_2^2} + \ln \frac{\rho}{r_1} \right) \tag{3.48}$$

对全塑性状态

$$P_1 = \frac{2}{\sqrt{3}}\sigma_s \ln\frac{r_2}{r_1} \approx 1.16\sigma_s \ln\frac{r_2}{r_1} \tag{3.49}$$

实际身管材料存在一定的强化现象,通过自紧生产实践得出全塑性状态的自紧身管的自紧压力可用如下经验公式表示

$$P_1 = K\sigma_s \ln\frac{r_2}{r_1} \tag{3.50}$$

其中 K 为经验系数,一般取 $K=1.08$。

2. 自紧身管的残余应力分析

自紧压力卸载后圆管壁内存在的应力称为残余应力。因为当自紧压力卸载后,管壁内发生了塑性变形(残余变形),在内表面最大,向外逐渐变小。这些塑性变形阻止外层恢复到它原来的位置,因而使靠近内层的地方产生切向压缩残余应力,在靠近外层的地方产生拉伸的切向残余应力。

加卸载过程应力应变服从不同的规律,卸载过程是弹性的,从而卸压后管壁内引起的变化可按 Lame 公式来计算,若用 σ 表示卸压前管壁内的应力(加载应力);σ'' 表示卸压时产生的应力;σ' 表示管壁内存在的残余应力。则残余应力 σ' 应等于卸压前的应力减去卸压时的应力,即 $\sigma' = \sigma - \sigma''$,其中,卸压时的应力 σ'' 根据 Lame 公式为

$$\sigma''_r = P_1 \frac{r_1^2}{r_2^2 - r_1^2}\left(1 - \frac{r_2^2}{r^2}\right) \tag{3.51}$$

$$\sigma''_t = P_1 \frac{r_1^2}{r_2^2 - r_1^2}\left(1 + \frac{r_2^2}{r^2}\right) \tag{3.52}$$

式中,变化的半径 r 是从内半径 r_1 变化到外半径 r_2,自紧压力 P_1 可根据不同屈服条件和状态来确定。

这里值得注意的是用 Lame 公式求卸压时的应力 σ'' 时,没有考虑应力的正负,实际卸压过程时相当于对自紧圆管作用一数值等于自紧压力 P_1 的方向相反的内压,它产生的应力分布 σ'' 如图 3.31 所示。图 3.31 绘制了卸压前和卸压后,管壁内的切向应力的分布曲线,图中

$$\sigma'_t = \sigma_t - \sigma''_t$$

当采用 Tresca 屈服条件时,圆管的自紧压力 P_1 为

$$P_1 = \sigma_s\left(\ln\frac{\rho}{r_1} + \frac{r_2^2 - \rho^2}{2r_2^2}\right)$$

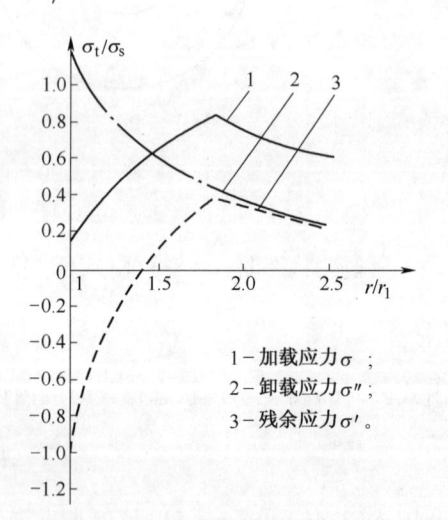

图 3.31 卸压前后管壁内的切向应力的分布曲线

1—加载应力 σ;
2—卸载应力 σ'';
3—残余应力 σ'。

代入式(3.51)和式(3.52)后,即可求出卸压时的应力为

$$\sigma''_r = \sigma_s\left(\ln\frac{\rho}{r_1} + \frac{r_2^2 - \rho^2}{2r_2^2}\right)\frac{r_1^2}{r_2^2 - r_1^2}\left(1 - \frac{r_2^2}{r^2}\right) \tag{3.53}$$

$$\sigma''_t = \sigma_s \left(\ln \frac{\rho}{r_1} + \frac{r_2^2 - \rho^2}{2r_2^2} \right) \frac{r_1^2}{r_2^2 - r_1^2} \left(1 + \frac{r_2^2}{r^2} \right) \tag{3.54}$$

圆管中卸压前的应力可根据式(3.43)和式(3.44)计算，由此可导出卸压后管壁内的残余应力。

1) 塑性区($r_1 \sim \rho$)

$$p' = -\sigma'_r = \sigma_s \left[\frac{r_2^2 - \rho^2}{2r_2^2} + \ln \frac{\rho}{r} - \frac{r_1^2}{r_2^2 - r_1^2} \left(\frac{r_2^2}{r^2} - 1 \right) \left(\frac{r_2^2 - \rho^2}{2r_2^2} + \ln \frac{\rho}{r_1} \right) \right] \tag{3.55}$$

$$\sigma'_t = \sigma_s \left[\frac{r_2^2 + \rho^2}{2r_2^2} - \ln \frac{\rho}{r} - \frac{r_1^2}{r_2^2 - r_1^2} \left(\frac{r_2^2}{r^2} + 1 \right) \left(\frac{r_2^2 - \rho^2}{2r_2^2} + \ln \frac{\rho}{r_1} \right) \right] \tag{3.56}$$

2) 弹性区($\rho \sim r_2$)

$$p' = -\sigma'_r = \sigma_s \left(\frac{r_2^2}{r^2} - 1 \right) \left[\frac{\rho^2}{2r_2^2} - \frac{r_1^2}{r_2^2 - r_1^2} \left(\frac{r_2^2 - \rho^2}{2r_2^2} + \ln \frac{\rho}{r_1} \right) \right] \tag{3.57}$$

$$\sigma'_t = \sigma_s \left(\frac{r_2^2}{r^2} + 1 \right) \left[\frac{\rho^2}{2r_2^2} - \frac{r_1^2}{r_2^2 - r_1^2} \left(\frac{r_2^2 - \rho^2}{2r_2^2} + \ln \frac{\rho}{r_1} \right) \right] \tag{3.58}$$

当圆管为全塑性时，则残余应力变为

$$p' = -\sigma'_r = \sigma_s \left[\ln \frac{r_2}{r} - \frac{r_1^2}{r_2^2 - r_1^2} \left(\frac{r_2^2}{r^2} - 1 \right) \ln \frac{r_2}{r_1} \right] \tag{3.59}$$

$$\sigma'_t = \sigma_s \left[1 - \ln \frac{r_2}{r} - \frac{r_1^2}{r_2^2 - r_1^2} \left(\frac{r_2^2}{r^2} + 1 \right) \ln \frac{r_2}{r_1} \right] \tag{3.60}$$

采用 Tresca 屈服条件的相当应力为两倍最大剪应力 $2\tau'$，它可以用下式表示为

$$2\tau' = \sigma'_t + p'$$

将式(3.55)和式(3.56)代入此式经过整理可得塑性区的相当残余应力为

$$2\tau' = \sigma_s \left[1 - \frac{2r_1^2 r_2^2}{r^2(r_2^2 - r_1^2)} \left(\frac{r_2^2 - \rho^2}{2r_2^2} + \ln \frac{\rho}{r_1} \right) \right] \tag{3.61}$$

将式(3.57)、式(3.58)两式代入，经过整理可得弹性区的残余相当应力为

$$2\tau' = \sigma_s \left[\frac{\rho^2}{r^2} - \frac{2r_1^2 r_2^2}{r^2(r_2^2 - r_1^2)} \left(\frac{r_2^2 - \rho^2}{2r_2^2} + \ln \frac{\rho}{r_1} \right) \right] \tag{3.62}$$

有了上述公式，就可以求出自紧身管沿壁厚的残余应力曲线，如图3.32所示。它对于研究自紧身管的应力分布和残余应力的测量都很有价值。

对于自紧身管内表面的残余应力 $2\tau'$ 由式(3.61)及式(3.55)得

$$2\tau'_1 = \sigma_s - P_1 \frac{2r_2^2}{r_2^2 - r_1^2} \tag{3.63}$$

3. 发射时的应力分析

发射时身管在内压 p_1 作用下，在身管壁内形成新的附加剪应力 $2\tau''$ 和附加径向压力 p''，其值可将自紧身管看成单筒身管，用以下公式求出

$$p'' = p_1 \frac{r_1^2}{r^2} \frac{r_2^2 - r^2}{r_2^2 - r_1^2} \tag{3.64}$$

$$2\tau'' = p_1 \frac{r_1^2}{r^2} \frac{2r_2^2}{r_2^2 - r_1^2} \qquad (3.65)$$

由于身管壁中已存在残余应力 $2\tau'$ 和 p'，因此身管壁内的合成应力为

$$2\tau = 2\tau'' + 2\tau'$$
$$p = p'' + p'$$

发射时的附加应力和合成应力的分布曲线如图 3.33 所示。可以看出合成应力的分布比筒紧身管更趋于均匀。为了使自紧身管在发射时塑性区不再进一步增大，要求发射时的内压 p_1 不大于自紧时内压 P_1，即 $p_1 \leqslant P_1$。

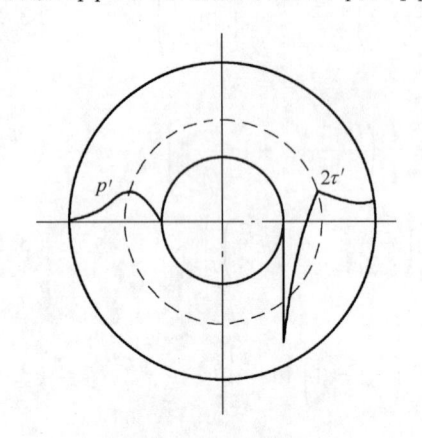

图 3.32 残余应力分布

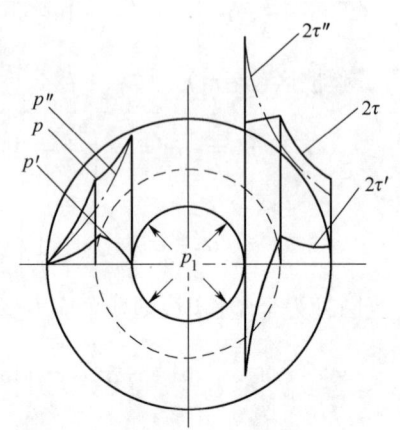

图 3.33 附加应力和合成应力分布

4. 不出现反向屈服的条件

在全塑状态下，当材料一定时，残余应力随着壁厚的增加而增加，壁内表面上的残余应力的最大值不能超过材料的压缩屈服极限，否则，在卸压后的圆管内表面上，要出现反向屈服。这样上述残余应力的计算公式就不适用了。

采用 Tresca 屈服条件时，内表面的切向相当残余应力由式(3.61)可得

$$|2\tau_1'| = \left| \sigma_s - P_1 \frac{2r_2^2}{r_2^2 - r_1^2} \right| \leqslant \sigma_s$$

由此式解出不出现反向屈服时的自紧压力为

$$P_1 \leqslant \sigma_s \frac{r_2^2 - r_1^2}{r_2^2} = \sigma_s \frac{W^2 - 1}{W^2}$$

将

$$P_1 = \sigma_s \left(\ln \frac{\rho}{r_1} + \frac{r_2^2 - \rho^2}{2 r_2^2} \right) = \sigma_s \left(\ln a_\rho + \frac{W^2 - W_\rho^2}{2W^2} \right)$$

代入上式得

$$2W^2 \ln W_\rho - W^2 - W_\rho^2 + 2 \leqslant 0$$

对 100% 过应变量（全塑性状态）的情况，即 $\rho = r_2$，$W_\rho = W$ 时，得

$$W^2 \ln W - W^2 + 1 \leqslant 0$$

解此不等式有

$$W \leqslant 2.2184 \approx 2.22$$

这就是全塑性自紧身管不产生反向屈服的条件,即身管半径比不能超过 2.22,亦说明,当半径比大于 2.22 时,要达到全塑性状态,则自紧圆管内表面出现反向屈服。(注意,这是由第Ⅲ强度理论推出的,如用第Ⅳ强度理论则约为 2.0)。此半径比的全塑性自紧身管可以比单筒身管的强度提高 1 倍。

5. 自紧时身管外表面应变同内压的关系及自紧曲线

自紧时,身管外表面的切向应变值的大小与自紧时的内压有着一定的关系。这种关系是控制自紧参量,检验自紧身管性能的主要依据。一般用测量和控制外表面的切向应变来控制身管的自紧程度。下面通过前面已有的应力和应变公式导出自紧时内压与身管外表面切向应力的关系。

在没有外压情况下,不考虑轴向应力影响,弹性加载过程内压与外表面切向应变之间关系为

$$p_1 = \frac{1}{2}\left(\frac{r_2^2}{r_1^2} - 1\right)E\varepsilon_{t2}$$

当内表面开始出现塑性变形,并逐步扩展,处于弹塑性加载过程,外表面切向应力取决于塑性区半径 ρ:

$$\sigma_{t2} = \frac{\rho^2}{r_2^2}\sigma_s$$

因此,外表面切向应变与塑性区半径 ρ 之间关系为

$$\rho^2 = r_2^2 \frac{E\varepsilon_{t2}}{\sigma_s}$$

塑性区半径 ρ 取决于内压,即内压与外表面切向应变之间关系为

$$p_1 = \sigma_s\left(\ln\frac{\rho}{r_1} + \frac{r_2^2 - \rho^2}{2r_2^2}\right) = \frac{\sigma_s}{2}\left(\ln\frac{\rho^2}{r_1^2} + 1 - \frac{\rho^2}{r_2^2}\right) = \frac{\sigma_s}{2}\left(\ln\frac{r_2^2 E\varepsilon_{t2}}{r_1^2 \sigma_s} + 1 - \frac{E\varepsilon_{t2}}{\sigma_s}\right)$$

考虑其他因素影响,可以用经验系数 K 对材料屈服极限 σ_s 进行修正得

$$p_1 = \frac{K\sigma_s}{2}\left(1 + \ln\frac{E\varepsilon_{t2}r_2^2}{K\sigma_s r_1^2} - \frac{E\varepsilon_{t2}}{K\sigma_s}\right) \tag{3.66}$$

有时可以通过测量外表面的径向位移 u_2,则由式(3.25)可以计算出对应的切向应变为

$$\varepsilon_{t2} = \frac{u_2}{r_2}$$

这样在自紧时就可以测量身管外表面的径向位移 u_2 或切向应变 ε_{t2},求出塑性区半径 ρ,以此来控制身管的自紧程度。

把塑性区的壁厚($r_1 \sim \rho$)占总壁厚($r_1 \sim r_2$)的百分比定义为身管的自紧度,用 Z 表示。

$$Z = [(\rho - r_1)/(r_2 - r_1)] \cdot 100\% \tag{3.67}$$

$Z = 0$ 为非自紧身管,$Z = 1$ 为全塑性自紧身管,一般半弹性状态自紧身管的自紧度为 $Z = 30\% \sim 70\%$。

自紧时,由测量所得的内压 p_1 与外表面径向位移 u_2 或切向应变 ε_{t2} 所绘出的曲线,就

叫做身管的自紧曲线 p_1-u_2 或 $p_1-\varepsilon_{t2}$。

考虑到材料的屈服极限的可能变化，对应 $\sigma_s-\Delta\sigma_s$、σ_s、$\sigma_s+\Delta\sigma_s$ 可作 3 条 $p_1-\varepsilon_{t2}$；考虑到自紧度的可能变化，对应 $\rho-\Delta\rho$、ρ、$\rho+\Delta\rho$ 可作 3 条射线；这些曲（直）线围成的面积就给出了自紧控制范围，即对给定的 σ_s、ρ，实际 $p_1-\varepsilon_{t2}$ 应在自紧控制范围之内，如图 3.34 所示。

3.4.3 自紧身管设计

1. 自紧身管中的弹性极限压力

自紧厚壁圆管的弹性极限压力是指圆管自紧后内表面不产生新的残余变形时所能承受的最大压力，也就是再屈服压力。

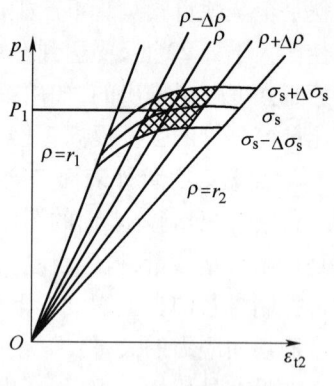

图 3.34 自紧曲线的控制

在采用理想弹性材料的假设下，身管自紧后不进行加工时，其自紧压力 P_1 等于弹性极限压力。

值得注意的是这两个压力的数值相同，但物理意义不同。自紧压力是身管自紧时所作用的压力。它的作用主要使身管产生一定的残余变形，从而引起有利的残余应力。它的应力应变关系主要是塑性的应力应变关系，而弹性极限压力是身管自紧以后，不出现新的残余变形时所能承受的最大压力，它的应力应变关系完全是弹性的应力应变关系和一般不自紧身管的弹性极限压力一样，只不过是借助于自紧后有利的残余应力，使管壁中的应力分布趋于均匀化，从而提高了圆管的强度。

2. 自紧身管强度设计

自紧身管的设计与非自紧身管（如单筒身管）的设计基本是一样的，它包括强度设计、外形结构尺寸设计和内腔设计等。而强度设计的特点主要是身管自紧时毛坯的设计和自紧后加工对强度的影响等。

目前工程应用中自紧身管强度设计和力学模型是采用理想弹塑性材料和修正的 Tresca 屈服条件所建立的理论公式。正如前面所述，采用这种模型，一方面公式简单，物理概念清晰；另一方面设计中有许多实际问题，可以借鉴国外有关的资料。

1）自紧身管强度设计

因为身管自紧时，材料进入塑性状态，其应力与应变的关系是塑性的本构关系，而自紧后，自紧身管中存在着有利的残余应力，当内压作用时，其应力与应变关系是弹性的本构关系，因而可以采用不同的强度理论来处理。不过，一般为了应用方便，常采用与自紧时屈服条件相同的强度理论。例如，我们自紧时采用修正的 Tresca 屈服条件，自紧后，自紧身管强度设计时，仍采用最大剪应力理论（即第Ⅲ强度理论）。

自紧身管强度设计时，需要明确下面两个重要的概念。

（1）自紧身管弹性极限压力。自紧身管弹性极限压力是指身管自紧后，不产生新的残余变形时所能承受的最大压力，当采用 Tresca 屈服条件时，自紧身管的弹性极限压力，可以用自紧压力的公式来表示。

（2）自紧身管的安全系数 n。自紧身管的安全系数 n 是指自紧身管的弹性极限压力与相对应的作用于身管的内压之比。

自紧身管强度设计的特点是根据最大膛压和总体要求,确定适合的直径比、材料屈服极限之后,需要进行设计和计算。

2) 自紧身管设计步骤

(1) 根据所要求的安全系数,计算自紧身管的弹性极限压力及弹塑性交界面的半径。

(2) 设计身管自紧时的毛坯尺寸。①结合所采用的自紧方法,选取适当的内外表面的加工余量,并绘制自紧时的身管毛坯图;②计算自紧时的自紧压力;③计算自紧后内外表面的直径扩大量以及过应变量;④当采用液压自紧时,需计算和绘制自紧曲线图;⑤绘制自紧后自紧身管毛坯的强度曲线图,其中包括自紧身管毛坯图和各横截面所能承受的最大压力,弹塑性交界面的半径。

(3) 自紧身管强度设计。在上述基础上,自紧身管实质是一个沿半径方向具有不同强度的弹性管,具体设计方法和单筒身管相同。但应注意,当身管内外表面开孔或有键槽时,需要考虑残余应力的释放对强度的影响。还有更重要的一点是自紧身管自紧部分在自紧时用 Tresca 屈服条件分析加载应力场,自紧后强度设计时自紧部分和非自紧部分都用第Ⅲ强度理论。

3.5 定向器设计

3.5.1 定向器设计要求

定向器作为火箭发射系统的主要组成部件之一,它的作用不仅在于发射前承载、固定火箭弹,发射时点燃火箭发动机,而且更重要的还在于它能赋予火箭弹起始运动方向和合适的离轨时的运行速度及转速,因而它是火箭发射系统影响射击密集度的一个很重要的部件。

根据定向器的作用和工作特点,在技术上设计定向器时有如下要求。

(1) 定向器的结构主要应从有利于提高射击密集度考虑。具体地说:①根据火箭弹的具体情况,选择最合适的定向器结构形式;②定向器应具有足够的强度和刚度,合理的结构参数;③定向器特别是导引面应有一定的加工精度和粗糙度;④火箭燃气射流对定向器以及发射系统的作用应尽可能小。

(2) 在保证一定的刚度和强度的条件下,定向器的质量应尽可能轻。

(3) 应使装退弹操作方便。

(4) 带弹行军时要安全。

(5) 定向器在起落架上的安装结合要方便。

(6) 制造、修理、维护、保养要方便。

3.5.2 定向器设计

1. 定向器的结构形式

定向器的结构形式主要取决于火箭弹的结构和大小。目前各国采用的典型定向器主要有筒式、笼式和滑轨式3种。

筒式定向器一般由无缝钢管制成或用钢板卷压焊接而成,也可采用整体旋压和冷压、冷拔等方式生成毛坯,然后精加工而成。由于它有闭合的圆柱面,故导流性能好,燃气射流引起的振动较小,且弹在定向器内运动是平滑的,冲击程度小,因而有利于密集度的提高。其次,它可保证火箭弹不受外界物体的损害。此外,它的制造工艺性较好,检查、涂油均较方便。但是,口径较大的筒式定向器单位长度的质量较大,且它难以用来发射不可折叠的超弹径的尾翼弹。因此,筒式定向器用来发射口径较小的涡轮弹,也可用来发射同口径尾翼弹或折叠尾翼弹。

笼式定向器一般用导杆和套箍焊接加工而成。由于它没有闭合圆柱面,发射装置受燃气射流冲击引起的振动较大,火箭弹与导杆的撞击也较大,故不利于密集度的提高。为了提高密集度,可将笼式定向器四周用薄钢板封闭起来,以减小发射装置受燃气射流冲击所引起的振动。此外,笼式定向器焊缝分布复杂,焊接工作量大,生产率低;并且它自身结构刚度较差,机械加工不易达到较高精度。但它与筒式定向器比较,便于发射尾翼弹,且单位长度质量小,因此通常用来发射中口径(200~400mm)的涡轮弹和尾翼弹。

滑轨式定向器一般用普通热轧型钢加工而成。它对于重型火箭弹能实现由上方装弹,但如果从后方装弹,不如笼式和筒式定向器方便。它的横断面较小,燃气射流作用力也小,但由于滑轨仅从一个方向反射燃气射流,因而发射装置的振动仍然不小,这将影响射击密集度。滑轨式定向器一般用来发射各种口径的尾翼弹,但最适宜于发射尾翼较大的尾翼弹。

在进行定向器设计时,必须根据火箭弹的结构和大小,具体分析各类定向器的特点,选择定向器结构类型,然后进行必要的分析和计算,并参考同类定向器的参数,确定定向器的主要结构尺寸。

2. 集束定向器及其布置

火箭武器的显著特点之一就是可借助多个定向器在短时间内发射足量的战斗部质量,以形成比其他武器更强大的威力,可见,定向器的多少是反映武器系统威力的重要指标;同时,定向器又是承受发射时燃气射流强大冲击力的主要结构件,所以,定向器的数量、集束形式以及在发射系统中的布局位置等将对武器系统的总体性能起到至关重要的作用。

1) 定向器的数量

定向器的数量决定了装弹量的多少,继而决定终点的毁伤程度。因此,在进行总体布局设计时,首先应该知道使用多少定向器为宜。定向器的数量可通过如下两种方法确定。

(1) 根据战术技术指标,通过对终点毁伤效果的计算和分析确定定向器数量。无论对于何种武器系统,评价其性能的重要指标都是终点的毁伤效能,而终点的毁伤效能又受制于射击密集度、战斗部威力、弹药量和引信效能等诸多因素。随着科技的不断发展和理论计算与试验手段的日臻完善,在进行弹药现代设计时,已能充分地利用这些手段对指定目标的毁伤效能进行计算,初步满足工程应用的需要。实践表明,不包括非发射因素影响的弹药终点毁伤计算已经可以比较精确地给出达到毁伤效果所需的弹药量,由此,结合密集度指标就可以分配一次齐射的火箭弹数量,进而确定定向器的数量。

这种方法的优点是可以通过定量化分析来确定定向器的数量,但是该方法的使用前提是设计者需掌握弹药专业的相关知识。在目前武器系统研发已广泛采用多学科配套的形势下,这种方法的思想比较符合高技术条件下武器系统的研制规律。

(2) 依据运行体的承载能力和运动性能确定定向器数量。当运行体载重量一定时，应设计尽可能多的定向器数量，使一次装填尽可能多的火箭弹。但是装弹量的多少要根据车体承载发射系统后剩余的载重量来决定，而发射系统的质量在设计未完成时是未知的。由此看来，在这种情况下由发射系统质量直接推算定向器的数量是行不通的，此时可以根据下面的概略计算方法来确定定向器的数量。

设每发弹质量为 M，装弹数为 n，车体的载重量为 M_c，发射部分质量为 M_f，则有 $nM = M_c - M_f$，定义：$\varphi = nM/M_f$，则 $n = \varphi M_c/(1+\varphi)/M$。火箭发射系统的 φ 值在 $[0.3, 0.72]$ 范围，平均值约为 0.5。在总体设计时可取 φ 为 0.5 来估算定向器数目，此时，M_c 可取车体在公路上行驶时的载重量。

除受到车体承载能力的限制外，定向器数量还与发射系统的总宽、总高以及火箭弹的横向尺寸有关，所以要求起落架尺寸不能超过允许的宽度和高度，还要保证装弹、瞄准、维护和检查方便。对于一般尾翼弹来说，如果其口径与弹体相同，则其 φ 值就较大；如尾翼的横向尺寸大于弹体，则 φ 值就较低。设计的火箭发射系统的 φ 值越大，则表明发射系统的轻量化性越好。因此，火箭弹设计人员应综合考虑上述因素，力求最优化设计。

2) 定向器的集束形式

在定向器数量确定后，为了保证各定向器的轴线一致，并增强其整体刚性，通常采用隔板或框架将多管定向器"加固"成定向器集束。采用这种集束形式后，定向器的每个模块可拆卸开来，方便运输，这样即使是在路况复杂的山区甚至山间小道上，也可以通过人员肩背和牲畜背驮等方式实现运输，因而采用这种集束形式的火箭炮特别适用于地形复杂的作战环境。H-211 即是该类武器的典型代表，它的 12 根定向器管按照 2-2-4-2-2 被分成 5 组、2 种模块，中间模块为 4 管，其余为 2 管。

比较通用的定向器采用的是夹板集束形式。这种形式的集束可以最大程度地减小武器系统的结构外形尺寸，因而空间利用率高。在这类定向器集束系统中，通常有一个托架与定向器集束紧密精确地配合，共同组成俯仰体。

除了以上两种常见的定向器集束形式外，近年来另一种发展较快的定向器集束形式是储运发射箱式。储运发射箱式集束形式将定向器和火箭弹（含引信）集于一体，储运发射箱既是包装箱，又是发射箱，因而极大地缩短了弹药的再装填时间，并可实现共架发射（即一个发射架可用于发射不同口径的火箭弹甚至导弹）。在储运发射箱式集束形式中，各定向器轴线的空间相互位置关系由箱体的加工和装配精度来保证；而轴线与托架之间的关系则靠精确定位装置保证，这种精确定位装置具有快速紧定和释放功能，可满足快速装填的需要。

3) 定向器布局

定向器在系统中的布局方式决定俯仰体结构形式。无论采用何种布局形式，所有定向器都必须保证射线一致。受耳轴位置和射界等因素限制，定向器的系统布局并不拘于一种形式，设计过程中应在充分论证和协调的基础上，合理地规划定向器的布局。

常见的定向器布局形式有 4 种：①整体顶置式布局；②龙门式布局；③"U"形布局；④侧挂式布局。

设计经验表明，耳轴的位置很大程度上决定着发射系统定向器的布局。为了确定合适的耳轴位置，设计时需注意合理选择以下参数：①直前射击时的最小射角的大小；②最大射角时定向器后端的离地高度(以保证燃气流的反射回波不影响射击密集度、燃气流不直接冲击到运行体尾部为前提);③起落部分在装弹前后的重力矩之差(该值影响高低机和平衡机的设计以及手轮力的大小)。同时还要考虑到:①在高低射界内各部分是否发生干涉;②全炮高、质心高、火线高以及射击和行军的稳定性;③装填条件;④炮手座位设计。

耳轴的位置是否合适主要从以上几方面来衡量,其中最重要的是如何保证射击稳定性,满足射击范围,以及高低机和平衡机的合理配置。

3. 定向器长度设计

确定定向器的长度是定向器设计的一个重要问题。定向器长度关系到发射装置总体布置、机动性、加工工艺性、密集度等。但密集度是当前火箭武器设计中的主要问题,故定向器长度主要根据提高密集度的要求来确定。

定向器长度的基本要求在于能够完全承载火箭弹,同时决定火箭弹离轨时的运行速度和旋转速度。由火箭外弹道学可知定向器长度是影响火箭弹角散布的重要因素。定向器长度增大,火箭弹滑离定向器时的离轨速度和转速均增大,将对火箭弹的射击密集度产生影响。定向器长度必定存在一个"合理"的或者"最佳"的值,它使火箭弹角散布最小,因而射击密集度最好。寻求这一最佳值,须先求出有效定向器长度的最佳值。

1) 有效定向器长度

实际上火箭点火后,推力加速度由零上升到某一值,而后保持近似相等。如果有一假想的火箭弹,其推力加速度在定向器内外完全相等,并等于真实火箭弹离轨后的加速度,而且假想火箭弹离轨时的初速度也与真实火箭弹相同,尽管这两种火箭定向器长度不一样,定向器上的加速度不一样,但在扰动相同时,真、假火箭弹出炮口后的运动情况应相同,即具有相同的攻角和偏角。假设推力加速度为常数,用假想火箭弹的定向器长度(有效定向器长度)来代替真实火箭弹的定向器长度,不但不影响主动段内的运动规律,而且给计算带来很大方便。

当推力加速度不变时,炮口速度增加,相当于有效定向器长度增加,可以使偏角减小,要达到这一目的,在装药不变时只有增加实际定向器长度,这在实际中是受到限制的。如果能想办法在实际定向器长度不变时增加有效定向器的长度,同样可以达到较小偏角的目的。

2) 有效定向器长度的设计

从保证方向密集度出发确定主动段终点总的方向角散布。只要知道了各随机扰动因素所引起的火箭弹主动段末的方向角散布,就可以计算出各扰动因素所引起的方向散布。

为了确定有效定向器长度 s_0 的最佳值,应全面考虑 s_0 对起始扰动、推力偏心、阵风和动不均衡引起的角散布的影响。因火箭弹散布的主要矛盾是方向散布,故应求出使方向散布最小的 s_0 值。为此,在已知其他参量(包括炮口角速度)的条件下,可给定一系列的 s_0 值(注意起始扰动的中间偏差随 s_0 的增加而增大),分别将它们代入有关公式算出各扰动因素引起的主动段终点的方向角散布,进而可求出与所给定的各个 s_0 对应的主动段终点的总方向角散布,然后作出总方向角散布随 s_0 变化曲线。

对于涡轮弹,曲线最低点对应的 s_0 值即为最佳有效定向器长。若该曲线最低点之值仍大于战术技术要求所允许的最小向角散布值,则应改变弹的有关参量,或采取其他措施

(例如减小发射装置的振动等),以使最小向角散布值符合要求。

对于非旋尾翼弹,一般因推力偏心引起的角散布是主要的,起始扰动引起的角散布很小,而动不均衡对它不引起角散布,故其方向角散布随 s_0 变化曲线一般随 s_0 的增大而单调减小,但当 s_0 增大到一定值以后,其减小已很缓慢,此时再增大 s_0 对减小方向角散布的效果就不明显了。所以可在保证方向角散布值小于战术技术要求所允许的最小向角散布值的条件下,按尽量缩短定向器长度的要求来合理选取 s_0 值。

对于低旋尾翼弹,其曲线介于涡轮弹与非旋尾翼弹曲线之间,可根据与上述相同的原则合理选取 s_0 值。

确定合适的 s_0,本质上是为了确定合适的离轨时的运行速度 v_0。如果所确定的有效定向器长度 s_0 较短,那么所对应的离轨时的运行速度 v_0 也小,必然使火箭弹滑离定向器的半约束期时间增长,因而弹轴在此期间内绕后定心部中心点的摆动角较大。在火箭弹定心部高度不够高的情况下,可能会发生弹体与定向器口部的撞击,使起始扰动增大,对密集度不利。所以在确定有效定向器长度时还需考虑到炮口撞击的问题。为了保证所有情况下都不发生炮口撞击,应以低温状态(−40℃)校核,因为这时火箭弹的离轨时的运行速度和定向器内的平均纵向加速度为最小。

3) 定向器实际长度的确定

在确定了有效定向器长度 s_0 或离轨时的运行速度 v_0 以后,立即可得火箭弹后定心部在定向器上的真实滑行距离 s_1 为

$$s_1 = \frac{a_p}{a_1} s_0 = \frac{v_0^2}{2a_1}$$

式中:a_p 是主动段末推力加速度;a_1 是实际定向器长度内平均推力加速度。

再根据结构,最后确定定向器的实际长度 l_d,即

$$l_d = s_1 + s_2$$

式中:s_2 为装填状态火箭弹后定心部至定向器后端面的距离。

如果所确定的定向器长度小于火箭弹的长度,则火箭弹配置的头部引信易被偶然因素碰撞而发生危险。为此有时要求定向器比火箭弹长 50~200mm。

以上确定定向器长度时,只考虑到定向器长度对射击密集度的影响,但是定向器长度对总体布置、机动性、加工工艺性等方面也有影响。定向器过长,给总体布置带来不少问题,例如:可能使发射装置高低射界和方向射界达不到要求;在发射装置最大射角附近射击时,可能由于定向器后端距地面太近,燃气射流冲击地面产生的反射波影响密集度;也可能发射装置重心位置因此提高,使射击稳定性变差;以及炮手座位难以设置等。定向器过长,可能使整个发射装置行军状态的外廓尺寸超过运输的限制,同时使定向器及起落架的质量增加,从而发射装置质量增加,机动性能降低。另外,不论定向器结构是滑轨式还是筒式或笼式,其长度过大,则加工比较困难,不容易达到技术上的精度和粗糙度要求。

如果根据既定数据算出的 s_1 过大,则需另外采取措施以使 s_1 减小。例如,采用助推发动机或高低压发射,使 a_1 增大,便可使 s_1 减小。

总之,在确定定向器长度时,必须在保证密集度要求的前提下,尽量缩短定向器长度。在条件允许的情况下,还可根据密集度计算和结构设计,选定若干定向器长度,通过射击试验,确定对应于实际密集度最好的定向器长度。

4. 螺旋定向器设计

非旋尾翼式火箭弹因推力偏心影响严重,密集度很差。涡轮式火箭弹则因靠旋转稳定飞行,弹长受限,难以达到较大的射程。而低速旋转尾翼式火箭弹,由于是用尾翼稳定,弹长不受限制,可以达到大射程;又由于低速旋转减小推力偏心的影响,使密集度显著提高。因此尾翼式低速旋转弹得到广泛应用。

目前,使尾翼弹低速旋转的方法(简称导转方法),按其动力分为以下两种。

(1)利用倾斜喷管或切向孔等获得反作用力矩。

(2)利用斜置尾翼产生轴向空气动力矩。

(3)利用螺旋定向器产生导转力矩。

对于单独采用斜置尾翼导转的火箭弹,因火箭弹在定向器内运动期间速度不大,轴向空气动力矩很小,火箭弹几乎不旋转,故还需采用螺旋定向器以提高离轨时的旋转速度。对于采用反作用力矩导转的火箭弹(折叠式和活动式尾翼弹除外),为避免火箭弹在定向器内旋转时其尾翼与定向器碰撞或干涉,需要采用螺旋定向器。为获得合理转速,得到较高密集度,在实际应用中,常采用两种以上方法复合导转。因此螺旋定向器在现代火箭发射系统上用得较多。

螺旋定向器,是定向发射管内有1~2条螺旋导槽,与火箭弹上导向钮相配合,发射时引导火箭弹在定向器上沿着螺旋导槽运动,使火箭弹在飞行时低速旋转,保证火箭弹离管时有必要的旋转速度,提高火箭弹的精度。螺旋导槽与身管发射的膛线具有异曲同工之妙。螺旋导槽设计与身管发射膛线设计类似。

5. 锁紧机构设计

锁紧机构(又称闭锁机构),是指产生锁紧力,起到阻止火箭弹脱落的机构。一般意义上,火箭点火后产生推力,火箭弹克服摩擦力运动。实践表明:若火箭弹在运动开始前被统一施加一力(锁紧力),使得一组火箭弹的发射具有相同起飞条件(推力>锁紧力),减小了由于离轨速度散差造成落点角偏差,对于提高射击密集度有利。

通常锁紧机构包含两部分功能:①给火箭弹提供一定的锁紧力;②在发射前及载弹行军时,将火箭弹可靠地固定在定向器的一定位置上,以防止火箭弹由于重力、燃气射流作用力、振动惯性力等作用而产生移动、跳动甚至脱落掉弹。

根据锁紧机构的作用及工作特点,对其主要要求包含以下内容。

(1)定位确实可靠,保证火箭弹与电点火装置或插件接触良好,不因行军时或邻近火箭发射时发射装置振动,使火箭弹相对于定向器发生移动。

(2)具有一定锁紧挡弹能力,且性能稳定,使起始扰动最小。

(3)结构简单、紧凑,使用、维护及生产方便。

火箭发射系统采用的锁紧机构基本上有4种:摩擦式锁紧机构、弹簧式锁紧机构、杠杆式锁紧机构、剪切销式锁紧机构。摩擦式锁紧机构是利用火箭弹和定向器之间的摩擦来提供锁紧力的,它定位不准确,易产生火箭弹与电点火装置接触不良,且零件磨损后,锁紧力不稳定,所以这类锁紧机构很少用。弹簧式锁紧机构结构简单紧凑,装弹和发射时锁紧和开启均无需人工操作,定位准确可靠,能保证点火装置接触良好,所以这类锁紧机构用得很广泛,目前见到的这类锁紧机构基本形式有两种:①利用弹簧能量使锁紧体将弹锁住;②利用锁紧体本身的弹性将弹锁住。杠杆式锁紧机构是用杠杆机构刚性锁紧火箭弹,适用于大口径火箭弹,它能承受较大的行军时产生的惯性力,能可靠地将火箭弹固定在一定位置上,然而它必须有保险机构,以防止在行军状态(锁紧机构处于关闭状态)时就发射,此外发射时必须由人工解脱锁紧。剪切销式锁紧机构是利用材料的剪切效应提供一定的力效果,适用于目前发展比较活跃的单兵一次性使用武器、储运发射箱式发射系统等。这些武器系统的定向器大多由非金属材料加工而成,加工成本低,使用后被抛弃。因此,为了进一步降低成本,往往将锁紧机构设计成简单的一次性使用模式,与火箭弹连同定向器(有时兼做包装箱)在弹药生产过程中被集成为了一体。

根据火箭弹的结构和大小,选择合适的锁紧机构的形式,进而就可着手进行技术设计。锁紧机构的设计计算的主要问题是确定锁紧力的大小。锁紧力的大小直接关系到射击密集度和行军、射击的安全性。但是关于锁紧力对射击密集度的影响尚在研究之中,至今仍无较成熟的理论。目前进行锁紧器的设计,还只以从保证行军时和发射邻近弹时,火箭弹不因受各种惯性力作用在定向器内移动这点出发。又因发射邻近弹时火箭弹惯性力远小于行军时火箭弹惯性力,所以我们实际上按行军状态下锁紧器的受力进行锁紧器设计计算。但是随着对高机动目标的跟踪与打击需求的不断提升,方位和高低调炮角速度达到 $120°/s$,甚至 $200°/s$ 的量级,这种情况下由于惯性产生的动载荷非常大,设计锁紧机构时必须充分考虑大角速度带来的惯性力。

根据实战的需要和总体的安排,发射装置的定向器,在行军时可处于横向位置或纵向位置,亦即在俯视图上定向器轴线与运行体行驶方向垂直或一致。若定向器处于横向位置,则应按运行体急转弯时火箭弹出现最大离心力来确定锁紧力。下面按定向器处于纵向位置行军时火箭弹出现最大惯性力,求出保证火箭弹在定向器内不发生移动所需的锁紧力,并以此设计锁紧机构。

第4章 反后坐装置设计

身管武器发射时,由于高温高压火药燃气的瞬时作用,其架体要承受强冲击载荷。随着武器的威力越来越大,发射时对架体的作用载荷也越来越强烈,由此造成的后果是增加武器的重量,从而直接影响武器的机动性;增大武器在发射时的振动和跳动,从而直接影响武器的射击精度。因此,必须对武器在发射时的作用载荷进行有效的控制。

4.1 武器发射静止性和稳定性

4.1.1 武器发射时受力

身管武器在发射时,高温高压的火药燃气在推动弹丸沿炮膛向前发射出去的同时,也在炮膛底部作用一个很高的压力,形成作用时间相对较短,但峰值很高的膛底合力 F_{pt},作用在火炮的炮身上,是身管武器发射过程中的主要载荷。对于刚性炮架,耳轴就直接安装在炮身上,膛底合力就直接通过耳轴传给炮架,再通过炮架传到地面。对于弹性炮架,膛底合力作用在火炮的炮身上,使炮身沿摇架导轨作后坐运动,炮身在后坐的同时带动反后坐装置工作,产生一个复进机力和一个制退机液压阻力作用于炮身上,反后坐装置力同时作用于摇架,通过耳轴传给其他架体,最终传到地面。

1. 膛底合力的计算

膛底合力是身管武器发射时作用于武器的主动力。发射的过程可以分为弹丸启动时期、弹丸膛内运动时期和火药燃气后效作用时期。弹丸启动过程复杂而短暂,通常不详细计算,而以启动压力代替。弹丸膛内运动时期和火药燃气后效作用时期的膛底合力按如下方法计算。

1) 弹丸膛内运动时期的膛底合力

在膛内时期,膛内弹后空间充满火药气体,在膛底、药室壁面、坡膛面和膛壁面均作用有火药气体压力,形成一个轴向合力 F_{hq} 作用在炮身上。弹丸在膛内运动时对膛线的导转侧施加正压力和摩擦力,形成弹丸作用在膛线上的轴向力 F_{dz} 以及弹丸作用在膛线导转侧的力矩 M_{hz}。因此,弹丸膛内运动时期的膛底合力 F_{pt} 主要由火药气体压力作用在炮身上的合力 F_{hq} 和弹丸作用在膛线上的轴向力 F_{dz} 组成,可表示为

$$F_{pt} = F_{hq} - F_{dz} \tag{4.1}$$

由内弹道学可知,尽管膛内火药气体压力沿轴向的分布不均匀,但是在药室及坡膛段,火药气体压力的分布变化不大。取这一段火药气体的压力为膛底压力 p_t,因此有

$$F_{hq} = Ap_t \tag{4.2}$$

式中:A 为炮膛截面积。

根据内弹道学,在一定假设条件下,膛内火药气体膛底压力 p_t 与膛内平均压力 p 之间

有如下关系,即

$$p_{t} = \frac{1 + \frac{1}{2}\frac{m_y}{\varphi_1 m}}{1 + \frac{1}{3}\frac{m_y}{\varphi_1 m}} p = \frac{\varphi_1 + \frac{1}{2}\frac{m_y}{m}}{\varphi_1 + \frac{1}{3}\frac{m_y}{m}} p \approx \frac{1}{\varphi}\left(\varphi_1 + \frac{1}{2}\frac{m_y}{m}\right)p \tag{4.3}$$

式中:m 为弹丸质量;m_y 为装药量;φ_1 为仅考虑弹丸旋转和摩擦两种次要功的计算系数,$\varphi_1 \approx 1.02$;φ 为次要功计算系数,一般为

$$\varphi = K + \frac{1}{3}\frac{m_y}{m} \approx \varphi_1 + \frac{1}{3}\frac{m_y}{m}$$

因此,火药气体压力作用在炮身上的合力 F_{hq} 可写为

$$F_{hq} = \frac{1}{\varphi}\left(\varphi_1 + \frac{1}{2}\frac{m_y}{m}\right)Ap \tag{4.4}$$

弹丸作用在膛线上的轴向力 F_{dz} 的反作用力就是膛线作用在弹丸弹带上的轴向力,因此 F_{dz} 也称为弹丸的膛线阻力。根据牛顿第二定律,列出弹丸的运动方程为

$$m\frac{dv}{dt} = Ap_d - F_{dz} \tag{4.5}$$

式中:p_d 为弹底压力。根据内弹道学,弹丸运动方程还可写为

$$\varphi_1 m\frac{dv}{dt} = Ap_d \tag{4.6}$$

故

$$F_{dz} = \frac{1}{\varphi_1}(\varphi_1 - 1)Ap_d = \frac{1}{\varphi}(\varphi_1 - 1)Ap \tag{4.7}$$

将式(4.4)和式(4.7)代入式(4.2),即得到弹丸膛内运动时期的膛底合力公式为

$$F_{pt} = \frac{1}{\varphi}\left(1 + \frac{1}{2}\frac{m_y}{m}\right)Ap \tag{4.8}$$

此式表明,在弹丸膛内运动时期,膛底合力与膛内平均压力成正比。

当弹丸运动到炮口,弹带脱离膛线的瞬间,膛线阻力突然消失,膛底合力则突然升高,即由弹丸膛内运动时期终了瞬间的膛底合力为

$$F_{pt,g} = \frac{1}{\varphi}\left(1 + \frac{1}{2}\frac{m_y}{m}\right)Ap_g \tag{4.9}$$

跃升至后效期开始瞬间的膛底合力为

$$F_g = \frac{1}{\varphi}\left(\varphi_1 + \frac{1}{2}\frac{m_y}{m}\right)Ap_g \tag{4.10}$$

式中:p_g 为弹丸弹带脱离炮口瞬间的膛内平均压力。

在对弹丸膛内运动时期的膛底合力作一般估算时,可简单地采用下式

$$F_{pt} \approx Ap \tag{4.11}$$

2) 火药燃气后效作用时期的膛底合力

弹丸一出炮口,火药燃气便从炮膛迅速排出,膛内火药燃气的密度和压力急剧下降,膛底合力也由弹丸出炮口瞬时的 F_g 迅速下降。后效期膛底合力的计算分为理论公式和

经验公式。理论公式是在一定假设的基础上运用气体动力学理论推导出来的。后效期膛底合力的经验公式中最常用的是指数公式,即

$$F_{pt} = F_g e^{-\frac{t}{b}} \tag{4.12}$$

式中:b 为反映膛底合力衰减快慢的时间常数;t 为以后效期开始为起点计算的时间。可以看出,时间常数 b 越大,F_{pt} 衰减越慢,后效期延续时间就越长。

2. 后坐阻力与后坐力

身管武器在发射时,其后坐部分在膛底合力和反后坐装置力等的共同作用下后坐。取后坐部分为研究对象,对其在发射时的受力进行分析。发射时后坐部分所受的主动力为作用在炮膛轴线上的膛底合力 F_{pt} 和作用在后坐部分质心上的后坐部分重力 $F_{Gh} = m_h g$。此外,还有弹丸作用于膛线导转侧的力矩 M_{hz},它与弹丸的旋转方向相反。约束反力则包括制退机力 $F_{\Phi h}$、复进机力 F_f、密封装置的摩擦力 F、以及摇架导轨的法向反力 F_{N1}、F_{N2} 和相应的摩擦力 F_{T1}、F_{T2}(合并成 F_T)。对于线膛炮,由于弹丸在膛内运动时期对后坐部分作用有力矩 M_{hz},为了保证后坐部分不绕炮膛轴线旋转,必须在结构上提供相应的反向力矩,槽形摇架由左右导轨提供;筒形摇架则由摇架上的定向栓室提供。作用在后坐部分上的主动力和约束反力组成了一个空间力系。为了简化问题,作以下假设。

(1) 弹丸作用于膛线导转侧的力矩 M_{hz} 对后坐方向上的运动影响较小,忽略其作用。

(2) 发射时所有的力均作用在射面(即过炮膛轴线而垂直于地面的平面)内。

(3) 后坐部分和架体部分均为刚体。

在这些假设条件下,发射时后坐部分的受力和运动就简化为刚体在平面力系作用下的动力学问题。

取后坐的方向为 x 方向(与炮膛轴线平行),在该方向对后坐部分运用牛顿第二运动定律,即得到制退后坐运动微分方程为

$$m_h \frac{d^2 X}{dt^2} = m_h \frac{dV}{dt} = F_{pt} - F_{\Phi h} - F_f - F - F_T + m_h g \sin\varphi \tag{4.13}$$

式中:X 为后坐行程;V 为后坐速度;φ 为火炮高低射角。令

$$F_R = F_{\Phi h} + F_f + F + F_T - m_h g \sin\varphi$$

习惯上将 F_R 称为后坐阻力。这样,火炮的制退后坐运动微分方程可以写为最简单的形式,即

$$m_h \frac{d^2 X}{dt^2} = m_h \frac{dV}{dt} = F_{pt} - F_R \tag{4.14}$$

从制退后坐运动微分方程可以看出,主动力 F_{pt} 是使后坐部分产生后坐运动的原因;后坐阻力 F_R 则是阻滞后坐运动、使后坐运动停下来的原因。这一对力控制着后坐运动的规律。其中,膛底合力 F_{pt} 是由内弹道设计决定的;而后坐阻力 F_R 则可以通过反后坐装置的设计来决定。因此,设计反后坐装置,就可以控制后坐阻力 F_R 的变化规律,进而控制后坐运动和火炮受力的规律。

后坐阻力 F_R 中,制退机力 $F_{\Phi h}$、复进机力 F_f、密封装置的摩擦力 F、以及摇架导轨的摩擦力 F_T 都是由炮架提供的,作用在后坐部分及其运动方向上。发射过程中,作用于炮架上,炮膛轴线方向的合力称为后坐力。由于后坐部分的重力分量与其他力相比比较小,通常将后坐阻力看作后坐力的反作用力,即认为后坐力与后坐阻力在数值上相等,方向相

反,分别作用在炮架和后坐部分上。将式(4.14)变形得

$$F_R = F_{pt} - m_h \frac{dV}{dt} \tag{4.15}$$

由上式可以看出,对于刚性炮架,由于没有运动,后坐力 F_R 就等于膛底合力 F_{pt};对于弹性炮架,由于后坐部分运动,具有惯性力,后坐力 F_R 就等于膛底合力 F_{pt} 减去后坐部分惯性力。

在后坐开始时,膛底合力远大于后坐阻力,即 $F_{pt} \gg F_R$,后坐部分从静止状态迅速加速;反过来说,此阶段加速度为正,后坐力远小于膛底合力,即 $F_R \ll F_{pt}$。当后坐到某一时刻,$F_{pt} = F_R$,此时后坐加速度等于0,速度达到最大值。继续后坐,膛底合力小于后坐阻力,即 $F_{pt} < F_R$,后坐速度逐渐减小,最终后坐运动停止,$V = 0$;此阶段,加速度为负,后坐力大于膛底合力,即 $F_R > F_{pt}$。由此看出,通过反后坐装置使后坐部分运动,对膛底合力和后坐阻力进行调整。

4.1.2 武器射击时的静止性和稳定性

1. 后坐时身管武器的受力分析

以牵引炮为例,分析身管武器发射时的受力。武器在土壤上射击时,其受力和运动现象十分复杂。由于武器各零部件的弹性和土壤的弹塑性,在主动力膛底合力 F_{pt}、弹丸回转力矩 M_{hz} 和全炮重力 $m_z g$ 的作用下,武器将产生多自由度的复杂空间运动和受迫振动。在设计反后坐装置时,必须抓住武器受力和运动的主要因素,忽略次要因素。为此,需要对武器的受力和运动状态作如下假设。

(1) 武器和地面均为绝对刚体。

(2) 武器放置于水平地面上,方向角为 0°,忽略弹丸回转力矩 M_{hz} 的影响,并认为所有的力均作用在射面内。

(3) 射击时全炮处于平衡状态,不移动,不跳动。

取全炮为分析对象,后坐过程中的受力如图 4.1 所示。

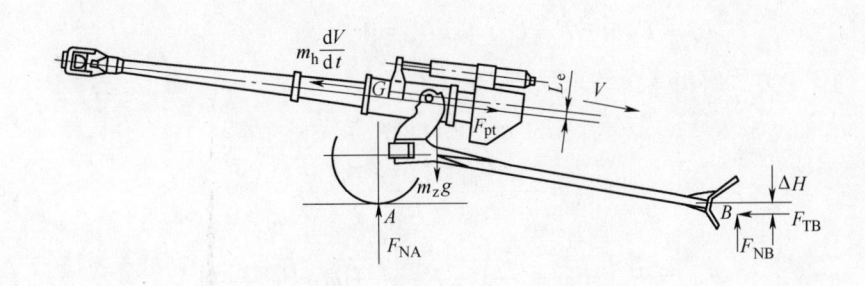

图 4.1 后坐时全炮受力情况

后坐时火炮所受的主动力有作用在炮膛轴线上、方向向后的膛底合力 F_{pt},作用在火炮质心上、方向向下的火炮战斗状态全重 $m_z g$;后坐时火炮所受的约束反力有地面对前支点(车轮或座盘)A 的垂直反力 F_{NA},地面对驻锄支点 B 的垂直反力 F_{NB} 和水平反力 F_{TB}。与此同时,后坐部分在膛底合力 F_{pt} 和后坐阻力 F_R 的共同作用下加速后坐,其加速度为

d$V/$dt。

根据达朗贝尔原理,将后坐部分的后坐运动用惯性力 $m_\mathrm{h}\mathrm{d}V/\mathrm{d}t$ 代替,该惯性力作用在后坐部分质心 G 上,与炮膛轴线平行,向前为正。这样,惯性力 $m_\mathrm{h}\mathrm{d}V/\mathrm{d}t$ 和全炮所受的主动力及约束反力构成平衡力系。

为了分析方便起见,将膛底合力 F_pt 向后坐部分质心 G 简化。设后坐部分质心至炮膛轴线的距离为 L_e,并规定后坐部分质心在炮膛轴线下方时 L_e 为正,在炮膛轴线上方为负。称力偶矩 $F_\mathrm{pt}L_\mathrm{e}$ 为动力偶矩。通过简化,发射对火炮的作用力(膛底合力 F_pt 和惯性力 $m_\mathrm{h}\mathrm{d}V/\mathrm{d}t$)就等效于通过后坐部分质心 G 方向向后、大小等于后坐阻力的合力 F_R 和动力偶矩 $F_\mathrm{pt}L_\mathrm{e}$ 的作用。主动力简化后的全炮受力情况如图 4.2 所示,图中:L_φ 为当射角为 φ 时,在后坐的某瞬时,全炮重心到驻锄支点 B 的水平距离;L 为支点 A 与 B 之间的水平距离;h 为当射角为 φ 时,力 F_R 到支点 B 的距离。这里,驻锄支点 B 是指驻锄的垂直反力与水平反力的交点。驻锄支点 B 位于地面以下,与地面之间的距离为 ΔH。

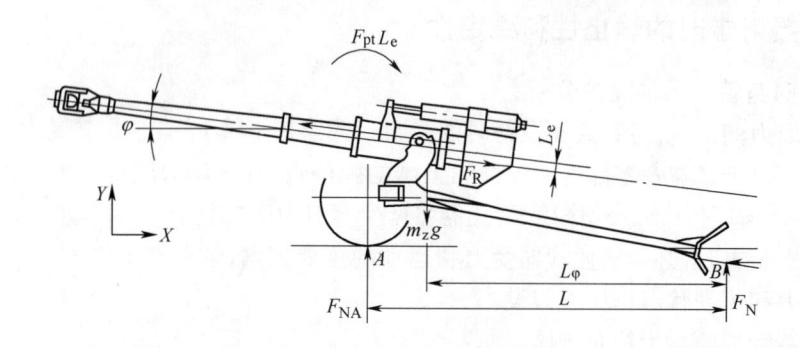

图 4.2 简化后的全炮受力情况

取水平向后为 x 轴的正方向,垂直向上为 y 轴的正方向。建立平衡方程为

$\sum X = 0 \quad F_\mathrm{R}\cos\varphi - F_\mathrm{TB} = 0$

$\sum Y = 0 \quad F_\mathrm{NA} + F_\mathrm{NB} - m_z g - F_\mathrm{R}\sin\varphi = 0$

$\sum M_B = 0 \quad F_\mathrm{pt}L_\mathrm{e} + F_\mathrm{R}h + F_\mathrm{NA}L - m_z g L_\varphi = 0$

由上面 3 个方程解出 3 个约束反力,得

$$F_\mathrm{TB} = F_\mathrm{R}\cos\varphi \tag{4.16}$$

$$F_\mathrm{NA} = \frac{m_z g L_\varphi - F_\mathrm{pt}L_\mathrm{e} - F_\mathrm{R}h}{L} \tag{4.17}$$

$$F_\mathrm{NB} = F_\mathrm{R}\left(\sin\varphi + \frac{h}{L}\right) + F_\mathrm{pt}\frac{L_\mathrm{e}}{L} + m_z g\left(1 - \frac{L_\varphi}{L}\right) \tag{4.18}$$

可以看出,当内弹道参数、火炮各部分的结构尺寸和重量确定以后,各约束反力只与后坐阻力 F_R 有关。通过对火炮后坐时的静止性和稳定性的分析,可以找到火炮静止性和稳定性与各约束反力之间的关系,从而确定对后坐阻力 F_R 变化规律的要求。

2. 后坐时的静止性和稳定性及其条件

武器射击的静止性是指武器在射击时保持不移动的能力。由式(4.16)可知,要使武器沿水平方向保持静止,需要使驻锄提供的水平反力在任何时候都能与 F_R 的水平分力 $F_R\cos\varphi$ 相抵消。即

$$[F_T] \geqslant F_R\cos\varphi \tag{4.19}$$

式中：$[F_T]$ 为驻锄所能提供的最大水平反力。$[F_T]$ 的大小取决于驻锄板垂直于 x 轴方向的投影面积 A_z 和土壤不被破坏的条件下所能提供的最大单位面积抗力 p_z 的大小(对于不同的土壤,可取 $p_z = 0.25 \sim 0.45\text{MPa}$),即

$$[F_T] = p_z A_z \tag{4.20}$$

当 $\varphi = 0°$ 时,F_R 的水平分力最大,因此应取

$$[F_T] \geqslant F_{R\max} \tag{4.21}$$

此式就是保证后坐静止性的条件。此条件是通过综合反后坐装置和驻锄设计来实现的。

武器射击稳定性是指武器在射击时保持不颠覆,且跳动量在允许范围内,并能在规定时间内恢复到正常射击位置的能力,一般要求保持射击时不跳离地面。也就是说,稳定条件是前支点始终与地面接触。由式(4.17)得

$$F_{NA} = \frac{m_z g L_\varphi - F_{pt} L_e - F_R h}{L} \geqslant 0$$

即

$$m_z g L_\varphi \geqslant F_{pt} L_e + F_R h \tag{4.22}$$

此式即为后坐时的稳定条件。可以看出,$m_z g L_\varphi$ 是使火炮压向地面的力矩,称为稳定力矩;而 $F_{pt}L_e$ 和 $F_R h$ 则使火炮有绕驻锄支点 B 翻倒的趋势,称为颠覆力矩。后坐时的稳定条件就是要使稳定力矩在射击过程中总是大于颠覆力矩。

4.1.3 武器射击稳定性保障措施

保障武器射击稳定性措施,就是尽可能增大稳定力矩,减小颠覆力矩。增大稳定力矩的途径有以下几种。

(1) 增大战斗全重 $m_z g$,但会降低机动性。

(2) 增大全炮重心到驻锄支点 B 的距离 L_φ,但也会降低机动性和行军通过性。

由此看出,增大稳定力矩是有限的,因此,保障武器发射稳定性的主要措施是减小颠覆力矩。减小颠覆力矩的主要技术途径有以下几种。

① 减小动力偶矩 $F_{pt}L_e$,主要通过减小动力偶臂 L_e 来减小动力偶矩,这就要求设计时尽可能使动力偶臂 $L_e = 0$。如果将后坐部分质心设计在炮膛轴线上方,L_e 为负,那么动力偶矩 $F_{pt}L_e$ 就成为稳定力矩,不是更好吗? 其实,将后坐部分质心设计在炮膛轴线上方,不仅设计上比较困难,而且会造成操作上的麻烦,何况膛底合力 F_{pt} 作用时间相对发射过程比较小,以负 L_e 增加稳定力矩意义不大。因此,一般是尽可能减小动力偶矩的负面影响。

② 减小后坐力 F_R 是减小颠覆力矩的最根本措施。减小后坐力 F_R 的主要技术途径有:尽量增大后坐长度,增加后坐部分质量,采用高效炮口制退器,采用双重后坐系统,采用前冲后坐系统等。

③ 减小后坐力对驻锄支点的力臂 h,主要通过降低火炮火线高 H 来实现。

各种因素是相互依赖和制约的,需要统筹考虑下适当地选择确定,以期获得好的总体性能。

分析后坐稳定条件式(4.22),可以看出,L_φ 和 h 是与射角 φ 或后坐行程 X 相关的。射击时,全炮的重心至驻锄支点 B 的水平距离 L_φ 是个变量,它随着后坐而减小,这是由于后坐部分质心后移了 X 而造成的。设:$L_{\varphi 0}$ 为当射角为 φ 时,射击前($X=0$)全炮重心到驻锄支点 B 的水平距离;L_0 为当射角为 φ 时,射击前($X=0$)后坐部分质心到驻锄支点 B 的水平距离;L_X 为当射角为 φ 时,后坐某瞬时,后坐部分质心到驻锄支点 B 的水平距离;m_j 为除去后坐部分后,炮架部分的质量;L_j 为当射角为 φ 时,炮架质心到驻锄支点 B 的水平距离。显然,L_j 是个常量,它不随后坐行程变化。全炮的质量由后坐部分的质量和炮架部分的质量共同构成,即 $m_z = m_h + m_j$。根据质心合成原理,射击前为

$$m_z g L_{\varphi 0} = (m_h L_0 + m_j L_j) g$$

后坐某瞬时时为

$$m_z g L_\varphi = (m_h L_X + m_j L_j) g$$

则

$$m_z g (L_{\varphi 0} - L_\varphi) = m_h g (L_0 - L_X)$$

由于 $L_0 - L_X = X \cos\varphi$,故

$$m_z g L_\varphi = m_z g L_{\varphi 0} - m_h g X \cos\varphi \tag{4.23}$$

将式(4.23)代入式(4.22),得到后坐稳定条件为

$$m_z g L_{\varphi 0} - m_h g X \cos\varphi \geqslant F_{pt} L_e + F_R h \tag{4.24}$$

从此式可以看出,随着后坐行程 X 的增大,稳定力矩减小,稳定性降低。

后坐阻力 F_R 的作用线(即后坐部分质心的运动轨迹)到驻锄支点 B 的距离 h 随着射角 φ 的增大而减小。设:H_r 为耳轴中心到地面的距离;L_r 为耳轴中心到驻锄支点 B 的水平距离;L_d 为耳轴中心到后坐部分质心运动轨迹间的距离,耳轴在下方时为正;ΔH 为驻锄支点 B 到地面的距离。则

$$h = (H_r + \Delta H)\cos\varphi - L_r \sin\varphi + L_d \tag{4.25}$$

此式反映了力臂 h 与射角 φ 的关系。当 φ 增大时,力臂 h 减小,使颠覆力矩 $F_R h$ 减小,稳定性增强。当 φ 继续增大时,力臂 h 可减小至负值,这时 $F_R h$ 转变为稳定力矩。当 φ 减小时,力臂 h 则增大,使颠覆力矩 $F_R h$ 增大,火炮的稳定性减弱。当射角 φ 减小至某一角度 φ_j 时,在理论上处于稳定与不稳定之间的临界状态,该状态称为稳定极限状态。如果 φ 继续减小,则就不能保持稳定了。保持后坐稳定性的最小射角 φ_j 称为稳定极限角。将 $\varphi = \varphi_j$ 时的各相关量均以脚标 j 表示,则有

$$h_j = (H_r + \Delta H)\cos\varphi_j - L_r \sin\varphi_j + L_d \tag{4.26}$$

在 $\varphi = \varphi_j$ 下,后坐稳定平衡关系式(4.23)可表示为

$$m_z g L_{\varphi j 0} - m_h g X \cos\varphi_j = F_{pt} L_e + F_{Rj} h_j \tag{4.27}$$

解得

$$F_{Rj} = \frac{m_z g L_{\varphi j 0} - m_h g X \cos\varphi_j}{h_j} - \frac{F_{pt} L_e}{h_j} \tag{4.28}$$

式中:F_{Rj} 称为稳定极限后坐阻力。火炮射击时,反后坐装置所提供的实际后坐阻力 F_R 不应超过稳定极限后坐阻力 F_{Rj},否则不能保证后坐稳定性。故设计时应保证

$$F_R \leqslant F_{Rj} = \frac{m_z g L_{\varphi j 0} - m_h g X \cos\varphi_j}{h_j} - \frac{F_{pt} L_e}{h_j} \tag{4.29}$$

上式是在一定假设条件下，通过受力分析得到的。它从后坐稳定性出发，提出了对后坐阻力 F_R 的限制。可以看出，当武器各部分质量、结构尺寸和稳定极限角 φ_j 确定后，稳定极限后坐阻力 F_{Rj} 主要呈现为后坐行程 X 的线性函数。为了有一定的稳定储备，在设计时通常取

$$F_R = 0.9 F_{Rj} = 0.9 \frac{m_z g L_{\varphi_j 0} - m_h g X \cos\varphi_j}{h_j} - 0.9 \frac{F_{pt} L_e}{h_j} \tag{4.30}$$

正面设计时，通常先选取 φ_j，再计算 F_{Rj}。现代野战火炮的设计往往要求有较强的火力机动性，取 $\varphi_j = 0°$ 左右。在已知重量和结构尺寸的实际数据以及各射角实际后坐阻力的变化规律的条件下，也可计算出后坐稳定极限角 φ_j。

4.2 反后坐装置及其设计理论

在武器发射技术发展的几个世纪中，设计者坚持不懈地为提高它的威力、机动性、反应能力、生存能力、可靠性和经济性而努力。限于力学基本原理和技术的发展状况，代表武器性能的各项指标之间往往是相互矛盾、相互制约的。其中威力与机动性的矛盾伴随着武器发射技术的发展而始终存在着。

现代火炮采用反后坐原理对发射产生的载荷进行缓冲，将其转化为峰值相对很小的后坐力作用在炮架上。最常用的后坐系统形式是炮身通过反后坐装置与摇架连接，并沿着摇架导轨或套箍后坐和复进。枪械的反后坐装置比较简单，一般采用弹簧缓冲器的形式。

4.2.1 反后坐装置及其作用

弹性炮架一改过去炮身与炮架固联的结构形式，炮身与炮架由一套缓冲装置（称为反后坐装置）连接，炮身可以在炮架上沿着炮膛轴线方向滑动。发射时，火药燃气作用于炮身的向后的膛底合力使炮身产生与弹丸运动方向相反的运动（称为后坐），在此过程中，反后坐装置消耗火炮发射时产生的大部分后坐能量，并储存利用其余的后坐能量将炮身恢复到原位。

反后坐装置就是人们为解决威力与机动性的矛盾而发明的。反后坐装置的出现，标志着由刚性炮架转变为弹性炮架，这是武器发射技术发展过程中具有划时代意义的转变。

后坐部分运动可以用微分方程来描述：

$$m \frac{d^2 x}{dt^2} = F_{pt} - F_R \tag{4.31}$$

式中：m 为后坐部分质量；x 为后坐部分位移；F_{pt} 为发射时火药燃气作用在后坐部分上的合力；F_R 为反后坐装置提供的作用力。

从冲量角度，后坐部分运动微分方程在后坐过程对时间积分：

$$m \int_0^{t_\lambda} \frac{d^2 x}{dt^2} dt = \int_0^{t_\lambda} F_{pt} dt - \int_0^{t_\lambda} F_R dt \tag{4.32}$$

式中：t_λ 为后坐结束时间。

由于后坐开始时，一般后坐部分是静止的；后坐结束时，后坐部分的速度也等于0；则有

$$\int_0^{t_a} F_{pt} \mathrm{d}t = \int_0^{t_\lambda} F_R \mathrm{d}t \tag{4.33}$$

式中：t_a为火药燃气作用结束时间。即膛内压力冲量与反后坐装置提供的阻力冲量相等。由于膛内压力作用时间t_a很短，而后坐时间t_λ相对较长，即$t_a \ll t_\lambda$，所以膛内压力平均作用力远大于反后坐装置提供的平均阻力，膛内压力最大作用力更是远大于反后坐装置提供的最大阻力，$F_{ptm} \gg F_{Rm}$。例如：57G，$t_a = 6.94\mathrm{ms}$，$t_\lambda = 91.27\mathrm{ms}$，$F_{ptm} = 826\mathrm{kN}$，$F_{Rm} = 51\mathrm{kN}$。

从做功角度，后坐部分运动微分方程在对后坐过程位移积分：

$$m\int_0^\lambda \frac{\mathrm{d}^2 x}{\mathrm{d}t^2}\mathrm{d}x = \int_0^\lambda F_{pt}\mathrm{d}x - \int_0^\lambda F_R \mathrm{d}x \tag{4.34}$$

式中：λ为最大后坐行程。

由于后坐开始时，一般后坐部分是静止的；后坐结束时，后坐部分的速度也等于0，则有

$$\int_0^{x_a} F_{pt}\mathrm{d}x = \int_0^\lambda F_R \mathrm{d}x \tag{4.35}$$

式中：x_a为膛压作用时间对应行程。即膛内压力所做功与反后坐装置提供的阻力所做功相等。由于膛内压力作用行程x_a很短，而后坐行程λ相对较长，即$x_a \ll \lambda$，所以膛内压力平均作用力远大于反后坐装置提供的平均阻力，膛内压力最大作用力更是远大于反后坐装置提供的最大阻力，$F_{ptm} \gg F_{Rm}$。

由此可知反后坐装置的作用原理。通过采用反后坐装置而实现弹性炮架，其作用主要有以下3个方面。

（1）极大地减小射击时的受力。采用了反后坐装置以后，炮身通过反后坐装置与炮架弹性地连接。发射时，火药燃气作用于炮身的向后的膛底合力使炮身产生加速后坐运动，通过反后坐装置的缓冲，才把力传到炮架上。此时，炮架所受的力已不是膛底合力，而是由反后坐装置等提供的后坐力。反后坐装置可以使炮架的受力减小到膛底合力最大值的十几分之一到几十分之一。

（2）把射击时全炮的后坐运动限制为炮身沿炮膛轴线的后坐运动，并且在射击后使其自动恢复到射前位置。这就使得火炮的瞄准线基本不变，从而为遂行急速射、效力射等创造了条件，也为在同一炮阵地上持续作战奠定了基础。

（3）通过合理地设计反后坐装置，可以有效地控制射击时的受力和运动。反后坐装置把本来作用于炮身的变化剧烈、作用时间很短的膛底合力，转变为作用时间较长、幅度变化不大、最大值很小的后坐力传给了炮架。通过合理地设计反后坐装置，可以控制射击时的受力和运动。

对于正常后坐系统，反后坐装置应具有以下3项功能。

（1）控制后坐部分按预定的受力和运动规律后坐，以保证射击时的稳定性和静止性。此功能由后坐制动器实现。

（2）在后坐过程中储存部分后坐能量，用于后坐终了时将后坐部分推回到待发位置。此功能由复进机实现。

(3) 控制后坐部分按预定的受力和运动规律复进,以保证复进时的稳定性和静止性。此功能由复进节制器实现。

反后坐装置这三方面的功能是有机地联系在一起的,不同的功能组合可以形成不同的结构类型。通常可以分为独立式反后坐装置和非独立式反后坐装置两大类。

(1) 独立式反后坐装置:将后坐制动器和复进节制器组成一个部件,称为制退机(以前也称为驻退机)。将制退机和复进机独立布置,两者之间无连通的液路,制退杆(或筒)和复进杆(或筒)各自与后坐部分(或摇架)连接。大多数火炮采用这种形式的反后坐装置。

(2) 非独立式反后坐装置:将后坐制动器和复进机有机地组成一个部件,两者之间有液体流动,只有制退杆(或筒)与后坐部分(或摇架)连接。这种反后坐装置称为制退复进机,也称为有机联合式反后坐装置。

4.2.2 反后坐装置设计理论

反后坐装置的设计理论,就是在分析各种反后坐装置结构的基础上,运用基础理论和实验技术,对武器发射时反后坐装置工作的全过程做定量的、规律性的分析研究,建立实用的设计计算方法。反后坐装置的设计主要包括反后坐装置的结构分析、全炮及后坐部分的受力和运动分析、反后坐装置的设计与计算以及反后坐装置的实验研究等。

反后坐装置的结构分析,是对现有的各类反后坐装置从工作特点进行分析,了解结构中各组成部分的具体形式和特点,研究其适用范围和优缺点,研究它们工作的可靠性保证措施、部队勤务使用和生产工艺的要求等,为合理地选择和设计反后坐装置的结构和研究其设计方法打下基础。

全炮及后坐部分的受力和运动分析,是研究各种情况下后坐和复进中全炮和后坐部分的受力规律和运动规律,从而合理地提出对反后坐装置设计应满足的受力和运动规律要求,例如后坐复进中的静止性和稳定性要求等;同时,研究对于各种反后坐装置的具体结构,得出准确地计算全炮和后坐部分受力和运动的方法。

反后坐装置的设计与计算,是研究反后坐装置的工作原理,合理地选择和设计反后坐装置的结构,建立反后坐装置的力与运动的计算模型,确定反后坐装置的具体结构尺寸,使其满足武器总体设计的要求。

反后坐装置的实验研究,主要是利用各种测试手段,直接对后坐部分及反后坐装置各部件在工作时的各种动态参量进行测定,揭示实际的各物理量的变化规律,用于检验反后坐装置设计理论的正确性,找出不足,推进设计理论的发展,并检验所设计的反后坐装置的工作性能,测得某些必需的系数,便于修改和完善设计。

反后坐装置的设计通常是在外弹道、内弹道和炮身设计完成之后进行的,它应完成的任务如下所述。

(1) 总体上正确处理威力与机动性矛盾,在武器总体设计中,合理地选择反后坐装置的结构形式,确定主要结构尺寸和基本技术参数。

(2) 根据所确定的反后坐装置的主要技术参数,制定合理的后坐复进时全炮与后坐部分的受力和运动规律,在此基础上,详细地设计反后坐装置,保证这些受力和运动规律能可靠地实现,最后完成产品图纸和有关技术文件。

（3）进行各种特殊条件下的受力和运动计算，为全炮的动力学分析、炮架各零部件的受力分析及刚强度的校核计算提供详细、全面的数据。

随着科学技术的发展，反后坐装置设计理论也在不断发展。应用数学和力学的基础理论，以及应用先进计算机技术，进一步从本质上探求反后坐装置工作的内在规律，发展和完善反后坐装置设计理论，寻找更符合客观实际的反后坐装置设计方法，以及新原理、新结构、新技术在反后坐装置中的应用，是反后坐装置设计理论的发展趋势。虽然如此，建立在流体力学和刚体动力学基础上的经典反后坐装置设计理论仍是基础，在反后坐装置设计中仍起着重要作用。

4.2.3 反后坐装置设计流程

1. 反后坐装置设计的目标和时机

根据反后坐装置的功能，反后坐装置设计的目标如下所述。

（1）对后坐运动和后坐阻力规律进行控制，保证后坐静止性和稳定性，满足对炮架载荷和后坐长度的要求。

（2）对复进运动和复进受力规律进行控制，保证复进时的静止性和稳定性，满足对复进速度和复进到位速度的要求。

（3）向利用后坐或复进能量工作的自动机构提供适当的能量，保证自动机构正常工作。

（4）在平时支撑炮身，使其在高低射界范围内均能处于待发射位置。

反后坐装置的结构选择是根据武器总体设计而定的。从理论的设计顺序来说，当内弹道和炮身设计完成后，根据膛底合力及后坐部分重量等数据，从保证发射时稳定性和静止性，以及对重量的要求出发，就开始进行反后坐装置的参数设计，然后再进行炮架等其他部件的设计，根据反后坐装置设计得到的载荷数据进行炮架的刚度和强度设计。实际上，武器系统各部分设计工作往往差不多同时展开，设计参数由粗而细，各部分之间以及与总体之间不断进行信息交互反馈，形成一个设计网络，设计参数不断权衡和调整，最后得到比较理想的设计结果。反后坐装置的设计过程也是与总体以及其他部件的设计不断协调的过程。反后坐装置的设计结果还需经过射击试验的检验和修正，才能最后完成。但一些主要动力学参数必须首先确定，且不宜轻易改变。

2. 反后坐装置设计的流程

反后坐装置的设计分为正面问题设计（设计）和反面问题计算（计算验证）两部分。在进行正面问题设计和初步的反面问题计算时，通常采用简单的单自由度动力学模型，这种模型仅考虑后坐部分的运动，假设地面为刚体，各部件也为刚体，发射时所有的力均作用于射面内，忽略弹丸弹带作用在膛线导转侧的力，并假设炮架在发射时不跳动、不后移。在初步设计完成后，则可以根据情况采用适当的多体动力学模型做详细的动力学计算，或采用多体动力学模型对反后坐装置进行优化。

当内弹道条件和后坐部分质量确定以后，后坐部分的运动规律只取决于后坐阻力的变化规律。因此，控制武器在发射时的受力和运动，主要靠控制后坐阻力的变化规律。理想的后坐阻力规律是靠反后坐装置的设计来保证的。后坐阻力的方程为

$$F_R = F_{\Phi h} + F_f + F + F_T - m_R g\sin\varphi$$

其中,后坐部分的重力分量 $m_h g\sin\varphi$ 当射角 φ 确定后是一个常量。密封装置和摇架导轨摩擦力 $F+F_T$,在反后坐装置正面设计时取作常量,一般有

$$F_T = fm_h g\cos\varphi$$
$$F = \nu m_h g$$

式中:f 为摇架导轨相当摩擦系数,取值 $f=0.16\sim0.20$;ν 为反后坐装置的密封装置的相当摩擦系数,取值 $\nu=0.3\sim0.5$。

射角 φ 应按制定的理想后坐阻力规律所规定的角度来确定,野炮取 $\varphi=\varphi_j$,高炮取 $\varphi=0$,变后坐火炮取大射角的制动图。

复进机力 F_f 是由弹性介质提供的,根据火炮的复进要求选定复进机弹性介质和结构参数后,后坐过程中复进机力 F_f 是后坐行程 X 的单值函数。复进机力规律的调整余地是有限的。

在后坐阻力各组成部分中,可供调整以满足理想后坐阻力变化规律的,只有制退机的液压阻力 $F_{\Phi h}$。图 4.3 所示为理想后坐阻力及其组成部分的变化规律曲线。也就是说,理想的后坐阻力变化规律最终是靠控制制退机液压阻力 $F_{\Phi h}$ 按一定的变化规律来实现的。因此,在反后坐装置设计程序上,必须先设计复进机,在确定了复进机力的变化规律后,再设计制退机,以保证后坐阻力的理想变化规律。

独立式反后坐装置的设计通常按照以下过程进行。

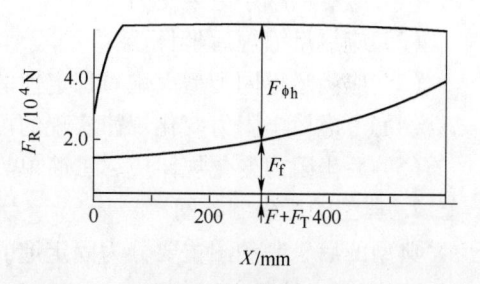

图 4.3 后坐阻力各组成部分的变化规律

1) 拟定后坐制动图

后坐制动图即预设的"理想"后坐阻力规律。在设计反后坐装置的结构参数之前,必须根据设计任务指标,拟定适当的后坐制动图。

2) 计算后坐运动诸元

根据内弹道参数、后坐制动图、后坐部分质量及膛口制退器特征参数,利用单自由度动力学模型计算后坐运动诸元,为反后坐装置的结构参数设计做准备。

3) 复进机设计

根据在最大射角下支撑炮身的条件以及为自动机构提供能量的要求确定复进机初力等主要参数,并设计复进机的结构尺寸。

4) 制退机设计

根据后坐制动图及复进机力的规律,计算制退机液压阻力规律;设计制退机的结构尺寸,并设计流液孔的变化规律,确定节制杆的形状尺寸。

5) 调整节制杆并进行后坐反面问题计算

考虑节制杆的实际加工和装配工艺,对理论设计的节制杆形状进行调整,然后对所设计的反后坐装置进行后坐反面问题计算,即根据反后坐装置的结构参数,计算后坐运动规律和后坐阻力规律,以检验所设计的反后坐装置是否满足要求,据此再对反后坐装置的结构参数(主要是节制杆尺寸)进行调整,直至满足设计要求。

6）复进节制器设计

根据复进的静止性和稳定性要求,以及复进速度要求,设计复进节制器。

7）试验验证及修正设计

加工装配所设计的反后坐装置,在专用试验台架上,或在火炮上进行试验,根据试验结果调整经验系数,然后据此调整计算反后坐装置,再经试验验证。

4.2.4 后坐制动图的拟定

1. 后坐制动图及其拟定原则

在对反后坐装置进行正面设计时,通常先确定适当的后坐阻力 F_R 的规律,再据此规律计算制退后坐运动规律,然后设计反后坐装置的结构、尺寸和参数。选定的后坐阻力 F_R 随时间 t 或后坐行程 X 的变化规律曲线图就称为后坐制动图。根据不同类型的武器,拟定合理的后坐制动图,并使新设计的反后坐装置实现所拟定的后坐阻力规律。

拟定后坐制动图应遵循以下原则。

（1）应尽量减小炮架受力。

（2）应尽量缩短后坐长。

（3）应满足不同类型火炮对稳定性的要求。

（4）考虑后坐阻力变化规律实现的可能性。

（5）后坐阻力变化规律应尽量简单。

2. 典型的后坐制动图

典型的后坐制动图主要分为固定炮的后坐制动图和野炮的后坐制动图。

1）固定炮的后坐制动图

由于固定炮的炮架固定于地面或安装于很重的平台上,其射击稳定性是有保证的。因此,拟定这类火炮的后坐制动图主要从尽量缩短后坐长度和相应地减小后坐阻力等方面考虑。

固定炮第一类后坐制动图如图 4.4(a)所示,在后坐全长取后坐阻力为常数。这种后坐制动图的最大优点是简单。但由于后坐阻力的起始值 F_{R0} 不能任意选定,因此这种常数的后坐阻力规律是难以实现的。

固定炮的第二类制动图如图 4.4(b)所示。为考虑实现的可能性,后坐开始取 $F_R = F_{R0}$,在弹丸沿膛内运动时期结束时,后坐阻力上升到 $F_R = F_{Rg}$ = 常数。一般在弹丸沿膛内运动时期($0 < t < t_g$),取后坐阻力为时间的线性函数。

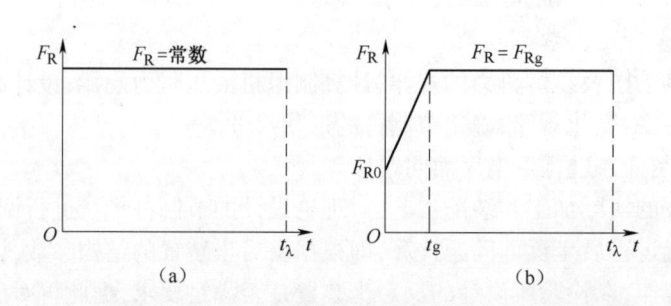

图 4.4 固定炮的后坐制动图

2) 野炮的后坐制动图

野炮与固定炮不同,它要求机动性强,全炮重量轻,因此保证射击稳定性十分重要。拟定野炮的后坐制动图时,必须首先满足在稳定极限角时的射击稳定性,然后再考虑缩短后坐长度的原则。常见的野炮后坐制动图有三类。

野炮第一类后坐制动图如图 4.5 所示。其特点是在弹丸沿膛内运动时期($0<t<t_g$),后坐阻力从 F_{R0} 随时间线性上升到 F_{Rg};在火药燃气后效作用时期($t_g<t<t_k$),后坐阻力从 F_{Rg} 随时间线性地下降到 F_{Rk};在惯性时期($t_k<t<t_\lambda$),后坐阻力从 F_{Rk} 随后坐行程线性地下降到 $F_{R\lambda}$,其中

$$F_{Rg} = 0.9 \frac{m_z g L_{\varphi_j 0} - m_h g X_g \cos\varphi_j}{h_j}$$

$$F_{Rk} = 0.9 \frac{m_z g L_{\varphi_j 0} - m_h g X_k \cos\varphi_j}{h_j}$$

惯性时期的后坐阻力为

$$F_R = 0.9 \frac{m_z g L_{\varphi_j 0} - m_h g X \cos\varphi_j}{h_j}$$

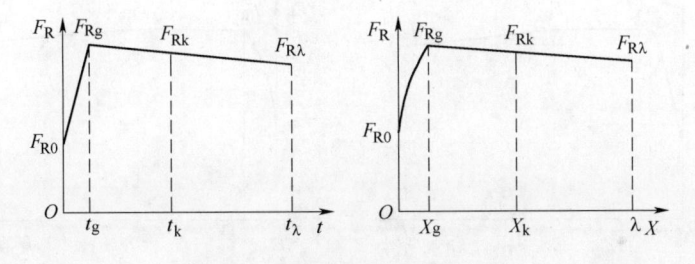

图 4.5 野炮第一类后坐制动图

野炮第一类后坐制动图的特点是变化规律简单,容易计算,充满度好,可以得到较短的后坐长度。这类后坐制动图比较适用于动力偶矩 $F_{pt}L_e$ 对稳定界影响可以忽略的情况,例如带有中等效率的炮口制退器或 $L_e \approx 0$ 的火炮。它的缺点是在弹丸沿膛内运动时期后坐阻力上升较快。

野炮第二类后坐制动图在第一类后坐制动图的基础上,针对其缺点作了改进,如图 4.6 所示。它将后坐阻力的最大值点由 t_g 向后移至 $t_a = (1.4 \sim 1.5) t_g$,以减缓后坐阻力上升速度。其中

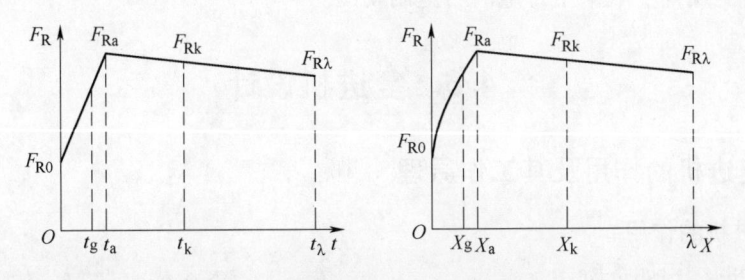

图 4.6 野炮第二类后坐制动图

$$F_{Ra} = 0.9\frac{m_z g L_{\varphi_j 0} - m_h g X_a \cos\varphi_j}{h_j}$$

$$F_{Rk} = 0.9\frac{m_z g L_{\varphi_j 0} - m_h g X_k \cos\varphi_j}{h_j}$$

惯性时期的后坐阻力仍然为

$$F_R = 0.9\frac{m_z g L_{\varphi_j 0} - m_h g X \cos\varphi_j}{h_j}$$

野炮第二类后坐制动图仍然具有较好的充满度,可以得到较短的后坐长度。其缺点是对于手工计算来说稍显复杂。

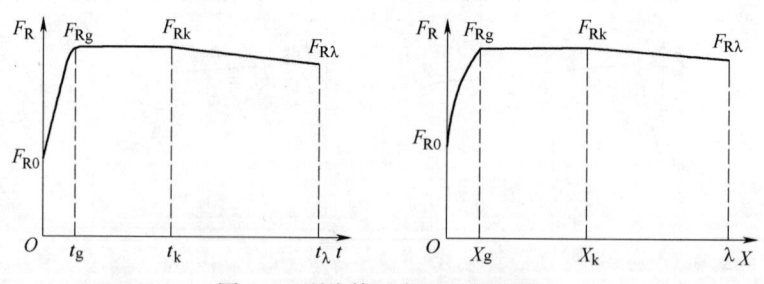

野炮第三类后坐制动图在第一类后坐制动图的基础上,降低炮口点的后坐阻力,使得后效期的后坐阻力为常数,即 $F_R = F_{Rk}$,如图 4.7 所示。其中

$$F_{Rk} = 0.9\frac{m_z g L_{\varphi_j 0} - m_h g X_k \cos\varphi_j}{h_j}$$

野炮第三类后坐制动图的优点是在弹丸沿膛内运动时期的后坐阻力上升较为缓和,降低了后坐阻力的极值,后效期的计算比较简单。缺点是充满度较差,相应地,后坐长度较长。

图 4.7 野炮第三类后坐制动图

设计者可以根据不同武器的性能要求,灵活应用上述原则,合理拟定后坐制动图。需要说明的是,上面介绍的这些后坐制动图属于经典设计理论,除了考虑到后坐制动图制定的原则之外,还考虑了便于手工计算的因素。在计算机技术得到广泛应用的今天,反后坐装置的设计计算都已使用了计算机作为计算工具,过多地考虑计算的简便已无实际意义。对于采用变后坐系统的反后坐装置,一般在大射角短后坐时采用固定炮的后坐制动图;而在小射角长后坐时采用野炮的后坐制动图。对于采用双重后坐系统的火炮,第一重后坐的反后坐装置按大射角短后坐设计,一般采用固定炮的后坐制动图;第二重反后坐装置按小射角长后坐设计一般采用野炮的后坐制动图。

4.3 复进机设计

4.3.1 复进机的作用及其工作原理

1. 复进机的作用

复进机的作用如下所述

(1) 在规定的使用条件下,在整个射角范围内保证后坐部分射击前处于待发位置。

（2）在后坐时储存足够的后坐能量，在后坐结束后释放，使后坐部分以一定的速度复进到位，并且无冲击，在规定的时间内完成后坐和复进循环，以满足发射速度的要求。

（3）需要时在复进过程中给其他机构（如半自动机或自动机等）提供足够的能量。

为了完成上述任务，设计时必须使复进机具有足够的初力 F_{f0} 和在后坐过程中储存足够的能量 E_f。此外，还应考虑复进机对外界影响的敏感性小、维护使用方便、工艺好等。

2. 复进机的结构及工作原理

复进机是一个弹性储能器。

根据工作介质的不同，复进机可以分为弹簧式、液体气压式、气压式，以及火药燃气式等结构类型。

1）弹簧式复进机

弹簧式复进机以弹簧作为储能介质。枪械和中小口径自动炮多采用弹簧式复进机。图4.8为弹簧式复进机结构图。口径较小的武器多采用圆断面的圆柱螺旋弹簧；口径较大的武器，为了在有限的尺寸范围内获得较大的复进机力（弹簧抗力），通常采用矩形断面的圆柱螺旋弹簧。弹簧式复进机通过炮身后坐时压缩弹簧储存部分后坐能量，后坐结束后弹簧力将炮身推回到待发射位置。弹簧式复进机的主要优点是结构简单紧凑，动作可靠，工作性能不受温度的影响，弹簧轻微损伤后仍可暂时使用，维护简单方便；缺点是重量大，口径越大重量的矛盾就越突出，不便于通过复进机调整复进速度，长期使用易疲劳。

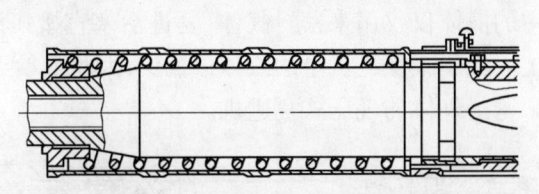

图4.8 弹簧式复进机结构图

2）气压式复进机

气压式复进机以气体作为储能介质。根据复进机中液体的用途，气压式复进机又可分为液体气压式复进机和气压式复进机。

液体气压式复进机中的液体不仅用来密封气体，而且用来传递压力。液体气压式复进机是目前地面火炮广泛应用的一种复进机。根据参加后坐运动的构件的不同，可分为杆后坐和筒后坐两类不同结构形式。

（1）杆后坐的液体气压式复进机。由于复进杆后坐，为保证任何射角下液体都能可靠地密封气体，通常采用两个不同轴筒的结构。外筒储存高压氮气，称为储气筒；内筒中放置带复进杆的复进活塞，称为工作筒。储气筒内放入部分液体以密封气体，为保证小射角时气体不致逃逸，在工作筒后端的下方或侧方开有通孔与储气筒相通，并使通孔在任何射角下都埋在液体中。图4.9所示为杆后坐的液体气压式复进机。

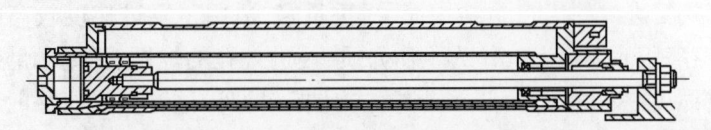

图4.9 杆后坐的液体气压式复进机

(2) 筒后坐的液体气压式复进机。筒后坐的液体气压式复进机可以增加后坐部分的重量。为了保证在任何射角下,液体都能有效地密封气体,一般采用 3 个筒套装的结构。在内筒和外筒中间增加一个后方开有通孔的中筒。为了使液体尽量少,结构紧凑,一般内筒或中筒相对外筒偏心配置。图 4.10 所示为筒后坐的液体气压式复进机。筒后坐的液体气压式复进机中,有的将中筒与内筒同心,而与外筒偏心配置;有的三筒同心配置。

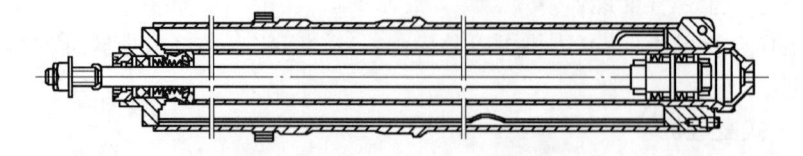

图 4.10 筒后坐的液体气压式复进机

液体气压式复进机在后坐时,内筒的液体被活塞向外筒压,因而外筒中的气体被压缩,储存部分后坐能量,后坐结束后气体压力通过液体将炮身推回到待发射位置。

液体气压式复进机的优点是用在中、大口径火炮上比弹簧式复进机重量轻,易于控制液流通道和调节复进速度;它的缺点是气体的工作特性随温度变化较大,必须经常检查液量和气压,需配备专门的检查、注气和注液工具,使勤务复杂。

气压式复进机中的液体仅仅用来密封气体,复进活塞直接压缩气体。气压式复进机多用于大口径舰炮上。气压式复进机中的液体量很少,因此重量更轻。图 4.11 所示为一种用液体增压原理来密封气体的气压式复进机。

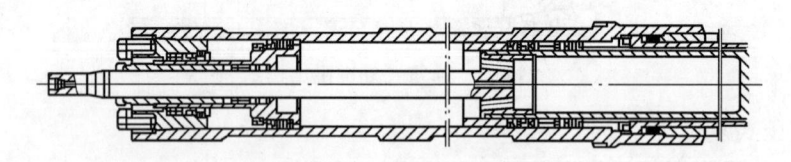

图 4.11 气压式复进机

气压式复进机大大减少了液体,使复进机结构紧凑,重量较轻。但由于紧塞具结构复杂,使得密封的可靠性差了。因此气压式复进机一般多应用于有高压气源的大口径舰炮上,以利于及时对复进机补充气体。

3) 火药燃气式复进机

火药燃气式复进机主要用于射速较高的小口径航炮上。其工作原理是将膛内的火药燃气引入复进机工作腔,后坐时以高压的火药燃气作为储能介质,储存后坐能量,使复进时后坐部分获得较高的复进速度,在复进末期将工作腔的排气孔打开,放出残余的火药燃气。图 4.12 所示为同心式火药燃气式复进机。

火药燃气式复进机的优点是结构简单,重量轻,适用于复进速度较高的高射速自动炮;缺点是高温高压的火药燃气作为工作介质,使进气孔的烧蚀、活塞的磨损和身管的温升都比较严重,使紧塞元件寿命低,维护擦拭困难。此外,这种复进机平时不具有能支撑炮身的复进机力,需要设计专门机构以保持炮身在待发位置。

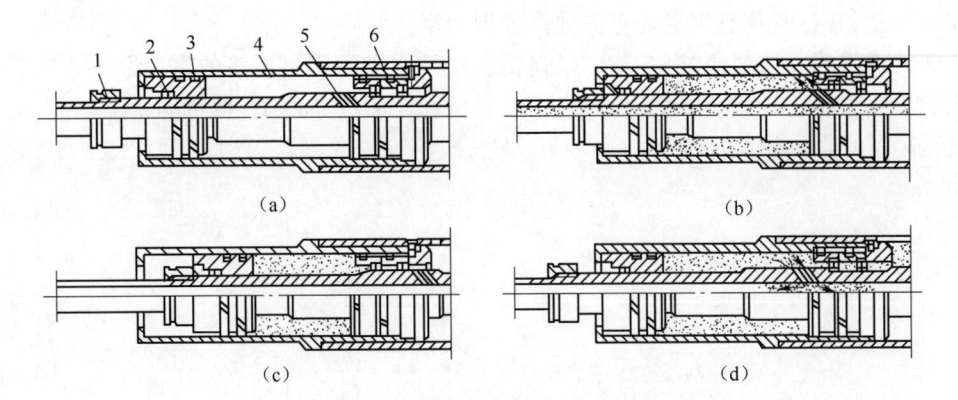

图 4.12 火药气体式复进机工作原理

(a)发射前；(b)充气与后坐；(c)后坐与复进；(d)复进与排气。
1—身管；2—游动活塞；3—涨圈；4—复进机筒；5—导气孔；6—排气槽。

4.3.2 弹簧式复进机设计

弹簧式复进机具有结构简单、工作可靠、性能不受环境变化的影响等优点，其缺点是重量大、不便于调整复进速度、容易疲劳。弹簧式复进机适合于中小口径武器使用。

1. 复进机力的变化规律

弹簧式复进机用弹簧来储存能量，弹簧力的大小随弹簧压缩量按直线规律变化。复进机力 F_f 随后坐长度的变化规律可写成

$$F_f = F_{f0} + CX \tag{4.36}$$

式中：F_{f0} 为复进机初力；C 为弹簧的刚度系数；X 为后坐行程。

当后坐终了时，$X=\lambda$，复进机末力为

$$F_{f\lambda} = F_{f0} + C\lambda$$

定义复进机末力 $F_{f\lambda}$ 与初力 F_{f0} 之比为压缩比 C_m，则

$$C_m = \frac{F_{f\lambda}}{F_{f0}} = \frac{F_{f0} + C\lambda}{F_{f0}} \tag{4.37}$$

复进机弹簧的刚度系数可写为

$$C = \frac{(C_m - 1)F_{f0}}{\lambda} \tag{4.38}$$

设计弹簧式复进机主要是合理地选定参量 F_{f0} 和 C_m。确定了 F_{f0} 和 C_m 以后，再给定后坐长度 λ，就可按式(4.38)求出弹簧的刚度系数，进而设计弹簧的结构尺寸，计算复进机力。

2. 确定 F_{f0} 和 C_m 的原则

复进机的主要任务之一就是射击前在整个射角范围内均能保持后坐部分处于待发位置，并且即使后坐部分有微小位移时，仍能克服各种摩擦力，将后坐部分推回原位。因此复进机的初力由下式确定

$$F_{f0} > m_h g(\sin\varphi_{\max} + f\cos\varphi_{\max} + \nu) = \alpha m_h g \tag{4.39}$$

如果火炮的总体有某些特殊要求，复进时给其他机构(如自动机、半自动机等)提供较多的能量，则复进机的初力应该选得更大些。总之，复进机初力 F_{f0} 应综合考虑上述两

方面的因素,并参考现有火炮的有关数据合理确定。

确定弹簧式复进机压缩比 C_m 应以弹簧重量最小为原则。弹簧的重量取决于弹簧全部压缩功的大小。在确定复进机初力 F_{f0} 和后坐长度 λ 的条件下,弹簧的压缩功越小,重量就越轻。弹簧的压缩功为

$$E = \frac{1}{2}F_{f\lambda}(L_0 + \lambda) \tag{4.40}$$

式中:L_0 为弹簧的预压缩量。

由 $F_{f\lambda} = C_m F_{f0}$,则有

$$L_0 = \frac{F_{f0}}{C} = F_{f0}\frac{\lambda}{(C_m - 1)F_{f0}} = \frac{\lambda}{C_m - 1} \tag{4.41}$$

将式(4.41)代入式(4.40),得

$$E = \frac{1}{2}F_{f0}\lambda\frac{C_m^2}{C_m - 1} \tag{4.42}$$

此式说明,当初力 F_{f0} 和后坐长度 λ 一定时,弹簧压缩功 E 只是压缩比 C_m 的函数。根据式(4.42),求出弹簧压缩功 E 的极小值点,则有 $C_m = 2$。因此,在确定弹簧式复进机压缩比 C_m 时,通常取值在 2 左右。

3. 弹簧结构的确定

复进机弹簧应布置在总体所允许的空间内。弹簧的具体设计是选定弹簧材料,确定弹簧钢丝的断面形状和尺寸、弹簧圈数及中径等基本参数,以保证已选定的初力 F_{f0} 和压缩比 C_m(或刚度系数 C),并满足强度要求。

火炮的复进簧均采用合金弹簧钢制造,常用的材料有 $60Si_2MnWA$、$65MnWA$、$60Si_2A$ 等热轧或冷拉弹簧钢。由于对复进簧的质量和尺寸要求苛刻,它的工作条件也很恶劣,因此要求的许用剪应力远比一般机械弹簧要高。通常要求$[\tau] = 900 \sim 1100 MPa$。

弹簧设计的经验表明,当弹簧的材料、圈数、中径和压缩功相同时,圆形截面的圆柱螺旋弹簧比矩形截面圆柱螺旋簧质量小。当弹簧的材料和压缩功相同时,矩形截面轴向长度比圆形截面弹簧的短。为了减小纵向尺寸使结构紧凑,复进簧通常用矩形截面的圆柱螺旋弹簧,弹簧截面的长边与弹簧轴线相互垂直。

弹簧设计的规范和方法可参考有关的资料和设计手册。

4.3.3 液体气压式复进机设计

液体气压式复进机以气体为储能介质,液体则起传力和密封气体的作用。液体气压式复进机可以通过控制通道调整复进速度,应用于大中口径火炮上比弹簧式复进机结构紧凑、质量轻,是目前广泛使用的一种复进机。它的缺点是气体的工作性能随环境温度的变化而改变,密封装置长期处于高压液体的作用,往往会产生液体的渗漏,因此需要经常检查和调整。对于后坐部分质量大,初始压力大的复进机,如何方便补气和检查液量是个重要问题。

1. 液体气压式复进机力的变化规律

液体气压式复进机在后坐过程中,由于活塞的运动使复进机中的气体受压缩,其气体通过液体对活塞的作用就是复进机力 F_f。气体的压力变化可用多变过程来描述,即

$$p_f V^n = p_{f0}V_0^n = 常数 \tag{4.43}$$

式中:p_f、p_{f0} 分别为复进机内气体的某瞬时压力和初压力;V、V_0 分别为气体某瞬时容积和

初容积;n 为多变指数,它取决于复进机的散热条件和活塞运动速度。一般均取 $n=1.3$,但有的资料中推荐使用 $n=1.1\sim 1.2$。

由式(4.43),复进机力可表达为

$$F_f = A_f p_f = A_f p_{f0}\left(\frac{V_0}{V}\right)^n \tag{4.44}$$

式中:A_f 为复进机活塞工作面积。

气体的容积 V 随活塞运动的距离(即后坐行程 X)而变化,即

$$V = V_0 - A_f X$$

将上式代入式(4.44)得

$$F_f = A_f p_{f0}\left(\frac{V_0}{V_0 - A_f X}\right)^n = F_{f0}\left(\frac{V_0}{V_0 - A_f X}\right)^n \tag{4.45}$$

此式即为计算液体气压式复进机力的基本公式。复进机力的变化规律如图 4.13 所示。

当后坐终了时,复进机的末力为

$$F_{f\lambda} = F_{f0}\left(\frac{V_0}{V_0 - A_f \lambda}\right)^n$$

在复进机力的计算中,有时为了计算的简便,引入一个叫做复进机初容积相当长度"L_s"的量,$L_s = V_0/A_f$。从量纲上看 L_s 为长度,它的意义是若复进机气体初容积所占空间的截面积如果与活塞工作面积 A_f 相同,则此容积的长度即为 L_s。这样,复进机力和复进末力可写为

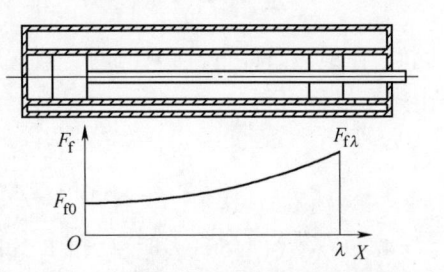

图 4.13 复进机工作原理和复进机力

$$F_f = F_{f0}\left(\frac{L_S}{L_S - X}\right)^n \tag{4.46}$$

$$F_{f\lambda} = F_{f0}\left(\frac{L_S}{L_S - \lambda}\right)^n$$

同样定义复进机的压缩比 C_m 为复进机末力与初力之比为

$$C_m = \frac{F_{f\lambda}}{F_{f0}} = \left(\frac{L_S}{L_S - \lambda}\right)^n = \left(\frac{V_0}{V_0 - A_f\lambda}\right)^n$$

解出 V_0,得

$$V_0 = \frac{A_f \lambda}{1 - C_m^{-\frac{1}{n}}} = A_f L_S \tag{4.47}$$

在设计时,确定了 C_m 和 n 以后,即可利用上式计算复进机气体的初容积 V_0。

2. 液体气压式复进机主要参量的确定原则

设计液体气压式复进机与设计弹簧式复进机一样,首先要合理地确定复进机初力 F_{f0} 和压缩比 C_m。

液体气压式复进机初力 F_{f0} 的确定与弹簧式复进机的完全相同。确定了初力 F_{f0} 以后,要根据复进机注气方式的不同,合理选定复进机气体初压 p_{f0}。对于师以下野战火炮,复进机采用人工唧筒注气,因此,气体初压不能太高,一般 p_{f0} 小于 5MPa。对于较大口径的火炮,通常采用储气瓶注气,p_{f0} 可以取得稍大些,这样可使结构尺寸减小。现在有些大口径野战

炮,其射角范围增加到72°。为了提高发射速度,配置了半自动机,并以增加复进机初压力的方法减小复进时间,在已解决高压液体密封的前提下,复进机初压大大提高。

当确定了复进机初力 F_{f0} 和初压 p_{f0} 以后,由下式计算出活塞工作面积 A_f

$$A_f = \frac{F_{f0}}{p_{f0}} \tag{4.48}$$

选择压缩比 C_m 的原则,首先是应尽量减小结构尺寸。由式(4.45)可知,压缩比 C_m 越大,对于确定的 A_f 和 λ,气体的初容积 V_0 就越小,结构尺寸就越紧凑。但是,液体气压式复进机只考虑减小结构尺寸是不够的,因为增加压缩比 C_m 能提高复进机在后坐过程中储存的能量 E_f,即

$$E_f = \int_0^\lambda F_f dX = \int_0^\lambda F_{f0} \left(\frac{L_S}{L_S - X}\right)^n dX = \frac{F_{f0} L_S}{n-1}(C_m^{\frac{n-1}{n}} - 1) = \frac{p_{f0} V_0}{n-1}(C_m^{\frac{n-1}{n}} - 1) \tag{4.49}$$

同时,在绝热条件下,活塞(通过液体)以后坐速度急剧压缩气体,使温度由 T_0 增高至 T_λ。由多变过程可得

$$T_\lambda = T_0 \left(\frac{p_{f\lambda}}{p_{f0}}\right)^{\frac{n-1}{n}} = T_0 C_m^{\frac{n-1}{n}} \tag{4.50}$$

式(4.49)和式(4.50)表明,E_f 和 T_λ 均随 C_m 的增大而增大,而过大的 E_f 和 T_λ 将导致反后坐装置设计的困难。温度过高对制退液的安定性和密封不利;储能过大则会增加复进剩余能量,给复进节制和保证复进的稳定性带来困难。而且当 C_m 增加到一定程度时,继续增大 C_m 对减小气体初容积 V_0 的效果并不明显。因此,液体气压式复进机的压缩比 C_m 不宜过大,一般中小口径火炮取 $C_m = 1.5 \sim 2.5$,大口径火炮为了使结构紧凑,可取 $C_m = 2.5 \sim 3$。

在确定压缩比 C_m 时,除了考虑使结构紧凑、重量轻及后坐过程储存足够的能量之外,还应考虑后坐制动图的约束,使复进机的末力 $F_{f\lambda}$ 满足

$$F_{f\lambda} = C_m F_{f0} \leq F_{R\lambda} - (F + F_T - m_h g\sin\varphi) \tag{4.51}$$

此外,还受火炮总体设计的限制,如对复进机的某些特殊要求和对复进机结构尺寸的要求等。压缩比 C_m 要经过综合考虑才能确定。

在复进机设计过程中,在合理确定了初力 F_{f0} 和压缩比 C_m,并确定了气体初压 p_{f0} 后,也就确定了复进机活塞工作面积 A_f 和气体初容积 V_0,而 A_f 和 V_0 则是确定液体气压式复进机结构尺寸的依据。

3. 液体气压式复进机结构尺寸的确定原则

液体气压式复进机的结构尺寸通常指复进杆直径,内、中、外筒的内外径和长度等。确定的顺序一般从复进杆开始由内向外,即内筒、中筒、外筒的次序进行。确定这些结构尺寸应遵循如下原则。

(1) 满足强度刚度要求。

(2) 保证复进机内气体密封可靠,在任何射角条件下,气体可能逃逸的通道始终浸入液体中,而不暴露在气体中。

(3) 保证各筒之间的液体流动畅通。

在确定结构尺寸时,一般应与必要的计算和绘制结构草图同步进行。例如各筒的长度与密封装置结构、后坐长度、活塞宽度、通孔位置、各筒之间的连接方式以及有无复进节

制活瓣等有关,这些都应绘制在结构草图上,通过综合分析确定,并且符合标准化和系列化要求。

4.4 制退机设计

4.4.1 制退机工作原理

制退机是一种液压阻尼器,它在发射过程中产生一定规律的阻力用于消耗后坐能量,将后坐运动限制在规定的长度内,并控制后坐和复进运动的规律,是火炮反后坐装置的主要部件。

为便于理解制退机的工作实质,现以最简单的结构为例说明。图 4.14 中,筒内充满理想液体(即密度不变、不可压缩、无黏滞性而连续流动),带活塞的制退杆固定在架体上,发射时不动,制退筒随炮身一起后坐,在工作面积为 A 的活塞上开有面积为 a_x 的小孔,该小孔称为流液孔,俗称漏口。当制退筒以速度 V 随炮身后坐时,在 dt 时间内,制退筒相对活塞后移 dx,并挤压液体。Ⅰ 腔(称工作腔)产生压力 p_1,迫使工作腔中体积为 Adx 的液体通过流液孔 a_x 进入Ⅱ腔(称非工作腔),因活塞杆从筒中抽出,故在Ⅱ腔中出现真空,即 $p_2=0$。产生的液压阻力 $F_\Phi = Ap_1$。

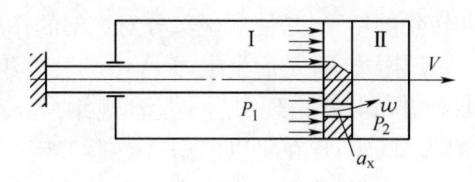

图 4.14 制退机的工作原理

设 w 为流经流液孔的液体流动速度,根据质量守恒定律,对不可压缩液体,有

$$Adx = a_x w dt$$

$$w = \frac{A}{a_x}\frac{dx}{dt} = \frac{A}{a_x}V \tag{4.52}$$

根据能量守恒定律,理想流动总能量不变,即比内能、比动能和比势能之和等于常数(伯努利方程)。

$$\frac{p}{\rho} + \frac{v^2}{2} + zg = \text{const}$$

从工作腔流动到非工作腔,有

$$\frac{p_1}{\rho} + \frac{v_1^2}{2} + z_1 g = \frac{p_2}{\rho} + \frac{v_2^2}{2} + z_2 g$$

考虑到流动时实际存在的能量损失,假设流动能量损失正比于比动能,则有

$$\frac{p_1}{\rho} + \frac{v_1^2}{2} + z_1 g = \frac{p_2}{\rho} + \frac{v_2^2}{2} + z_2 g + H_r = \frac{p_2}{\rho} + \frac{v_2^2}{2} + z_2 g + \xi\frac{v_2^2}{2} \tag{4.53}$$

认为工作腔与非工作腔的势能不变,考虑到 $v_1=V, v_2=w, p_2=0$,则

$$p_1 = \rho\frac{v_2^2}{2} + \xi\rho\frac{v_2^2}{2} - \rho\frac{v_1^2}{2} = \frac{\rho}{2}(1+\xi)w^2 - \rho\frac{V^2}{2} = \frac{\rho K(A^2 - a_x^2)}{2a_x^2}V^2 \tag{4.54}$$

式中:K 为液压阻力系数,或称理论与实际符合系数。

由于活塞工作面积比流液孔面积大得多,液压阻力为

$$F_\Phi = Ap_1 = \frac{\rho KA(A^2 - a_x^2)}{2a_x^2}V^2 \approx \frac{\rho KA^3}{2a_x^2}V^2 \qquad (4.55)$$

由式(4.52)知,一般后坐速度 V 可达 10m/s,当 $A/a_x = 50\sim150$ 时,w 可达 1000m/s 以上。静止液体($v_1 = 0$)在几至几十毫秒内,达到如此高速,其加速度可高达 10000g 以上。要使液体获得如此大的加速度,活塞必须提供足够大的力,液体对活塞的反作用力(液压阻力)也必然是非常大。a_x 越小,工作腔压力越高,液压阻力越大。

液压阻力主要是液体的惯性力,还包括液体流动时的粘性阻力和局部损失。静止液体经流液孔后变成高速射流(后坐动能变成液体动能)进入非工作腔,冲击筒底和筒壁,产生湍流,经过剧烈振动最后静止下来,将高速射流的动能转化为热能,使温度升高。液压制退机的工作就是将后坐部分动能通过液压阻力转化成不可逆的热能消耗掉。能量传递和转化的结果,是使后坐部分对炮架的作用得到缓冲。

液压阻力 F_Φ 是后坐阻力 F_R 中的主要组成部分。反后坐装置设计中,先选定理想的 F_R 规律并可计算出理想后坐运动规律;再设计复进机,此时理想的液压阻力 F_Φ 的变化规律也随之确定;现在可以根据后坐速度 V 的变化,通过相应地改变流液孔的面积 a_x,来实现液压阻力 F_Φ 的变化规律使之符合预先选定的理想后坐阻力的规律。所以 a_x 不能是直径不变的小孔,a_x 应随后坐行程 X 而变化。

因此,人们采用了多种方法,以形成变化的流液孔面积 a_x,从而出现不同类型的制退机。

4.4.2 典型制退机的结构

制退机是一种液压阻尼器,属于不可压缩液体的制退机。它的结构形式有多种,通常按流液孔的形成方式分为节制杆式、沟槽式、活门式、转阀式和多孔衬筒式等。沟槽式、转阀式和多孔衬筒式制退机多出现在早期火炮上,由于加工工艺和结构复杂或缓冲性能不易控制等原因,目前已很少应用。活门式和节制杆式制退机具有结构简单、缓冲性能易于控制等优点,因此广泛应用于现代的火炮上。节制杆式制退机现已形成一套较完善的行之有效的设计方法和理论,按此理论设计的制退机在运动和受力规律上与试验结果符合较好。因此,节制杆式制退机广泛应用于各种火炮上。

由于采用的复进节制器不同,节制杆式制退机又有常用的 4 种结构形式:带沟槽式复进节制器的节制杆式制退机、带针式复进节制器的节制杆式制退机、混合式节制杆式制退机和变后坐长度的节制杆式制退机。

1. 带沟槽式复进节制器的节制杆式制退机

目前大多数火炮采用这种结构形式。这种结构的制退机突出优点是动作可靠、容易满足设计者对后坐复进过程中力和运动规律的要求,可实现复进过程的全程制动等。

图 4.15 所示为一种带沟槽式复进节制器的节制杆式制退机。后坐时,活塞挤压工作腔内的液体,使一部分液体沿节制环与节制杆形成的流液孔(也称后坐制动流液孔)流入非工作腔,另一部分液体沿制退杆内腔与节制杆之间的环形间隙,经过调速筒上的斜孔向后冲开活瓣,进入并充满复进节制腔(也称内腔)。液体压力对制退活塞的合力构成后坐时液压阻力的主要部分。复进时,节制杆上的调速筒活瓣在液体压力和弹簧力的作用下关闭,复进节制器腔内液体只能沿制退杆内壁的沟槽与调速筒构成的流液孔(也称复进

制动流液孔)流出。当后坐非工作腔的真空消失后,其腔内液体沿后坐制动流液孔回流。两股液流均流回到后坐工作腔。复进节制腔及后坐非工作腔液体压力对制退杆连同活塞的作用,构成复进时的液压阻力。

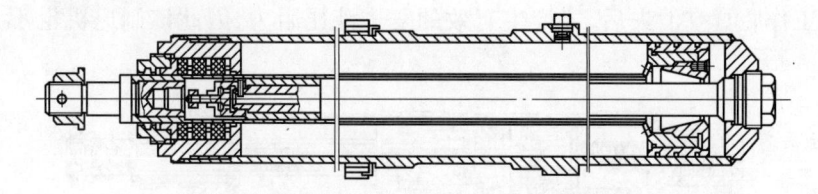

图 4.15　带沟槽式复进节制器的节制杆式制退机

该制退机采用沟槽式的复进节制器,其沟槽开在制退杆内壁上。这种复进节制器可在复进全行程上实施制动,有效地控制复进运动规律,保证火炮复进稳定性。因此,这种形式的复进节制器广泛应用于地面牵引火炮和坦克炮。但是由于复进全程实施制动,使复进平均速度较低,不利于提高射速,故射速要求较高的自动炮不采用这种复进节制器。

2. 带针式复进节制器的节制杆式制退机

这种制退机采用针式复进节制器,在复进的局部行程上实施制动,因而提高了平均复进速度,减少了复进时间,可有效地提高射速。因此这种制退机多用于自动高炮。

图 4.16 所示为一种带针式复进节制器的节制杆式制退机。后坐时,制退活塞本体上的游动活塞在液体推动下将活塞头上的纵向沟槽关闭,工作腔内液体一部分沿活塞本体上的斜孔经后坐流液孔流入非工作腔;另一部分沿调速筒的4个缺口进入制退杆内腔。复进初期,制退杆内腔液体由原路返回,非工作腔真空消失后,液体推动游动活塞移动一段距离,打开活塞本体上的两条纵向沟槽,并沿沟槽流回工作腔。这样增大了非工作腔液体返回工作腔的流液孔面积,减小了复进阻力,极大地提高了复进速度,有效地减小了复进时间。在距离复进到位一定位置处,节制杆末端的针杆插入制退杆末端的尾杆内,产生较大的液压阻力,从而使复进运动停下来。

图 4.16　带针式复进节制器的节制杆式制退机

3. 混合的节制杆式制退机

图 4.17 所示为一种混合的节制杆式制退机,它的显著特点是复进节制沟槽不开在制退杆内腔,而开在制退筒内壁上。与上述两种制退机不同,该沟槽在后坐和复进时均构成流液孔的一部分,故称之为混合的节制杆式制退机。后坐时,工作腔液体推动游动活塞打开活塞头上的斜孔,液体可沿节制环与节制杆构成的环形流液孔流入非工作腔,同时另一路经制退筒壁上的6条沟槽与活塞套形成的流液孔也流入非工作腔。而非工作腔的部分液体可通过节制杆根部的两个斜孔经节制杆内孔与制退杆内腔相通。因此,后坐时内腔中液体不可能充满。复进时,在非工作腔真空排除过程中,该制退机只提供很小的复进阻力。当真空消失后,非工作腔液体推动游动活塞关闭活塞头上的斜孔,使液体不能沿节制环与节制杆构成的环形流液孔流回,只能沿制退筒内壁上的沟槽和游动活塞上的两个纵

向小孔流回工作腔，从而产生复进液压阻力。此时非工作腔成为复进节制器工作腔。该制退机与其他制退机不同，后坐时有两股液体同时由工作腔流入非工作腔，产生后坐液压阻力，因此该制退机的设计计算方法不同于其他制退机。此外，后坐时内腔液体不充满，复进时非工作腔真空消失后，才产生有效的复进液压阻力，因此该制退机也不是全程制动的。

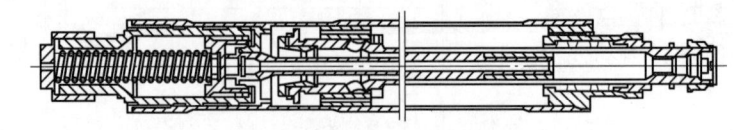

图 4.17 混合的节制杆式制退机

4. 变后坐长的节制杆式制退机

大口径或大威力牵引火炮，其威力和机动性的矛盾突出。既要保证射击稳定性，又要求火炮重量较轻，给总体设计带来很大的困难。自行榴弹炮由于受战斗室空间的限制，而射角变化又大，也希望小射角时后坐长，大射角时后坐短。采用变后坐长的制退机是解决这些矛盾的有效措施之一。

图 4.18 所示为一种变后坐长的节制杆式制退机。其制退杆联接在炮尾上，随炮尾一同后坐。制退筒固定在摇架上。为了实现变后坐，节制杆做成圆柱形，在其上开有长后坐的 4 条变深度的纵向沟槽，它安装在制退筒盖上，并可相对于制退筒转动。开有 4 个窗口的节制环固定在活塞头内。当射角变化时，利用摇架和上架间的相对运动，通过后坐长度变换器，使节制杆随射角作相应的转动，从而改变节制环的窗口与节制杆沟槽形成的流液孔的大小，达到改变后坐长的目的。短后坐沟槽开在制退筒内壁上。小射角时（$\varphi<20°$），节制杆上的长后坐沟槽与制退筒的短后坐沟槽同时打开，此时流液孔面积最大，后坐阻力最小，实现长后坐；射角在 20°～34°范围内，后坐长度变换器转动节制杆，使其沟槽逐渐偏离节制环窗口，流液孔面积不断减小，因而后坐阻力逐渐变大，后坐长度逐渐变短；大射角时（$\varphi>34°$），节制杆的沟槽与节制环窗口完全错开而被关闭，此时只有制退筒内壁上 6 条短后坐沟槽构成的流液孔起作用，流液孔面积最小，使后坐阻力最大，实现短后坐。

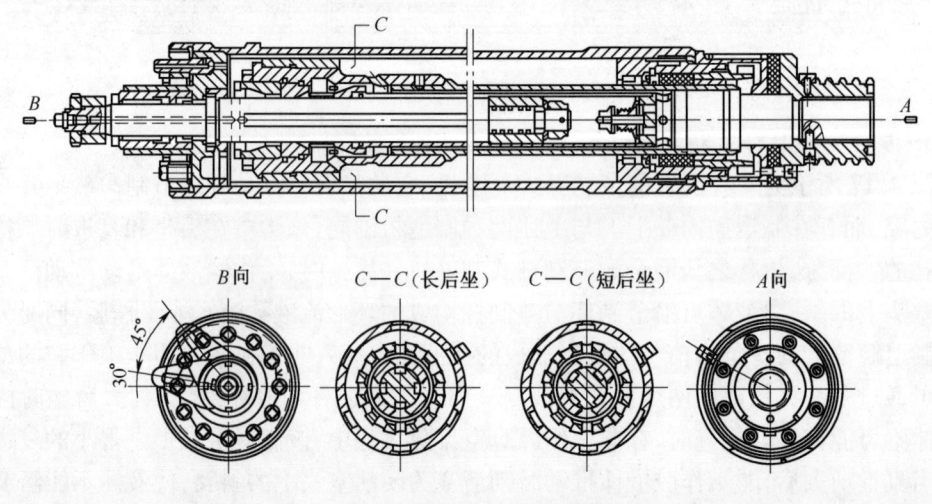

图 4.18 变后坐长的节制杆式制退机

由于节制杆上的长后坐沟槽在大射角时被关闭,常规的由制退杆内壁和节制杆表面构成的支流通道也被关闭。为了保证后坐时复进节制器腔(内腔)充满液体,在制退杆内壁与内筒之间设置了一个支流通道,保证在任何射角下后坐时都能使内腔充满液体。

制退复进机将制退机和复进机有机地组成一个部件。常见的制退复进机有两种类型:短节制杆式制退复进机和活门式制退复进机。制退复进机具有结构简单紧凑的优点,并且多使外筒兼作摇架的一部分。因此,在后坐部分重量不变的情况下,可减轻起落部分的重量。

5. 短节制杆式制退复进机

图 4.19 所示为一种短节制式制退复进机。它的后坐流液孔仍然由变截面的节制杆和节制环之间隙组成,通过节制杆的形状控制液压阻力变化,使其满足于火炮发射的受力和运动要求。后坐时,炮身带动上、下两筒后坐,制退活塞挤压制退筒内的液体,使部分液体沿前套箍内的液流通道流入储气筒前端,然后推开节制器上的 4 个单向活门,再经固定于节制器上的节制环与安装在游动活塞上的节制杆形成的环形流液孔产生制动后坐的液压阻力。随着内腔液体的不断增加,向后推动游动活塞,带动节制杆形成变化的流液孔,并压缩储气筒后腔的气体,储存后坐能量。复进时,储气筒内的气体膨胀,推动游动活塞、节制杆向前,并压缩内腔的液体,使其经后坐流液孔流回节制器内。由于单向活门被弹簧关闭,液体只能经节制杆与节制器内壁的沟槽形成的复进节制流液孔流入储气筒前腔,再经前套箍的通道流回制退筒,并推动制退杆活塞及后坐部分复进。

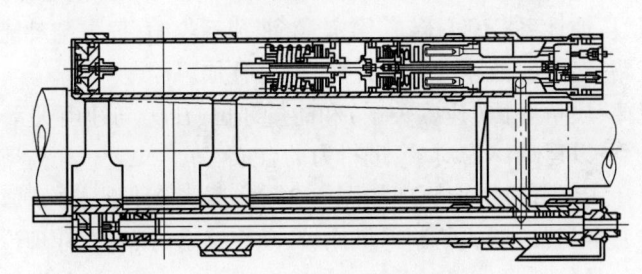

图 4.19 短节制式制退复进机

由于这种短节制杆式制退复进机的复进制动是靠节制由储气筒回流到制退筒的液流速度来实现,而不是将复进制动的液压阻力直接作用在制退杆上,所以这类制退复进机的复进制动不太可靠,特别是在复进后期,不能提供有效的复进制动力,常常由于复进到位速度过大而产生冲击。因此,为了改变这种情况,设置了气体活门式复进缓冲器。

6. 活门式制退复进机

活门式制退复进机通过弹簧控制活门开度来改变流液孔面积,从而使火炮受力和运动规律满足设计要求。

图 4.20 所示为一种活门式制退复进机,它比短节制杆式制退复进机结构简单得多。当制退杆后坐时,内筒中液体被制退杆活塞挤压,压力升高,与外筒内的液体形成明显的压力差,因此复进活门被关闭,同时后坐活门打开,液体经后坐活门流入外筒内,并推动游动活塞向前运动压缩气体,储存复进能量。后坐活门打开的大小取决于内外筒液体压力差和弹簧刚度的大小。在后坐过程中,由于活门开度的自动调节作用,使后坐阻力的变化趋于平缓。流液孔的这种自动调节作用是其他形式的反后坐装置难以实现的。复进时气

体膨胀,推动游动活塞挤压外筒内的液体,使后坐活门关闭,同时推开复进活门,流入内筒,推动制退杆活塞及后坐部分一起复进。

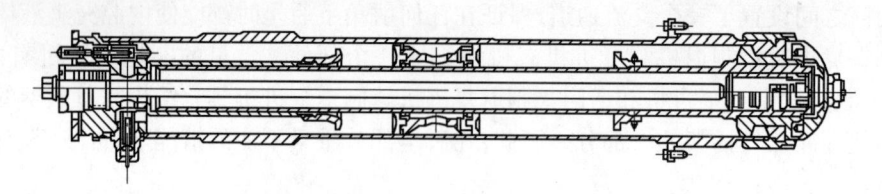

图 4.20 活门式制退复进机

活门式制退复进机的显著优点是结构简单。由于流液孔的大小取决于活门开度,而活门开度在后坐和复进过程中受活门两侧液体压力差和弹簧力作用有个"自适应"过程,因此使阻力曲线变化比较平稳。此外,调整活门弹簧的阻力很容易实现变后坐。但是,由于活门的惯性,在后坐开始时,活门往往滞后打开,此时使后坐阻力出现峰值。与短节制杆式制退复进机相同,由于复进节制作用仅靠节制流回制退筒的流体速度来实现,复进制动不十分可靠,因此需要设置专门的缓冲装置,以保证复进到位无冲击。

4.4.3 节制杆式制退机设计

1. 液压阻力方程

各类制退机都是简单制退机的拓展。制退机液压阻力计算的思路如下所述
(1) 基本假设:惯性系;不可压;一维定常;液孔不收缩;损失与动能成正比。
(2) 分清液路:对多股液路应分股计算,最后叠加。
(3) 两个定律:质量守恒(速度关系)和能量守恒(压力与速度关系)。
(4) 阻力计算:以运动体为对象,进行力的合成。

典型的节制杆式制退机结构原理如图 4.21 所示。这种型式的制退机目前广泛地应用在制式火炮中,它与其他型式的制退机比较,动作确定可靠,设计理论较为完善,并与实际符合较好。

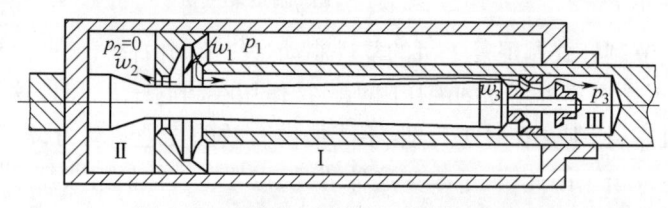

图 4.21 节制杆式制退机的结构原理图

该制退机的制退筒与摇架固联,制退杆与炮尾联接。后坐时制退杆随后坐部分一同后坐,带动制退活塞挤压制退机工作腔Ⅰ中的液体。工作腔Ⅰ中的液体受挤压后进入制退活塞的大斜孔,然后分为两股液流。一股经制退杆与节制环之间的环形流液孔 a_x 流入非工作腔Ⅱ,它是后坐时产生制退机液压阻力的主要液流,称为"主流";另一股由制退杆内壁与节制杆之间的环形管道,经调速筒的几个孔,推开活瓣进入内腔Ⅲ,称为"支流"。制退杆内腔在复进时成为复进节制器,为了在复进全程都能提供制动力,要求内腔在后坐过程中始终充满液体。在后坐过程中,由于制退杆不断抽出,非工作腔Ⅱ会产生真空,压力为 $p_2=0$。

104

设节制杆式制退机的主要结构尺寸:制退杆外径为 d_T;制退筒外径为 D_T,制退机活塞工作面积为 $A_0 = \pi(D_T^2 - d_T^2)/4$;制退杆内径为 d_1,复进节制器工作面积为 $A_{fj} = \pi d_1^2/4$;节制环内径为 d_p,节制环孔面积为 $A_p = \pi d_p^2/4$;支流最小截面积为 A_1;节制杆任意截面直径为 d_x,节制杆任意截面面积为 $A_x = \pi d_x^2/4$,对应于节制杆任意截面的流液孔面积为 $a_x = A_p - A_x = \pi(d_p^2 - d_x^2)/4$。

1) 液压阻力方程的建立

(1) 基本假设。制退机内液体的流动是非常复杂的。在很短的时间内,制退机内的液体被加速到极高的速度,雷诺数可达几十万,形成复杂的动边界高雷诺数湍流,流动是三维非定常的。为了对制退机建立比较简单的模型,以满足工程的需要,作如下假设。

① 以地面作为惯性参考系。
② 液体是不可压缩的。
③ 流动是一维定常的。
④ 制退杆内腔在后坐过程中始终充满液体。
⑤ 由于制退活塞上斜孔面积足够大,认为液体由工作腔流经斜孔后压力无损失。
⑥ 忽略液体流经流液孔的收缩现象。

(2) 液流速度的计算。以杆后坐为例,设液体密度为 ρ,后坐速度为 V,在时间 dt 内,活塞移动 dX 距离,则对于主流来讲,工作腔 I 中被排挤的液体的一部分经流液孔 a_x 流入非工作腔 II(液流相对速度为 w_2'),另一部分液体流入内腔(内腔始终充满),由连续方程知

$$\rho A_0 dX + \rho(A_{fj} - A_x)dX = \rho w_2' a_x dt + \rho A_{fj} dX$$

化简上式,得

$$w_2' = \frac{A_0 - A_x}{a_x} V \tag{4.56}$$

w_2' 为液流相对于活塞的速度,而绝对速度 w_2 为

$$w_2 = w_2' - V = \frac{A_0 - A_x}{a_x} V - V = \frac{A_0 - A_p}{a_x} V \tag{4.57}$$

应当注意,如果是制退筒后坐,则 w_2' 就是绝对速度。

对于支流来说,设流经支流最小截面积 A_1 的流速为 w_3,根据内腔始终充满液体,由连续方程有

$$\rho A_{fj} dX = \rho A_1 w_3 dt$$

即

$$w_3 = \frac{A_{fj}}{A_1} V \tag{4.58}$$

显然,w_3 就是绝对速度。

(3) 液体压力的计算。根据伯努利方程,并假设动能修正系数 $\alpha_1 = \alpha_2 = 1$,分别列出主流与支流的压力和流速的关系式。

对于主流

$$\frac{p_1}{\rho} + \frac{w_1^2}{2} = \frac{p_2}{\rho} + \frac{w_2^2}{2} + H_{r1}$$

已知 $w_1=0, p_2=0$。将已知条件及式(4.58)代入,并令

$$H_{r1} = \xi_1 \frac{w_2^2}{2}$$

则得

$$p_1 = \frac{(1+\xi_1)\rho}{2} \frac{(A_0 - A_p)^2}{a_x^2} V^2 \tag{4.59}$$

式中:ξ_1 为主流的能量损失系数。

对于支流

$$\frac{p_1}{\rho} + \frac{w_1^2}{2} = \frac{p_3}{\rho} + \frac{w_3^2}{2} + H_{r2}$$

已知 $w_1=0$。将已知条件及式(4.58)代入,记支流的能量损失系数为 ξ_2,并令

$$H_{r2} = \xi_2 \frac{w_3^2}{2}$$

则得

$$p_1 - p_3 = \frac{(1+\xi_2)\rho}{2} \left(\frac{A_{fj}}{A_1}\right)^2 V^2 \tag{4.60}$$

考虑液体的实际损失,同时修正理论公式与实际的差别,分别引入主流液压阻力系数 $K_1 = 1+\xi_1$;引入支流液压阻力系数 $K_2 = 1+\xi_2$。于是上两式分别写为

$$p_1 = \frac{K_1 \rho}{2} \frac{(A_0 - A_p)^2}{a_x^2} V^2 \tag{4.61}$$

$$p_1 - p_3 = \frac{K_2 \rho}{2} \left(\frac{A_{fj}}{A_1}\right)^2 V^2 \tag{4.62}$$

将式(4.61)代入式(4.62)中,可得到内腔压力

$$p_3 = \frac{K_1 \rho}{2} \frac{(A_0 - A_p)^2}{a_x^2} V^2 - \frac{K_2 \rho}{2} \left(\frac{A_{fj}}{A_1}\right)^2 V^2 \tag{4.63}$$

(4)液压阻力公式。杆后坐时,制退机的液压阻力就是作用于制退杆上的液体压力之合力。取制退杆为分析对象,作用其上的液体压力如图4.22所示。其中,p_3 作用的投影面积为 A_{fj}。p_1 除了作用于活塞工作面积 A_0 外,还作用于活塞腔内。将方向相反的压力投影抵消掉,p_1 的有效作用面积为 $A_0 + A_{fj} - A_p$。求出各压力之合力,得

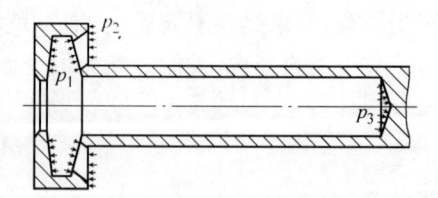

图4.22 制退杆的压力

$$F_{\Phi h} = p_1(A_0 + A_{fj} - A_p) - p_3 A_{fj}$$

或

$$F_{\Phi h} = p_1(A_0 - A_p) + (p_1 - p_3)A_{fj} \tag{4.64}$$

将式(4.61)和式(4.62)代入式(4.64)中,得

$$F_{\Phi h} = \frac{K_1 \rho}{2} \frac{(A_0 - A_p)^3}{a_x^2} V^2 + \frac{K_2 \rho}{2} \frac{A_{fj}^3}{A_1^2} V^2$$

或

$$F_{\Phi h} = \frac{K_1 \rho}{2} \left[\frac{(A_0 - A_p)^3}{a_x^2} + \frac{K_2}{K_1} \frac{A_{fj}^3}{A_1^2} \right] V^2 \qquad (4.65)$$

式(4.65)就是典型的节制杆式制退机的液压阻力方程。从此式可以看出，液压阻力是流液孔面积 a_x 及后坐速度 V 的函数，简略表示为

$$F_{\Phi h} = f(a_x) V^2$$

其中

$$f(a_x) = \frac{K_1 \rho}{2} \left[\frac{(A_0 - A_p)^3}{a_x^2} + \frac{K_2}{K_1} \frac{A_{fj}^3}{A_1^2} \right] \qquad (4.66)$$

$f(a_x)$ 称为结构函数。当制退机结构尺寸确定后，通过设计符合 $f(a_x)$ 规律的流液孔面积 a_x，便可得到所要求的 $F_{\Phi h}$ 变化规律。

2) 流液孔面积计算公式

由式(4.65)解出 a_x 得

$$a_x = \frac{(A_0 - A_p)^{\frac{3}{2}}}{\sqrt{\frac{2}{K_1 \rho} \frac{F_{\Phi h}}{V^2} - \frac{K_2}{K_1} \frac{A_{fj}^3}{A_1^2}}} \qquad (4.67)$$

此式即为计算流液孔面积的公式。当制退机结构确定后，即 A_0、A_p、A_{fj} 和 A_1 等确定后，合理选定液压阻力系数 K_1 和 K_2，将所要求的 $F_{\Phi h}$ 规律和计算得到的制退后坐诸元代入式(4.67)，即可解出流液孔面积 a_x 随行程 X 的变化规律，如图4.23所示。

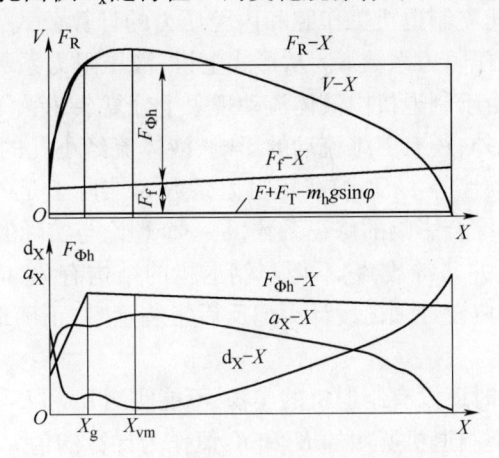

图4.23 F_R、$F_{\Phi h}$、a_x 和 d_x 的对应关系

由于

$$a_x = \frac{\pi}{4}(d_p^2 - d_x^2)$$

故节制杆外形尺寸 d_x 为

$$d_x = \sqrt{d_p^2 - \frac{4}{\pi} a_x} \qquad (4.68)$$

某炮的节制杆外形 d_x 随行程 X 的变化规律如图4.23所示。

3）内腔液体充满条件

前面所建立的节制杆式制退机液压阻力方程，是在内腔始终充满液体的假设基础上得到的。另外，内腔始终充满液体是节制杆式制退机复进时保证全程制动的需要。可见，使所设计的制退机在后坐全过程中，确实保证内腔充满液体是特别重要的。

所谓充满条件，就是内腔不产生真空的条件，即内腔的液体压力 $p_3 > 0$。由式(4.63)可得

$$\frac{K_1\rho}{2}\frac{(A_0-A_p)^2}{a_x^2}V^2 - \frac{K_2\rho}{2}\frac{A_{fj}^2}{A_1^2}V^2 > 0$$

整理后可得

$$A_1 > \sqrt{\frac{K_2}{K_1}}\frac{A_{fj}}{A_0-A_p}a_x \tag{4.69}$$

将式(4.67)代入式(4.69)，并化简

$$A_1 > \sqrt{\frac{K_2\rho}{2}A_{fj}^2(A_0+A_{fj}-A_p)}\frac{V}{\sqrt{F_{\Phi h}}} \tag{4.70}$$

式(4.69)和式(4.70)为内腔液体充满条件。该条件表明，当 A_0、A_p、A_{fj} 等结构尺寸确定后，必须有足够大的 A_1 才能保证内腔液体充满。在利用上述条件确定 A_1 时，要取 a_{xmax} 或 V_{max} 来计算，并且 A_1 尽可能取得大些。

4）液压阻力系数的讨论

在上述制退机的经典设计理论中，将制退机内液体的流动假设为一维不可压缩定常流动，运用伯努利方程建立制退机工作腔和内腔压力的计算公式。在公式中引入了一个十分重要的系数——液压阻力系数 K。从形式上讲，液压阻力系数 K 反映的是液流的能量损失。然而实际上，由于制退机内液体流动现象十分复杂，除了由于液体的黏性和湍流流动造成的能量损失之外，还有三维流动的影响、液体流经小孔的收缩现象、液体的可压缩性、以及流动的非定常性等。因此，液压阻力系数 K 实际上是一个包含了所有理论模型所未考虑的各种因素综合影响的修正系数，是一个理论与实际的符合系数。严格来讲，液压阻力系数 K 实际上并非常数，它不但与制退机的结构有关，而且在整个后坐过程中也是变化的。在利用经典设计理论设计火炮反后坐装置时，正确地选取或测定液压阻力系数 K 是十分重要的

在制退机正面设计时还没有制退机的实物，不能实测 K_1 和 K_2。这时通常将其作为常数，参考现有火炮同类型制退机所用的 K_1 和 K_2 值作为计算的值。为了减少盲目性，在选取 K 时应遵循以下原则。

（1）两制退机的制退液黏度必须一致。

（2）两制退机结构形式应尽量接近。

（3）两制退机液体压力计算公式应相同。

（4）两制退机的后坐速度尽量相近。

节制杆式制退机的液压阻力系数 K_1 和 K_2 值通常为：$K_1 = 1.2 \sim 1.6$，$K_2 = (2 \sim 4)K_1$。

2. 节制杆式制退机结构设计

确定节制杆式制退机主要结构尺寸，应在设计节制杆理论外径 $d_x \sim X$ 以前进行。在

确定制退机结构尺寸时,应从各零件的工作条件、强度、刚度、结构合理性及火炮总体设计的要求出发,全面地加以考虑。

1) 节制杆式制退机主要结构尺寸的确定

制退机的几个主要尺寸包括制退机工作长度 L、制退筒内径 D_T、制退杆外径 d_T、制退杆内腔直径 d_1、节制环直径 d_p 及节制杆外形尺寸等,如图 4.24 所示。

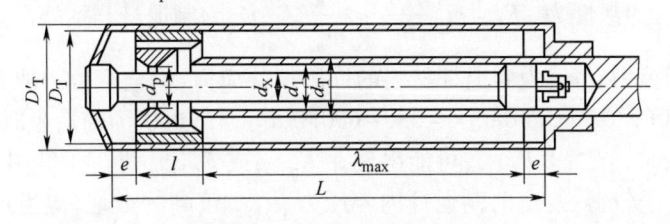

图 4.24 制退机主要结构尺寸

(1) 制退机工作长度 L。

$$L = \lambda_{\max} + l + 2e$$

式中:$\lambda_{\max}$ 为最大后坐长度;l 为制退活塞长度,一般 l 取为 $(0.5\sim0.7)D_T$,当 D_T 未知时,可取 $l=(0.5\sim0.7)d$,d 为火炮口径;e 为考虑装配误差及极限射击条件而保留的余量,一般 e 不小于 $20\sim30$mm。

(2) 活塞工作面积 A_0。A_0 是影响制退机径向尺寸的主要参数。确定 A_0 的主要依据是制退机工作腔最大压力 $p_{1\max}$ 和制退机液体温升。活塞工作面积 A_0 可近似表示为

$$A_0 = \frac{F_{\Phi h\max}}{p_{1\max}}$$

式中:$F_{\Phi h\max}$ 为后坐时最大的液压阻力,可由下式估算:

$$F_{\Phi h\max} = \max(F_R - F_f - (F + F_T - m_h g\sin\varphi))$$

选取 $p_{1\max}$ 时应考虑制退机密封装置工作的可靠性。现有火炮常用的石棉织物填料、皮质和橡胶填料、唇形填料等密封,一般在工作压力为 35MPa 下正常工作。而挤压型填料(如 O 形橡胶圈)的工作压力可达 100MPa。

制退机是以制退液为工作介质的。制退机在后坐和复进过程中所吸收的能量,最终都转化为液体热量,使液温升高。通常,地面炮每发射一次,制退液温度升高限制在 2℃以下;发射速度高的火炮则不宜超过 1℃。目前常用的制退液沸点约为 90℃~110℃,若超过沸点制退机就不能正常工作。可见制退机液体温升是影响火炮射击速度与持续射击能力的重要因素。制退机液量 W_y 对每发温升的影响很大,W_y 越多,热容量就越大,每发温升越小。

(3) 制退筒内径 D_T 及制退杆外径 d_T。A_0 确定后,根据公式 $A_0 = \pi(D_T^2 - d_T^2)/4$ 同时确定出 D_T 和 d_T。为此先引进一个经验系数 $y=D_T/d_T$,统计现有火炮,y 值约在 1.7~2.3 之间。当 A_0 一定时,取较大的 y 值可得到较小的 D_T 和 d_T,制退机结构紧凑,但内腔工作面积 A_{fj} 较小,可能引起节制杆刚度不足;若取较小的 y 值则相反。

选择若干个 y 值,计算出相应的 D_T 和 d_T,选择结构紧凑又不使节制杆产生压杆失稳的一组,并调整为标准直径及与标准密封元件一致的尺寸。确定 D_T 和 d_T 后,应重新计算实际工作面积 A_0。

(4) 制退杆内腔直径 d_1。制退杆内腔直径 d_1 根据制退杆拉伸强度确定。当制退机为杆后坐时,有

$$d_1 = \sqrt{d_T^2 - \frac{4}{\pi} \frac{(F_{\Phi h} + F_I)_{max} + F_{mz}}{[\sigma]}}$$

式中:F_I 为制退机的惯性力,$F_I = m_g \frac{d^2 X}{dt^2} \approx \frac{m_g}{m_h} F_{pt}$,$m_g$ 为制退杆与活塞的质量;F_{mz} 为制退杆密封装置的摩擦力;$[\sigma]$ 为制退杆材料的许用拉伸应力,安全系数可取 2.5~4.5。制退杆材料一般用 40Cr 或 35CrMoA,$\sigma_s = 550 \sim 600 \mathrm{MPa}$。当制退机为筒后坐时,上式中 $F_I = 0$。在进行强度校核时,$(F_{\Phi h} + F_I)_{max}$ 可能出现在 F_{ptmax} 或 $F_{\Phi hmax}$ 处,应取其中最大者。

对于制退杆壁较薄、复进时制退杆内腔压力 p_{3fmax} 较高的火炮,应当进行受内压的强度校核。按厚壁圆筒受内压的公式,有

$$\frac{2}{3} \frac{2d_T^2 + (d_1 + 2h_m)^2}{d_T^2 - (d_1 + 2h_m)^2} p_{3fmax} \leq [\sigma]$$

式中:$p_{3fmax} = F_{\Phi ffmax}/A_{fj}$ 为复进时内腔最大压力;$F_{\Phi ffmax}$ 为复进节制器最大液压阻力,在初步估算时可取:$F_{\Phi ffmax} \approx 0.9 F_{f\lambda}$,式中 $F_{f\lambda}$ 为后坐终了时的复进机力;h_m 为复进节制器沟槽最大深度;$[\sigma]$ 为许用拉伸应力,可取 $[\sigma] = \sigma_s/3$。

(5) 节制环直径 d_p。d_p 的选择主要决定于制退机内腔结构,特别是制退杆与节制杆调速筒的装配关系。

对于 $d_1 > d_p$ 的结构,支流最小截面积 A_1 可能出现在制退杆内腔与节制杆最大直径的环形间隙处。为了确保 A_1,d_1 与 d_p 之间的间隙应足够大,一般取:$d_p = d_1 - (4 \sim 6) \mathrm{mm}$。对于 $d_1 \leq d_p$ 的结构,一般取 $d_p = d_1$(名义尺寸)。

(6) 节制杆外形尺寸。节制杆直径 d_x 的设计按照前述方法,由式(4.67)和式(4.68)确定。

由于节制杆长度与直径之比很大,必须校核其纵向稳定性。计算压杆稳定性的欧拉公式为

$$F_{lj} = K \frac{EI_{min}}{l^2}$$

式中:F_{lj} 为杆件纵向弯曲的临界载荷;l 为杆件长度,节制杆长度可取 $l = \lambda_{jx}$,其中 λ_{jx} 为制退杆结构决定的极限后坐长度;E 为材料的弹性模量,钢的 $E = 2.06 \times 10^5 \mathrm{MPa}$;$I_{min} = \pi d_{xmin}^4 / 64$ 为节制杆最小截面的惯性矩;K 为与压杆两端约束情况有关的系数,通常将节制杆的约束视为一端固定,一端铰接,其 $K = 2\pi^2$。

节制杆承受最大载荷为复进节制器的最大液压阻力 $F_{\Phi ffmax}$。为了保证压杆稳定,校核时安全系数 n 不低于 5。一般取 $n = F_{lj}/F_{\Phi ffmax} = 5 \sim 10$。如果节制杆稳定性不足,应修改 d_T 及 d_1,并重新校核。

(7) 制退筒外径 D_T'。D_T' 由强度确定,根据厚壁圆筒受压 p_{1max} 的公式可得

$$D_T' \approx D_T \sqrt{\frac{[\sigma] + \frac{2}{3} p_{1max}}{[\sigma] - \frac{4}{3} p_{1max}}}$$

制退筒材料一般用40Cr或35Cr，$\sigma_s = 550 \sim 550$MPa，计算时可取为$[\sigma] = \sigma_s/3$。为了保证必要的刚度，制退筒最薄处壁厚应不小于5mm，计算结果也应调整为标准系列。

此外，制退机与摇架、后坐部分的联接件强度也应校核，安全系数一般取2以上。

根据上面确定的结构尺寸绘制结构图时，还可根据具体情况有所调整。调整结构尺寸时也应辅以相应的计算。

2）结构设计中应注意的问题

主要结构尺寸确定后，需要细致而具体地完善结构图，此时应注意如下几个问题。

(1) 关于液流通道。为了使理论计算与实际设计有较好的符合，液流通道表面应光滑，相关零件表面粗糙度Ra取$0.4 \sim 0.8 \mu m$，甚至更光滑。凡通道变化(如扩大、缩小或转弯等)的地方，轮廓应尽量接近流线型。对于主流通道，应使除流液孔外的所有通道截面均大于a_x；支流通道所有除A_1处之外的截面积应大大超过A_1。节制环应有一定宽度，一般取$5 \sim 10$mm，以保证a_x的准确性。但节制环也不宜过宽，否则会影响a_x的变化规律。为了减少经制退活塞间隙漏过的液体，一般将活塞套车出数条环形槽，以增大漏液的局部损失，阻滞液体漏过。

(2) 关于加工工艺。轴向装配误差的控制：a_x的起始位置是影响流液孔变化规律的一个因素，它是靠节制环和节制杆的装配位置确定的，是通过一系列相关零件的长度尺寸公差保证的。如果定位基准选择不当，尺寸链过长，势必增大轴向装配误差。一般这一误差不应超过$5 \sim 10$mm。为了减小轴向装配误差的影响，有些火炮的制退杆与炮尾或摇架的联接采用可调整的方式，使得制退杆轴向位置可以调整。在制退机装配时按流液孔正确的起始位置在制退杆上划好刻线，并用专用的检查板对准。这可大大减少装配尺寸链的环数，使a_x的准确位置容易保证，而轴向加工公差也要求不高。

特殊的工艺要求：由于制退筒内表面及制退杆的外表面与密封元件往复摩擦，要求有良好的防腐性和耐磨性，为此需作表面乳白镀铬处理。

装配试验：制退机工作时液体压力很高，因此制退筒及密封装置应按高压容器的要求进行密封试验和强度试验。对制退筒进行强度试验时，用比其最大工作压力大$20\% \sim 50\%$的压力，保持$8 \sim 15$min。制退机装配好以后，用略大于最大工作压力的压力，保持$8 \sim 15$min进行密封性试验。有时还要进行"平滑性试验"，既可以排除不应有的液体和气体，又可以通过检测紧塞具的摩擦力来判断装配的正确性。

(3) 关于勤务使用。制退机的设计应考虑使部队操作、检查与维修简单方便。例如，为了射前检查液量及换液方便，注液孔的位置应暴露和便于排气及放液；为便于分解、结合和调换密封元件，制退机应易于装拆。

3. 节制杆外形的调整和后坐反面问题计算

由正面问题计算得到的液流孔面积$a_x - X$和节制杆外形$d_x - X$曲线只是理论规律，不能直接用在制退机上，需要对其进行必要的调整，这时的调整称为初调整。在所设计的制退机加工装配好之后，还应进行射击试验，并根据试验结果对节制杆进行再调整。节制杆调整后均需进行反面问题计算，以检验节制杆调整的效果。

1）节制杆外形的初调整

正面设计的节制杆理论外形在实际应用时存在以下问题。

(1) 对火炮实际射击条件的适应性差。如前所述，$d_x - X$的理论外形是在正常射击条

111

件(常温、正装药、$\varphi=0°$)下设计出来的,当 $X\leq 0$ 及 $X\geq \lambda$ 时,由于 $V=0$,故 $a_x=0$。然而在实际射击时,射击条件不可能完全与设计的条件相同。如果以高温和 $\varphi=\varphi_{max}$ 的条件射击,则后坐长将比正常情况增加 10% 左右。如仍用理论外形的节制杆,必然出现后坐接近终了时 $V>0$,而 $a_x=0$,p_1 将急剧增高。这种现象称为"液力闭锁"。在这种情况下,制退机和炮架受力陡增,使稳定性破坏,甚至使零部件损坏。另外,由于零件轴向加工误差的存在,节制杆与节制环的相对位置在装配后可能出现一定的位置偏差。这就是说,对于理论外形的节制杆,即使射击条件不变,仍会出现 $V>0$,而 $a_x=0$ 的"液力闭锁"现象。因此必须对节制杆理论外形的起始段和终了段进行调整,使节制杆直径适当减小,工作段长度适当延长。这样才能适应各种射击条件和轴向装配误差。

(2) 理论外形加工工艺性差。理论设计的 d_x-X 曲线在弹丸出炮口点附近变化很大,不便于加工。通常在不影响制退机性能的情况下,将节制杆的理论外形调整为几段锥度。

节制杆理论外形的初调整通常按以下方法进行。

(1) 起始段的调整原则是将 a_x 增大,并向外延伸,以避免起始段的液力闭锁。节制杆起始段的调整应使外形尽量简单。一般从节制杆最细处按 d_{xmin} 向回延伸,将起始段调整为圆柱形或圆锥形,如图 4.25 所示。考虑轴向装配误差,一般取 $\Delta l=10mm$。确定节制杆根部直径 d_{xc},应避免节制杆根部与节制环卡滞,一般 $d_{xc}\leq d_p-2mm$。对于起始段为圆柱形者,应注意圆柱段与根部联结圆角应大些。对于起始段为圆锥形者,只要连接 d_{xmin} 点和 d_{xc} 即可,这种情况的节制杆根部强度要比圆柱形的好些。

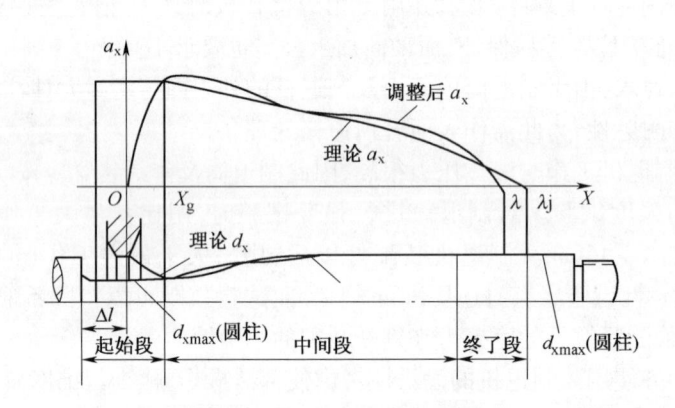

图 4.25 节制杆外形的初调整

(2) 终了段的调整原则是增大 a_x,并延伸到极限后坐长 λ_{jx}。在调整终了段时,应综合考虑各种射击条件的变化。确定极限后坐长 λ_{jx},并保证在 $X=\lambda_{jx}$ 时,$a_x>0$。一般 $\lambda_{jx}=(1.08\sim 1.20)\lambda$。具体方法是从正常后坐长 λ 的最后 5% 左右处作节制杆理论外形的切线,延长到 λ_{jx} 处,使 d_{xmax} 的名义尺寸与 d_p 相同,上下偏差均为负公差,或者在名义尺寸上使 $d_{xmax}<d_p$,以保证 $a_x>0$。

(3) 中间段的调整原则是使外形工艺性良好,并尽量接近理论外形。一般将此段调整为若干个锥度。为加工和测量方便,折点与定位基准的距离应取整数 mm,折点处节制杆直径的尾数应按 0.1mm 选取。

节制杆外形初调整是件细致的工作。仔细对节制杆外形初调整之后,需要进行反面问题计算,以检验节制杆外形初调整的效果。

2) 节制杆外形的再调整

在后坐正面问题设计中,许多参数的选取(包括液压阻力系数 K 在内)都有一定的经验性,从这个意义上讲,正面问题设计得到的节制杆理论外形只是一个有待改进的半成品。节制杆的初调整只考虑了克服液力闭锁和改善加工工艺问题,并没有考虑对正面问题计算的近似性修正。因此初调整后试验所得的后坐阻力变化规律和后坐运动规律

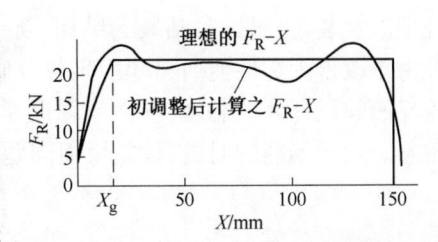

图 4.26 节制杆初调整后的试验曲线

与我们的计算情况存在较大的差别,如图 4.26 所示。这个差别随设计者经验的多少、设计参数选择的好坏而不同,初学者往往难以掌握。惯用的方法是反复地进行经验性的调整、试验,直到满足要求为止。

根据试验曲线对节制杆再调整的方法如下。

(1) 从火炮试验中测出后坐速度、位移、工作腔压力和内腔压力,根据以下公式处理出液压阻力系数 K_1-X 和 K_2-X 曲线为

$$\begin{cases} K_1 = \dfrac{2}{\rho} \dfrac{a_x^2}{(A_0 - A_p)^2} \dfrac{p_1}{V^2} \\ K_2 = \dfrac{2}{\rho} \dfrac{A_1^2}{A_{fj}^2} \dfrac{p_1 - p_3}{V^2} \end{cases}$$

(2) 根据实际制退机的密封结构,计算出摩擦力 F。根据实际后坐部分质量 m_h 计算出导轨摩擦力 F_T 和 $m_h g\sin\varphi$ 等。

(3) 由实测的 K_1-X、K_2-X、V-X 和 F_f-X 以及理想的 F_R-X 变化规律(后坐制动图),按正面问题重新计算节制杆直径 d_x-X,再经过初调整得到适当的外形。

由于计算点数较少,V-X 又取自试验值,故计算工作量较小。用这种调整方法可以使 F_R-X 曲线得到了明显的改善,使曲线趋于平缓。

3) 后坐反面问题计算的特点和时机

判断节制杆外形调整是否合理的最终标准是射击实践,即火炮试验得到的后坐长 λ、后坐速度和后坐阻力变化规律是否满足设计要求。但是为了减少实践的盲目性,应当对调整后的制退机后坐阻力和后坐运动诸元先进行计算。由于此时的已知和求解条件与正面问题相反,所以称为"后坐反面问题"计算。

在正面问题计算时,由于制退机结构还是未知的,故其中的许多参数,如密封装置摩擦力 F、后坐部分质量 m_h 等都是估算的。又由于尚未进行试验,故液压阻力系数 K 只能参考同类型结构制退机初步选取。

而在反面问题计算时,制退机结构已经设计出来了,故密封装置摩擦力 F、后坐部分质量 m_h 等都可以准确计算。各种密封装置的设计方法及其摩擦力 F 的计算方法参见有关设计手册和教科书。若已经进行过反后坐装置试验,则液压阻力系数 K 可以采用试验得到的值。

除了在节制杆初调整之后需要进行后坐反面问题计算之外,还有其他一些时机需要进行反面问题计算。其中包括检验各种极限工作条件下的火炮的受力和运动规律,为火炮的大型试验作准备,同时也为炮架的强度、刚度校核提供受力的依据。另外,对火炮系统中涉及装药质量(包括装药结构、新火药的采用等)、弹丸质量(包括采用新弹种等)、以及由于改善火炮性能而引起后坐部分质量、制退液的密度、射角等参量改变时,都要先进行反面问题计算。总之,反面问题计算作为对火炮受力和运动规律的预测手段被广泛应用着。对于不同的时机,计算反面问题的已知条件和所要计算的参数也不同。

第5章 自动机设计

5.1 概　　述

5.1.1 自动机及其组成

人类在工农业生产以及日常生活中，发明和创造了各式各样的机器（机械），用于代替人力完成各种各样的生产劳动，这就使得人类与机器组成了一个"人-机"系统。"人-机"系统完成生产任务的工作过程，实际上可以分解为一系列基本动作，并且这些基本动作是按一定的动作流程进行的。

在"人-机"系统完成生产任务的工作过程，有些动作需要"人"来完成，有些动作需要"机器"来完成。"人"尽可能少地参与是人类设计机器所追求的目标。当一部机器在工作过程中几乎没有"人"参与，显然这样的机器就实现了"自动化"。因此，在没有操作人员直接参与下，组成机器的各个机构（装置）能自动实现协调动作，在规定的时间内完成规定的动作循环，这样的机器就可称为自动机械。

自动机械的最大特点是自动化程度高、操作人员的劳动强度低、生产率高。但是，自动机械所完成的工序动作一般比较多，因此自动机械往往由多个工序执行机构组成，结构也就相对复杂。

武器作为一种特殊机械，自问世以来，经过长期的发展，逐渐形成了多种具有不同特点和不同用途的武器体系，成为战争中火力作战的重要手段。

根据武器自动化程度不同，可以分为自动武器、半自动武器和非自动武器三类。

自动武器是指能自动完成重新装填和发射下一发弹药的全部动作的武器。若重新装填和发射下一发炮弹的全部动作中，部分动作自动完成，部分动作人工完成，则此类武器称为半自动武器。若全部动作都由人工完成，则此类武器称为非自动武器。自动武器能进行连续自动射击（连发射击，简称连发），而半自动武器和非自动武器则只能进行单发射击。

自动武器包括自动枪和自动炮，按其用途又可分为步兵自动武器（一般指自动枪械）、地面自动武器（一般指高射炮、车载自动枪械和自动炮）、机载自动武器（一般指航空自动炮，简称航炮）和舰载自动武器炮（简称舰炮）。

自动武器的核心是自动机。自动机是自动武器的一个独立组成部分，是自动武器射击时利用火药燃气或外部能源，自动完成重新装填和发射下一发弹药的全部动作，实现自动连续射击的各机构的总称。虽然各类自动武器的自动机，由于使用条件不同而有所差异，但是在设计理论方面却是基本一致的。

从击发已装填入膛的弹药开始至次一发弹药装填入膛等待击发为止，把这一过程称作射击循环。除了首发需要有人参与之外，其余所有动作均是自动完成的，称作自动循环。一般情况下,在每一自动循环中,自动机应能自动完成击发、击发机构复位、开锁、开闩(栓)、抽筒(壳)、抛筒(壳)、供弹、输弹、关闩(栓)和闭锁等动作。当然,上述各项自动动作并非完全为所有自动机所必备。对某些自动机,有些动作可能合并在一起,有些动作可能根本就不存在。

自动循环的各自动动作,由相应机构完成。但是,并非对应每一个自动动作都有专门机构。一个机构甚至一个构件可能完成几个自动动作。通常,自动机是闭锁机构、开闩机构、抽筒机构、供弹机构、输弹机构、关闩机构和击发机构等许多机构的有机组合。根据不同的作用和结构要求,有些自动机中还设有一些具有特殊性能的机构,如发射机构、保险机构、首发装填机构、自动停射器、射速控制装置、单-连发转换器等。自动机的这些机构,依靠炮箱组成一个整体,安装在架体上。

在自动机工作循环过程中,各机构并不是同时参与工作的,各机构参与工作的时间仅占整个工作循环时间的一部分,即自动机各机构的工作是间歇性和周期性的。各机构在参与工作和退出工作时,往往伴随着撞击,各机构的运动具有显著的不均匀性。自动机的循环时间很短,各机构及构件的运动速度极高,具有较强的动态特性。因此,自动机设计中工作可靠性(包括运动协调性和寿命等)是一项非常重要的工作。

5.1.2 自动机类型及其工作原理

自动机所要完成的自动动作,可以通过不同的方法和结构来实现,这就使得自动机具有多种多样的结构形式。由于功能、方法及应用条件不同,对某种功用的自动炮最有效的自动机,对另一种自动炮或另一种场合也许就不适用或效果不佳。

现代自动机,从利用能源上分主要有内能源自动机(利用发射弹丸的火药燃气作为自动机工作动力的自动机)、外能源自动机(利用发射弹丸的火药燃气之外的能源,如电能等,作为自动机工作动力的自动机)及混合能源自动机(部分利用内能源,而另一部分利用外能源作为自动机工作动力的自动机)。

从工作原理上,自动机又可分为后坐式自动机、导气式自动机、转膛自动机、转管自动机、链式自动机、双管联动自动机等。

后坐式自动机,是指利用射击时武器的后坐部件的后坐能量带动自动机工作而完成射击循环的自动机。根据后坐部件的不同又分为炮闩(枪机)后坐式和炮(枪)身后坐式。

相应于"炮闩"在枪械中的机构件为"枪机",相应于"炮身"在枪械中的机构件为"枪身",相应于"炮箱"在枪械中的机构件为"机匣"。为方便起见,下面不加区别地应用"炮闩"、"炮身"、"炮箱"等名称时,可以分别对应枪械中的"枪机"、"枪身"、"机匣"。

炮闩后坐式,是利用炮闩后坐动能带动自动机构完成射击循环的自动机。这种自动机的身管与炮箱(枪械中相应构件称为机匣)一般为刚性联接,炮闩在炮箱中后坐和复进,并为带动各机构工作的基础构件。根据炮闩运动形式的不同,炮闩后坐式自动机又分为炮闩自由后坐式自动机、炮闩半自由后坐式自动机、炮闩前冲式自动机。

炮闩自由后坐式自动机,是指主要利用能自由运动的炮闩的后坐动能进行工作的自动机。这种自动机的炮闩不与身管相联锁,它主要依靠本身的惯性起封闭炮膛的作用。击发后,当火药气体推药筒向后的力上升到大于药筒与药室间的摩擦力和附加在炮闩上的阻力后,炮闩就开始自由后坐。炮闩在后坐过程中将药筒抽出并抛出炮箱,同时压缩复进簧储存复进能量。后坐结束后,炮闩在复进簧作用下复进。在复进过程中,使击发机构处于待发位置,并从供弹机构中取出炮弹,输弹入膛。输弹入膛后,击发底火,开始新的循环。这种自动机抽筒时膛内压力较大,容易发生拉断药筒的故障。为了减小炮闩在后坐起始段的运动速度,就得加大炮闩的质量。可见,具有笨重的炮闩是炮闩自由后坐式自动机的特点。这种自动机后坐力小,结构简单,但是抽筒条件差、故障多,炮闩重。这种原理过去曾应用于小威力的自动机武器。

炮闩半自由后坐式自动机,是指主要利用受限而延缓自由后坐的炮闩的后坐动能进行工作的自动机。击发后,在膛底火药燃气压力作用下,炮身不动(或只作很小的运动),炮闩开始不动或受限缓慢运动,等膛压降到安全压力时,炮闩才可以自由后坐。炮闩在后坐过程中将药筒抽出并抛出炮箱,同时压缩复进簧储存复进能量。后坐结束后,炮闩在复进簧作用下复进。在复进过程中,使击发机构处于待发位置,并从供弹机构中取出炮弹,输弹入膛。输弹入膛后,击发底火,开始新的循环。这种自动机的优点是后坐力小,结构简单;但是循环时间长,射速低。

炮闩前冲式自动机,是指利用炮闩前冲运动击发的自动机。在击发前,炮闩被卡锁扣在后方,复进簧被压缩。解脱卡锁后,炮闩在复进簧的作用下向前复进。在复进过程中,使击发机构处于待发位置,并从供弹机构中取出炮弹,输弹入膛。在炮闩即将到达其最前位置时,击发机构击发底火。膛内火药燃气在推动弹丸向前运动的同时,膛底火药燃气压力作用于炮闩,使炮闩复进运动减小,直至停止,然后再后坐。炮闩在后坐过程中将药筒抽出并抛出炮箱,同时压缩复进簧储存复进能量。后坐结束后,炮闩在复进簧作用下复进,开始新的循环。这种自动机的优点是后坐力小,结构比较简单,但是射速易受使用状态影响,可靠性不易保证。

炮身后坐式自动机又称管退式自动机,它是利用炮身后坐能量带动自动机完成射击循环的自动机。按炮身后坐行程的不同,炮身后坐式自动机又分为炮身长后坐自动机和炮身短后坐自动机。

炮身长后坐自动机,是指炮身与炮闩在闭锁状态一同后坐,其后坐行程略大于一个炮弹全长的自动机。在后坐结束后,炮闩被发射卡锁卡在后方位置,炮身在炮身复进机作用下复进,并完成开锁、开闩、抽筒动作。炮身复进终了前,解开发射卡锁,炮闩在炮闩复进机作用下推弹入膛,完成闭锁和击发。这种自动机的优点是后坐力小,结构简单;但是循环时间长,射速低。

炮身短后坐自动机,是指炮身与炮闩在闭锁状态下一同后坐一个较短行程后,利用专门加速机构使炮闩相对炮身加速运动,完成开锁、开闩和抽筒动作的自动机。炮身后坐到位后(行程小于一个炮弹全长),炮身在炮身复进机作用下复进;炮闩完成开锁、开闩、抽筒后被发射卡锁卡住。待供弹后,在炮闩复进机作用下,完成输弹、关闩、闭锁、击发动作。这种自动机的优点是可以控制开闩的时机,后坐力较小,射速较高,但是结构较复杂,在中、小口自动炮中得到较广泛的应用。

导气式自动机,是指利用从身管导入气室的部分火药燃气能量带动自动机工作而完成射击循环的自动机,又称气退式自动机。击发后,当弹丸越过身管壁上的导气孔后,高压的火药燃气就通过导气孔进入导气装置的气室,推动气室中的活塞运动,通过活塞杆使自动机活动部分向后运动,进行开锁、开闩、抽筒等,并压缩复进机储存复进能量。后坐终了后,在复进机作用下,活塞杆及自动机的活动部分复进,并完成输弹、关闩、闭锁、击发等。导气式自动机结构比较简单,活动部分质量较小,射速较高,并且可以通过调节导气孔的位置或(和)大小来大幅度调节射速;但是活动部分质量较小,速度和加速度较大,易产生剧烈撞击,并且导气孔处易燃蚀。根据炮身与炮箱的运动关系不同,导气式自动机又分为炮身不动的导气式自动机和炮身运动的导气式自动机。炮身不动的导气式自动机,指的是自动机的炮身与炮箱为刚性联接,不能产生相对运动,但是为了减小后坐力,通常在炮箱与炮架之间设有缓冲装置,使整个自动机产生缓冲运动。炮身运动的导气式自动机,指的是炮身可沿炮箱后坐与复进,而炮箱与炮架之间为刚性联接。

转膛自动机,是指以多个弹膛(药室)回转完成自动工作循环的自动机。在射击循环过程中,弹膛旋转,每一个弹膛处在一个工作位置,在一个循环周期内,弹膛旋转一个位置。弹膛的转动和供弹机构的工作可以利用炮身后坐能量(后坐式转膛自动机),也可利用火药燃气的能量(导气式转膛自动机)。转膛自动机的循环动作部分重合,射速高,但横向尺寸较大,弹膛与身管联接处容易漏气与烧蚀。

转管自动机,是指以多个身管回转完成自动工作循环的自动机。多根身管固连在一个回转的炮尾上,每根身管对应本身的炮闩,在射击循环过程中,每根身管处在一个工作位置,在一个循环周期内,身管旋转一个位置。转管自动机多用电机或液压马达等外能源驱动,也有用内能源驱动的。转管自动机射速高且可以调节,故障率低,使用寿命较长,但是迟发火时有一定危险,需要一定的起动时间。转管自动机现在广泛应用于高射速小口径自动炮。

链式自动机,是指利用外能源通过闭合链条带动闭锁机构工作,完成自动工作循环的自动机。链式自动机的核心是一根双排滚柱闭合链条与4个链轮组成的矩形传动转道,链条上固定一个T形炮闩滑块,与炮闩支架下部滑槽相配合。当链条转动带动炮闩滑块前后移动时,炮闩支架也同时被带动在纵向滑轨上做往复运动。炮闩支架到达前方时,迫使闩体沿炮闩支架上的曲线槽做旋转运动而闭锁炮膛。炮闩支架向前运动时,完成输弹、关闩、闭锁、击发动作;炮闩支架向后运动时,完成开锁、开闩、抽筒动作。炮闩驱动滑块横向左右移动时,将在炮闩支架T形槽内滑动,炮闩支架保持不动;炮闩支架在前面时的停留过程为击发短暂停留时间,炮闩支架在后面停留过程为供弹停留时间。链式自动机简化了自动机本身的结构尺寸紧凑,质量小;运动平稳,无撞击,射击密集度好;易于实现射频控制,可靠性好,寿命长。但是要解决好迟发火引起的安全问题,要有供弹系统的动力机构和控制协调机构,射速不是很高。

双管联动自动机,是指两个身管互相利用膛内火药燃气的能量完成射击循环,实现轮番射击的自动机,又称盖斯特式自动机。两个活塞与各自滑板相连并安装在同一炮箱内,两个滑板又由联动臂及连杆连接在一起,协调运动。当一个身管射击时,从膛内导出两路火药燃气,一路作用在本身自动机的活塞前腔,推动滑板向后运动,另一路同时作用于另一自动机的活塞后腔,推动滑板向前运动,这样,在连发射击时,就可以保证两个滑板交替做前后运动,完成各自的开锁、开闩、抽筒、输弹、关闩、闭锁、击发等循环动作。双管联动自动机的滑板复进也是利用火药燃气能量,射速大大提高,结构很紧凑,但是结构较复杂,对缓冲装置要求较高。

自动机的发展,主要围绕提高初速、提高射速、提高机动性(包括减轻重量、减小后坐力等)、提高可靠性进行。主要发展方向有同一口径的自动机具有多用途(可海、陆、空通用)，自动机以及弹药通用化和系列化；自动机工作原理的多样化，现有工作原理的综合运用以及新原理、新结构的发明；新概念自动机的技术突破等。

5.1.3 自动机设计

实际上，自动机相当于一种在某些特殊力作用下做特殊运动的自动化机器，它具有一定的运动规律，并可以用某些方法近似地反映出来。自动机运动的主要特点：高速动作、断续运动、具有明显动态特性、工作条件恶劣、工作可靠性高。自动机设计，就是利用理论力学、机械原理、机械设计等一般原理和方法，结合自动机的受力和运动特点，寻求与掌握自动机的基本运动规律，设计新型自动机。

自动机设计的任务主要有两方面，一方面是分析现有各种自动机的结构特点、受力和运动规律，并在此基础上进行改进；另一方面是根据战争需要设计新型自动机。如同机械原理中的机构分析与机构综合。自动机分析就是根据现有具体结构的自动机，分析其结构和工作特点，确定的受力规律和运动规律。自动机综合(狭义上也称为设计)就是根据总体要求合理选择自动机及其各部件的结构形式，确定各部分的尺寸，使其满足设计要求。自动机分析与设计又分几何学分析与综合(设计)、运动学分析与综合(设计)、动力学分析与综合(设计)。几何学分析是研究给定自动机各构件在运动中的相互位置和确定构件上给定点的运动轨迹。几何学综合是确定自动机各构件的结构形状和尺寸，以满足对给定的运动动作或给定点的运动轨迹的要求。运动学分析是确定给定自动机及其构件上各点间的传速比，或根据其上某点的速度、加速度，确定其他点的速度和加速度。运动学综合是确定能满足给定运动条件的机构或构件的结构和尺寸。动力学分析是已知作用于自动机及其构件上的力，确定该机构及构件上任一点运动的速度和加速度；或者已知自动机及其构件上给定点的运动速度和加速度变化规律，求解作用于该自动机及其构件上的力。动力学综合是确定能满足全部运动条件(给定点的轨迹、速度和加速度)和动力条件(作用于给定构件及给定点上的力和构件的质量等)的自动机及其构件的结构和尺寸。自动机设计的这两方面任务是相辅相成的，又是互相结合的。在分析现有自动机时，必须分析其设计者的指导思想；在设计新型自动机时，又必须以研究现有自动机为基础。

由于自动机各机构及构件有不同的作用，对其要求也不尽相同，因而对不同机构或构件研究的深度和广度也有所不同。本章重点介绍自动机动力学分析的基本理论和方法、主要机构综合(设计)基本方法，以及两种典型的自动机的设计思想。

5.2 自动机主要机构设计

自动机是一种特殊的机构，自动机设计与一般机构设计既有相同的地方又有其特殊的方面。自动机设计的主要任务是解决创造新机构时所面临的问题，它主要包括几何学设计、运动学设计和动力学设计几个方面。

几何学设计是确定能满足给定几何条件(如某些特殊位置、构件上某些特殊点的轨迹、不干涉条件等)的机构；由于自动机可靠性和重要性的要求，各机构及其构件的运动轨迹一般是严格限制的，因此在自动机设计中，首先考虑的是满足几何约束条件。运动学设计是确定能满足给定运动条件(除满足几何条件之外,还应满足对速度或速比、加速度等要求)的机构。动力学设计是确定能满足给定力动力条件(除满足几何条件和运动条件之外,还应满足对受力、惯性、强度、刚度等方面的要求)的机构。最终完成的是动力学设计。但是在实际设计过程中,除特殊要求外,往往是先进行几何学或运动学设计,再进行动力校核。

自动机进行一个射击循环需要完成一系列自动动作,为了完成这些自动动作,自动机应包含相应的机构,如炮身、反后坐装置、闭锁机构、开闩机构、装填机构、发射机构、缓冲器、保险装置等,这些机构的设计,有些在其他章节已经解决,有些比较简单可以归并到其他机构设计中去,自动机主要机构设计主要包括闭锁机构设计、开闩机构(或加速机构)设计、装填机构设计等。

5.2.1 闭锁机构设计

1. 闭锁机构及其要求

发射时,使炮闩与炮尾、身管成为暂时刚性连接的过程称为闭锁。承受膛底火药燃气压力并把它传给炮尾、身管或炮箱,完成闭锁炮膛或开锁动作的机构称为闭锁机构。闭锁机构是炮闩的主要组成部分,其主要作用是闭锁炮膛、承受火药燃气作用于膛底的力。

为了可靠地完成其功能,保证安全射击,闭锁机构一般必须满足以下要求。

(1)各零件必须有足够的强度和韧性,以承受发射时火药燃气压力的作用,以及开锁、闭锁和运动到极限位置时产生的撞击。

(2)各零件必须有足够的刚度,以保证射击时产生的弹性变形较小。

(3)动作必须确定可靠,保证闭锁确定后才能击发、保证击发后不能因火药燃气压力作用而自行开锁、保证不会因闩体或闩座反跳而提前开锁、以及保证当闭锁机构零件损坏时不能击发等。

(4)结构尺寸及重量应尽可能少,以便提高射速。

(5)结构形状应尽量简单,以便于加工。

2. 闭锁机构类型

开关闩时,炮闩的运动方向及闭锁方式,对闭锁机构的结构影响很大。

按闭锁方式的不同,通常有如下几种类型的闭锁机构。

1)炮闩纵动式闭锁机构

对于纵动式炮闩,炮闩的运动方向与炮膛轴线方向一致,为了闭锁确实可靠,通常要采用专门的闭锁机构,称这类专门的闭锁机构为炮闩纵动式闭锁机构,如图5.1所示。

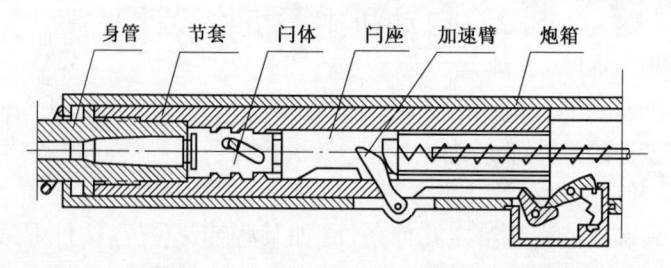

图 5.1 炮闩纵动式闭锁机构

根据闭锁过程的不同,炮闩纵动式闭锁机构又分为回转闭锁机构、卡铁闭锁机构、倾斜闭锁机构、惯性闭锁机构、杠杆式闭锁等。

(1) 回转闭锁机构(图 5.2):炮闩关闩到位后,依靠闩体或闩座上的螺旋槽或凸轮槽使闩体旋转完成闭锁。这种机构作用确定可靠,受力情况较好,零件强度好,但机械加工较困难。

(2) 卡铁闭锁机构(图 5.3):炮闩关闩到位后,闩体上的卡铁或楔铁在弹簧、斜面、曲面、杠杆或凸轮等的作用下,进行倾斜、横向移动、摆动、张开、啮合或旋转等动作,完成闭锁。这种闭锁机构的结构形式很多,结构简单,闭锁可靠、机械加工容易,但是支撑接触面压力大,易磨损,影响零件寿命和射击精度。

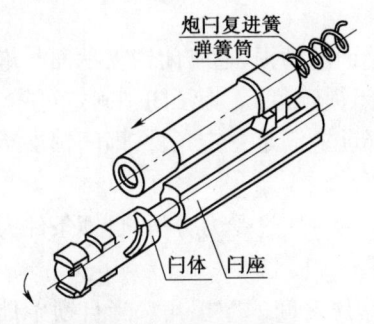

图 5.2 回转闭锁机构

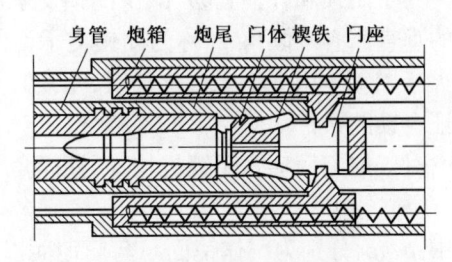

图 5.3 卡铁闭锁机构

此外,还有倾斜闭锁机构、节套闭锁机构、凸轮闭锁机构、杠杆闭锁机构、惯性闭锁机构、无弹壳闭锁机构等,但都应用较少。

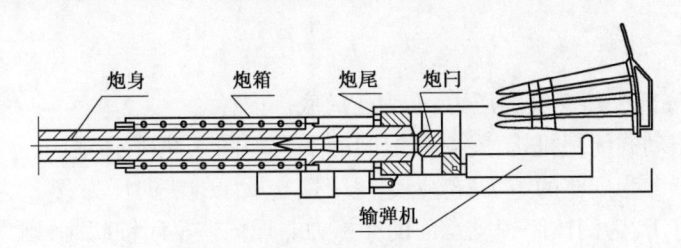

2) 炮闩横动式闭锁机构

炮闩横动式闭锁机构如图 5.4 所示。对于横动式炮闩,炮闩的运动方向与炮膛轴线方向(近似)相垂直,一般采用楔式闩体。楔式闩体是闭锁机构的主要构件,称这种闭锁机构为炮闩横动式闭锁机构。在关闩到位后,利用曲柄、凸轮、杠杆、齿条等机构施加在炮闩上横向的力进行闭锁和开锁。这种机构的强度好,受力均匀,应用较广,但是这种炮闩不能完成输弹动作,必须另设专门的输弹机构,使得结构较复杂。

图 5.4 炮闩横动式闭锁机构

对于转膛式自动机,由于药室是旋转运动的,且发射在固定位置进行,只要装填了炮弹的药室(弹膛)转到击发位置,炮弹便会抵住闭锁板(炮箱的一部分)而自然关闭炮膛,当转过该位置时便自然开膛,因此,不需要专门的闭锁机构。

3. 闭锁机构设计

闭锁机构设计主要包括结构设计和闭锁确实性设计。首先要全面分析对整个火炮的战术技术要求及总体结构对部件结构的要求,很好地熟悉现有火炮同类机构的结构及其特点,依照"古为今用,洋为中用"的思想,吸取其精华,创造性地设计出先进的结构。其次,在选择闭锁方式时,既要从系统总体角度全面考虑,又要善于分析,抓住主要矛盾。闭锁方式的选择与自动机的工作方式有关,还与药筒在炮膛内的定位方式以及其他有关机构有紧密联系,如以药筒底缘定位时,闭锁时药筒不产生压缩量,采用炮闩横动式闭锁机构就较协调;当以药筒肩部定位时,闭锁时药筒要产生压缩量,有利于密闭膛内火药燃气,采用炮闩纵动式闭锁机构较为协调。为了保证各机构动作协调,设计时应从系统出发,不能孤立进行。在机构设计时,对机构的要求很多,特别是涉及总体方面的重要要求往往互相矛盾,要同时满足有很大困难,因此必须分析这些矛盾,抓住其中的主要矛盾及矛盾的主要方面,找出解决的措施。

1) 闭锁倾角

为了闭锁和开锁容易,减少闭锁支承面与闩体镜面的磨损,通常闭锁支承面与炮膛轴线的垂直面有一倾角 γ(称为闭锁支承面倾角,简称闭锁倾角)。为了闭锁确定可靠,保证在火药燃气作用下不能自行开锁,闭锁倾角 γ 的选择就应满足一定条件,即闭锁支承面要保证自锁的条件。

对于炮闩横动式闭锁机构,闭锁倾角如图 5.5 所示。通过受力分析,自锁条件为

$$\gamma < \rho_1 + \rho_2$$

式中:ρ_1、ρ_2 分别为闩体镜面与药筒地面以及闩体与炮尾之间的摩擦角。当自锁条件不满足时,应该设计专门机构来保证闭锁可靠。

对于炮闩纵动式闭锁机构,一般为旋转闭锁,闭锁倾角 γ(即为闭锁齿螺旋角)也应满足的自锁条件为

$$\gamma < \rho$$

式中:ρ 为闭锁齿与炮尾之间的摩擦角。

2) 闭锁支承面

设计闭锁支承面时,首先要计算作用在闭锁机构的主要构件闩体上的力。为了简明起见,通常忽略药筒的影响,这样,发射时垂直作用在闩体镜面上的力 F_t 可以按下式计算:

$$F_t = p_t \frac{\pi}{4} d_2^2$$

式中:p_t 为药室底部火药燃气的压力;d_2 为药筒底部内径。

对于炮闩横动式闭锁机构,发射时炮闩的受力如图 5.6 所示,图中:F_I 为闩体加速运动时的惯性力;mg 为闩体的重力;F_N 为炮尾闭锁支承面的法向反力;$f_1 F_t$ 为闩体镜面与药筒底的摩擦力;$f_2 F_N$ 为闩体闭锁支承面的摩擦力。设闩体呈闭锁状态,则力系平衡,在炮

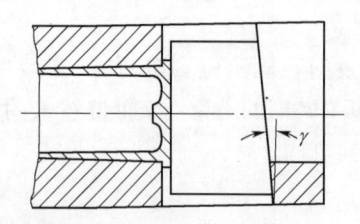

图 5.5 炮闩横动式闭锁倾角

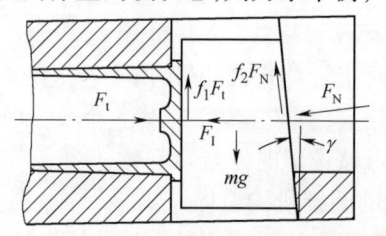

图 5.6 发射时炮闩的受力

膛轴线方向有

即
$$F_t - F_I - F_N\cos\gamma - f_2 F_N\sin\gamma = 0$$

$$F_N = \frac{F_t - F_I}{\cos\gamma + f_2\sin\gamma}$$

闭锁支承面设计的主要内容是确定闭锁支承面面积。当选定闭锁支承面许用挤压应力$[\sigma]_{jy}$之后，可用下式计算闭锁支承面面积A：

$$A = \frac{F_{Nmax}}{[\sigma]_{jy}}$$

式中：F_{Nmax}为发射时作用于闭锁支承面上压力的最大值。

$[\sigma]_{jy}$的选定，取决于闭锁零件的材料及热处理情况。在自动机设计中，考虑到工作环境的恶劣性，为了提高可靠性，$[\sigma]_{jy}$比一般机械的取值要小，通常对于优质合金钢，经过良好的热处理，取$[\sigma]_{jy} \leqslant (0.7 \sim 0.8)\sigma_s$。有的自动机的闭锁支承面由几排齿接触面组合而成，考虑到组合效应变形的作用不均匀值，$[\sigma]_{jy}$取得更小些。

初步确定了闭锁支承面面积A之后，就可以进行闭锁支承面结构设计。

对于炮闩横动式闭锁机构，闭锁支承面结构设计比较简单，除去输弹槽面积之外，就可以确定炮闩和炮尾的闭锁支承面的宽和高的具体尺寸。

对于炮闩纵动式旋转闭锁机构，主要是确定闭锁凸齿的尺寸和数量。闩体最小外径D应略大于药筒底缘外径。闭锁凸齿的外径、宽度，以及沿周向和轴向的个数与排列，应根据闭锁凸齿的挤压强度来确定。在确定闭锁凸齿的分布时，要尽可能减少沿轴向的排数，如果闭锁凸齿沿轴向的排数较多，射击时，由于受闩体等弹性变形的影响，各排闭锁凸齿的受力将不均匀，闭锁凸齿沿轴向的排数越多，闭锁凸齿受力不均匀现象就越严重。为了使最大载荷作用时闭锁凸齿受力比较均匀，可以采用各排闭锁凸齿的齿距不相等的措施。在确定了闭锁凸齿的宽度b之后，闩体开闭锁转角θ就可以按下式确定：

$$\theta = 2\arcsin\frac{b}{D}$$

在确定闩体开闭锁转角θ时应考虑到，减小转角θ可以得到倾角较小的开闭锁曲线槽，这就减小了开锁和闭锁时锁膛销与曲线槽间的作用力，改善锁膛销及曲线槽的受力状态。

旋转闭锁式炮闩开闭锁曲线槽的形状和尺寸，取决于开闭锁转角θ、闩体相对闩座的轴向位移、锁膛销滑轮直径等。开闭锁曲线槽倾角通常为$25° \sim 35°$，倾角过大，则开锁和闭锁时锁膛销与曲线槽间的受力情况恶化。

闭锁凸齿的外径、宽度、个数，以及开闭锁曲线槽的形状和尺寸可以应用优化设计方法来进行设计。

5.2.2 开闩机构设计

开闩机构是使炮闩与身管产生相对运动的机构。对纵动式炮闩而言，产生相对运动，意味着对炮闩加速，又称加速机构。对横动式炮闩，输弹器具有与加速机构相同的作用原理。

开闩机构的作用是使闩体从身管尾端移开一定距离，以便进行抽筒和输弹。对纵动式炮闩,闩体从身管尾端移开的距离略大于一个弹长;对横动式炮闩,闩体从身管尾端移开的距离略大于一个弹底直径。通常闩体移动的距离可分为强制运动段和惯性运动段。开始开闩时,自动机通过开闩机构强制使闩体相对身管运动,直到闩体达到最大速度。此后,开闩及随其运动的构件依靠惯性克服阻力运动,直到移动到其极限位置。

1. 开闩机构的类型

1) 纵动式炮闩的加速机构

按动作特性,纵动式炮闩的加速机构可以分为撞击作用式、平稳作用式和混合作用式。撞击作用式加速机构,通过撞击使炮闩突然加速,炮闩的速比产生突变,炮闩和基础构件的速度都产生突变,如图 5.7(a)所示。平稳作用式加速机构,平稳使炮闩加速,炮闩的速比逐渐增大,不产生突变,炮闩和基础构件的速度也都逐渐变化,不产生突变,如图 5.7(b)所示。混合作用式加速机构,介于撞击作用式加速机构与平稳作用式加速机构之间,速度突变很小,主要是由于机构设计时,开始加速时的速比变化引起的,如图 5.7(c)所示。图中:K 为基础构件传动到炮闩的速比,v_A、v_B 分别为基础构件和炮闩的速度;t_1、t_2 分别为加速机构开始工作和结束工作的时间。

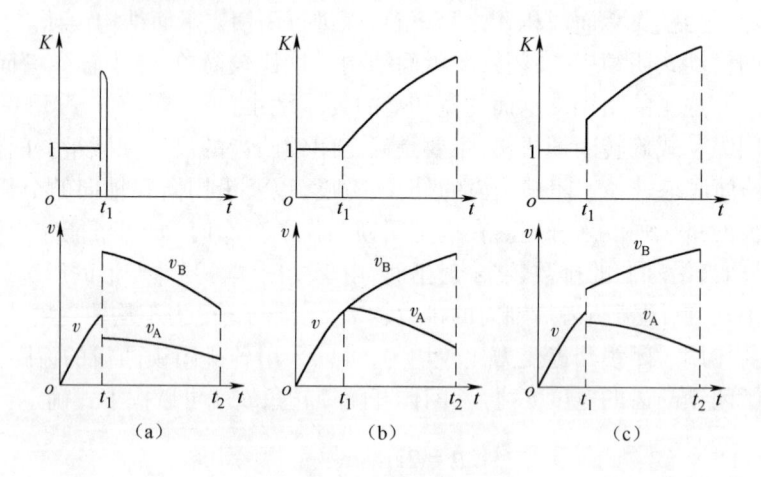

图 5.7 加速机构速比变化

按中间构件不同,纵动式炮闩的加速机构可以分为杠杆式、凸轮式、杠杆-卡板式、齿轮式、液压式、弹簧式、混合式等。杠杆式加速机构,利用撞击作用加速炮闩,其结构简单,但受力很大,工作可靠性较差,如图 5.8 所示。凸轮式加速机构,平稳使炮闩加速,其特点是工作平稳可靠,但强制开闩行程较短,凸轮形状比较复杂,加工较困难,如图 5.9 所示。杠杆-卡板式加速机构,利用杠杆和卡板(凸轮)的联合作用加速炮闩,其特点是工作较平

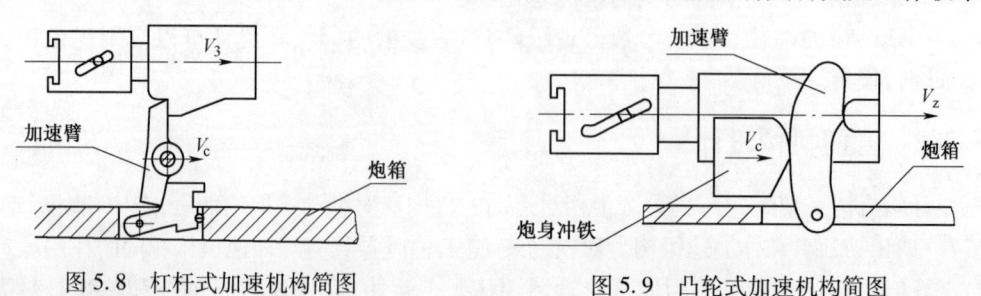

图 5.8 杠杆式加速机构简图　　图 5.9 凸轮式加速机构简图

稳可靠，强制开闩行程较长，但卡板形状比较复杂，如图5.10所示。齿轮式加速机构，利用齿轮做中间构件，在炮身复进（或后坐）过程中使炮闩加速，其结构比较复杂，速比为一常数，在开始工作时有撞击，如图5.11所示。液压式加速机构，利用液压放大作用加速炮闩，其特点是工作较平稳，结构紧凑，但速比不变，液压元件加工要求高，如图5.12所示。弹簧式加速机构，利用弹簧做中间构件，在炮身与炮闩一起后坐过程中压缩加速弹簧，当后坐一定距离后，加速弹簧被解脱而伸张，推动炮闩加速后坐，其工作平稳，但结构比较复杂，工作可靠性差，如图5.13所示。混合式加速机构，是以上各种加速机构的相互组合，取长补短。

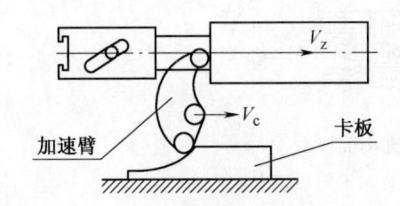

图5.10 杠杆-卡板式加速机构简图

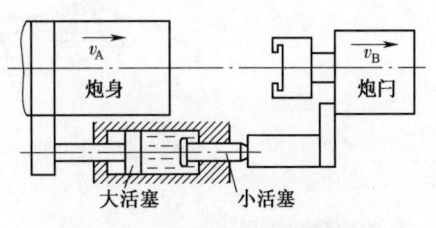

图5.11 齿轮式加速机构简图

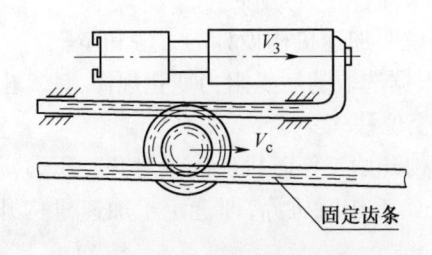

图5.12 液压式加速机构简图

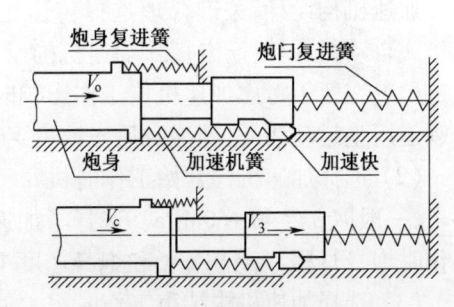

图5.13 弹簧式加速机构简图

2）横动式炮闩开闩机构（包括半自动机）

横动式炮闩开闩机构主要有卡板式开闩机构和弹簧式开闩机构两种。

卡板式开闩机构，利用杠杆和卡板的联合作用使炮闩相对炮身横向运动而开闩，如图5.14所示。卡板式开闩机构又分为冲击式开闩机构和均匀作用式开闩机构。弹簧式开闩机构，利用开闩弹簧，在炮身后坐（或复进）时压缩开闩弹簧，储存开闩能量，当炮身运动到一定位置时，释放开闩弹簧，使炮闩相对炮身横向运动而开闩，如图5.15所示。

2. 对开闩机构的要求

（1）安全性要求：开始工作时机要满足开锁压力要求（开闩压力太高时，易造成零件损坏和易磨损；开闩压力太低时，使射速下降）。

（2）动力特性要求：传速比应合理（传速比大，开闩快，受力大；传速比小，受力小，开闩慢，起始传速比大，引起撞击等）。

（3）可靠性要求：炮身最小后坐时，保证能开闩。

（4）工艺性要求：结构简单、工艺性好。

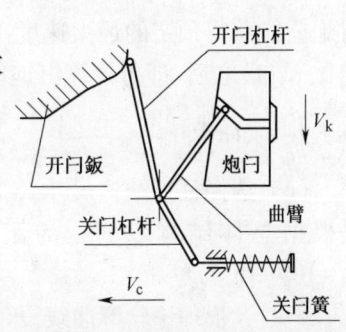

图5.14 卡板式开闩机构简图

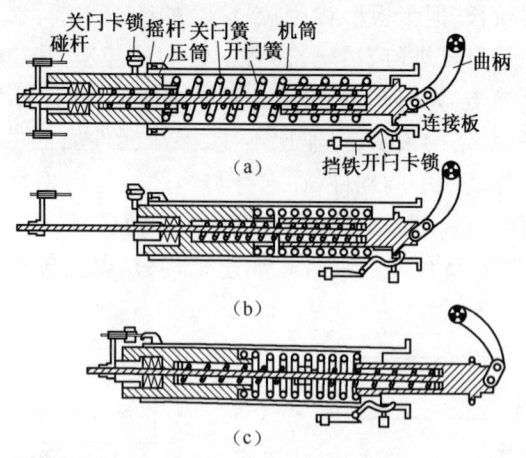

图 5.15 弹簧式开闩机构简图
(a)平时状态;(b)准备开闩状态;(c)开闩后状态。

3. 加速机构设计

加速机构设计,关键合理选择传速比。下面以身管后坐式自动机的杠杆—卡板式加速机构设计为例,说明加速机构设计的方法和步骤。

(1)在暂不考虑加速机构工作影响时,可以根据选取的后坐阻力变化规律,计算出炮身制退后坐运动诸元,即炮身后坐速度 $V(t)$ 和后坐位移 $X(t)$。

(2)选择加速机构开始工作时机 t_0。加速机构开始工作时机应满足对开膛压力 p_0 的要求,一般取 $p_0 = 40 \sim 60\text{MPa}$。选择了加速机构开始工作时机 t_0,即选定了加速机构开始工作时炮身行程 $X_0 = X(t_0)$ 和炮身速度 $V_0 = V(t_0)$。

(3)选择加速机构结束工作时机 t_j。选择加速机构结束工作时机 t_j 主要是通过选择加速机构结束工作时炮身行程 X_j 来进行。为了满足最短后坐长时加速机构也能正常工作,一般取 $X_j \leqslant 0.85\lambda$($\lambda$ 为常温正装药时炮身最大后坐长)。选择了加速机构结束工作时炮身行程 X_j,即选定了加速机构结束工作时机 $t_j = t(X_j)$ 和炮身速度 $V_j = V(t_j)$。

(4)选择加速机构结束工作时炮闩最大速度 V_{1j}。为了保证加速机构结束工作时炮闩能依靠惯性及时后坐到位,根据炮闩后坐结束速度、惯性行程长和炮闩复进簧参数,可以计算出加速机构结束工作时炮闩最大速度 V_{1j},一般 $V_{1j} \approx 10 \sim 15\text{m/s}$。

(5)合理选择速比 $K_1(t)$。开始时,为了保证平稳地开锁和开闩抽筒,速比应小一点,一般取 $K_0 = K_1(t_0) = 1$。当抽动药筒之后,速比应迅速平稳增大,以保证强制开闩结束时炮闩能获得预定的最大速度 V_{1j},即强制开闩结束时速比 $K_{1j} = K_1(t_j) = V_{1j}/V_j$。选择了速比 $K_1(t)$ 之后,即可计算出炮闩运动速度 $V_1(t) = K_1(t)V(t)$ 和炮闩运动位移 $X_1(t) = X_0 + \int_{t_0}^{t} V_1(t)\,\mathrm{d}t$。

(6)选择杠杆结构尺寸 l_1、l_2、φ_0 及初始位置 θ_0。杠杆结构尺寸 l_1、l_2、φ_0 的选择主要是根据总体结构布置。为了不使加速机构开始工作时的压力角过大,通常取 $\theta_0 = 10° \sim 15°$。

(7)卡板理论轮廓曲线设计。对于任意给定的时刻 t,可得炮身运动位移 $X(t)$ 和炮闩运动位移 $X_1(t)$,及炮闩相对炮身运动的相对位移 $\xi_1(t)$,由此可以计算出杠杆对应位置,即可以得到杠杆上滚轮中心对应位置,即为卡板理论轮廓曲线上对应点。由于给定时刻 t 的任意性,故得到卡板理论轮廓曲线。利用图解法设计卡板理论轮廓曲线的具体步骤(图 5.16)。

①首先给定炮身开始后坐时代表杠杆结构的初始位置 A、B、C 三点,A 代表炮身,B 代表炮闩,C 代表卡板理论轮廓曲线),过 A 作水平线代表炮身运动方向。

②再根据加速机构开始工作时炮身位移 X_0 给定杠杆的位置 A_0、B_0、C_0。

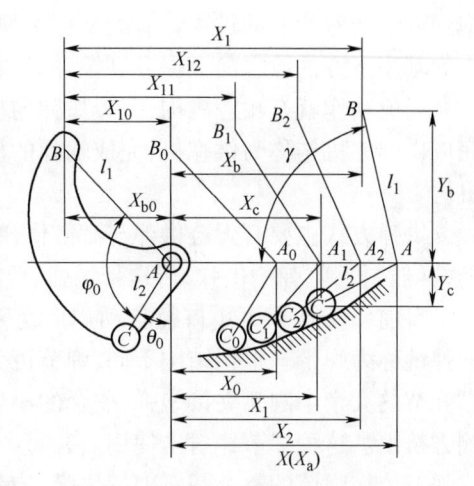

图 5.16 卡板理论轮廓曲线设计

③对于任意给定的时刻 t,可得炮身运动位移 $X(t)$ 和炮闩运动位移 $X_1(t)$,即可确定代表炮身的 A 点,以及代表炮闩的 B 点的水平位移(即以 $X_1(t)$ 作垂线),以 A 点为心,以 l_1 为半径画弧交垂线于过 B 点,过 A 点作与 AB 成夹角 φ_0 的射线,以 A 点为心,以 l_2 为半径画弧交射线于 C 点,C 点的轨迹即为所求卡板理论轮廓曲线。由尺寸链计算得

$$X_a = X(t)$$
$$Y_a = 0$$
$$X_b = X_i(t) - X_{b0}$$
$$\gamma = \arccos\left(\frac{X_a - X_b}{l_1}\right)$$
$$Y_b = l_1 \sin\gamma$$
$$X_c = X_a - l_2 \cos(\varphi_0 - \gamma)$$
$$Y_c = -l_2 \sin(\varphi_0 - \gamma)$$

(8) 为了便于加工,可用直线或圆弧等简单曲线作为卡板理论轮廓,以理论轮廓为圆心,以滚轮半径为半径作圆,其包络即为卡板实际轮廓。

(9) 进行反面计算。考虑修改后卡板理论轮廓与原卡板理论轮廓之间的差异,应对修改后的卡板理论轮廓计算相应速比(实际速比)。考虑加速机构工作对炮身运动的影响,应反算炮闩与炮身相应运动关系,以及考虑了加速机构工作影响的炮身运动规律,并校核开闩性能。

5.2.3 供输弹机构(装填机构)设计

1. 供输弹机构

自动武器所用炮弹,都是定装式炮弹,供输弹机构所需完成的动作就是将炮弹从弹箱或炮弹储存器中送到炮膛中。

供输弹过程中炮弹必须经过 3 个严格确定的位置(简称为三大位置),即药室、输弹出发位置和进弹口。三大位置将供输弹过程分为相应三大阶段,即拨弹、压弹和输弹。拨弹,是指把炮弹前移一个炮弹节距,并依次将当前一发炮弹拨到进弹口的运动过程。压弹,是指把进弹口上的炮弹压到输弹出发位置的运动过程。输弹,是指把输弹出发位置的炮弹输入药室的运动过程。有时又把拨弹和压弹合称为供弹。在舰炮上,一般要将炮弹由炮基座下方的舱室向上提升到拨弹口或进弹口,该过程称为扬弹。

完成动作就有相应机构,完成拨弹的机构称为拨弹机,完成压弹的机构称为压弹机;完成供弹的机构称为供弹机;完成输弹的机构称为输弹机;供弹机和输弹机合称为供输弹机构。

供弹方式主要有无链供弹与有链供弹之分。无链供弹又可分为弹匣供弹、弹夹供弹、弹鼓(舱)供弹、弹槽供弹、传送带供弹、智能式供弹(机械手)等。

目前,37mm 以下小口径自动炮广泛采用弹链供弹。弹链是由弹节组成。装有炮弹的弹链称为弹带。根据结构不同,弹节可分为开口式弹节和封闭式弹节。开口式弹节依靠弹节的大半个圆弧夹持炮弹,剩余的小半个圆弧开口用于炮弹从弹节上向前推出或向侧方挤出。这种弹节经射击使用后容易产生塑性变形,一般使用 5~8 次就需更换。封闭式弹节依靠弹节的整个圆弧夹持炮弹,炮弹只允许从弹节后方抽出,这就限制了封闭式弹节的广泛应用。从弹链上取出炮弹所需的最大力称为脱链力,封闭式弹节脱链力较小,开口式弹节脱链力较大。脱链力应满足一定要求,脱链力过小容易引起窜弹,脱链力过大需消耗较大自动机能量,降低射速,影响强度。弹链上的炮弹数量可以在较大范围内变化,因而便于实现较长的连射。自动机的轮廓尺寸比较小,但是更换弹链的时间较长,将炮弹装入弹链和弹箱较麻烦,当弹箱不随起落部分起落时,还应考虑采用软导引将弹链和炮弹顺利地引入自动机。

自动枪械常用弹匣供弹。弹匣设计的关键是在保证容弹量和供弹及时性的前提下,设计最小体积的弹匣及其托弹簧。

37mm 以上小口径自动炮广泛采用弹夹供弹。为了便于操作,一般每夹炮弹不大于 30kg,因此弹夹上的炮弹数量是极其有限的,一般只有 4~5 发。为了保证能连续射击,需要人工及时地供给炮弹,因此容易产生"卡弹"等故障,还会因炮手来不及供给炮弹而造成停射等。

弹鼓(舱)供弹应用于 30mm 以上小口径自动炮。弹鼓(舱)内炮弹的容量比较大,因此可以实现较长的连射。弹鼓(舱)供弹主要是采用外能源供弹,自动机的结构比较简单,故障率小,更换弹鼓(舱)容易,尤其适用于高射速自动炮。

弹槽供弹、传送带供弹、智能式供弹(机械手)主要用于中大口径自动炮。

输弹方式主要有强制输弹与惯性输弹之分。强制输弹,是指输弹过程是在外力作用下进行的,炮弹的运动是强制的。惯性输弹,是指输弹过程是在炮弹获得一定速度之后依靠惯性进行的,炮弹的运动是惯性的。

供输弹机结构形式多种多样。按能量来源的不同可把供输弹机构分为内能源供输弹机构、外能源供输弹机构,以及混合能源供输弹机构。把利用发射时火药燃气能量进行工作的供输弹机构称为内能源供输弹机构。现有自动炮的供输弹机构大多数采用内能源供输弹机构,利用能源的方式可以是后坐动能,也可以是直接利用火药燃气。把利用外部能量进行工作的供输弹机构称为外能源供输弹机构。利用能源的方式可以是事先储存的势能(弹簧储能、气体储能等),也可以是直接利用电能等外部能源。混合能源供输弹机构是内外能源相结合。

根据供弹机构工作原理的不同可把供弹机构分为直接供弹机构、阶层供弹机构和推式供弹机构。

在拨弹和压弹过程中,炮弹轴线始终在过炮膛轴线的一个平面内运动的供弹机构称为直接供弹机构,如图 5.17 所示。直接供弹机构的拨弹和压弹同时进行。直接供弹机构的结构比较简单,但自动机的横向尺寸较大,炮闩要停留在后方等待压弹,影响射速的提高。直接供弹机构一般用于无链供弹。

在拨弹和压弹过程中,炮弹轴线不在同一平面内运动的供弹机构称为阶层供弹机构,也称为双层供弹机构,如图 5.18 所示。阶层供弹机构的拨弹和压弹明显分为两个阶段。阶层供弹机构的结构比较紧凑,占用的空间较小,容易实现左右供弹互换,但结构比较复杂。阶层供弹机构一般用于弹链供弹。阶层供弹机构的拨弹机构和压弹机构通常是分开的。压弹机构根据弹节不同可分为两种。对用于封闭式弹节的压弹机构,是利用装在炮闩上的取弹器,在炮闩后坐时将进弹口上的炮弹从封闭式弹节中向后抽出,并通过固定的压弹板的作用将炮弹压到输弹线上。这种压弹机构是在炮闩后坐的同时进行压弹,炮闩不必在后方停留,但炮闩的后坐行程一般要比炮弹全长大许多。对用于开口式弹节的压弹机构,是利用压弹器的作用,将进弹口上的炮弹从弹链侧方直接压到输弹线上。这种压弹机构是在炮闩后坐完毕之后进行压弹的,炮闩必须停留在后方等待压弹,炮闩的后坐行程一般只需略大于炮弹全长。

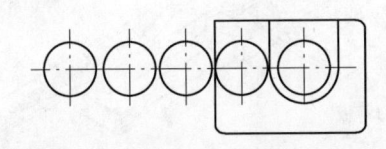

图 5.17　直接供弹机构简图　　　　图 5.18　双层供弹机构简图

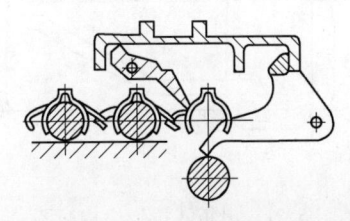

在拨弹到位后,推弹臂(或炮闩)从进弹口(亦输弹出发位置)直接将炮弹向前推送,同时借助于导向面的作用使炮弹倾斜进入药室,这种供弹机构称为推式供弹机构,如图 5.19 所示。推式供弹机构把压弹和输弹两个动作合二为一,没有明显的压弹过程与输弹过程之分。推式供弹机构结构比较简单,占用的空间较小,推弹臂(或炮闩)不必在后方停留,但推弹行程较长。

根据供弹路数的不同可把供弹机构分为单路供弹机构和双路供弹机构。

供弹机构中,供弹线路只有一路的供弹机构称为单路供弹机构。单路供弹机构是供弹机构中最简单的一种,传统自动机都是采用单路供弹机构。为了一门自动炮能对付不同目标,往往要求供弹机构能供不同种类的炮弹,对单路供弹机构,常采用的方法是不同种类的炮弹通过弹链混合排列来实现。能分别供两种炮弹,并且可根据目标特性,人为迅速选择,进行弹种更换,发射所需弹种的供弹机构称为双路供弹机构。双路供弹机构的炮弹分别装在各自的供弹箱内,对付不同目标可选用不同弹种进行射击。

对内能源自动机的拨弹机,是将基础构件的运动转化成拨弹时炮弹的运动,一般基础构件的运动与炮弹的运动方向并不一致。根据拨弹机结构的不同可把拨弹机构分为 5 种类型,即杠杆式拨弹机构、滑板式拨弹机构、凸轮式拨弹机构、转轮式拨弹机构和链轮式拨弹机构。杠杆式拨弹机构(图 5.20),拨动构件为杠杆,而控制杠杆运动的构件可以有各

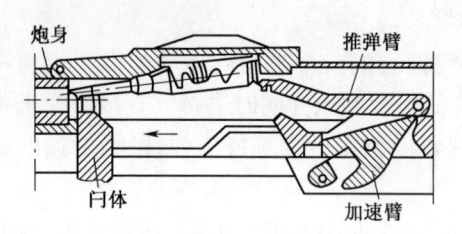

图 5.19 推式供弹机构简图 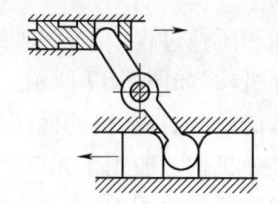　　　　图 5.20 杠杆式拨弹机构简图

种各样的结构,该结构紧凑,容易实现双面供弹,应用最广。滑板式拨弹机构(图5.21),拨动构件为滑板,其上有曲线槽,设计的关键是恰当设计曲线槽,通常取为斜直线,且倾角较小。曲线槽可以加工在导板上,也可以加工在拨弹滑板上。凸轮式拨弹机构(图5.22),利用基础构件上的凸耳嵌入凸轮曲线槽,推动其转动,其上的拨弹齿轮带动拨弹滑板运动而拨动拨弹板拨弹。转轮式拨弹机构(图5.23),利用转轮带动炮弹运动,也可以带动弹链运动。链轮式拨弹机构(图5.24),通过链轮带动链条运动,链条上的拨动齿直接带动炮弹。

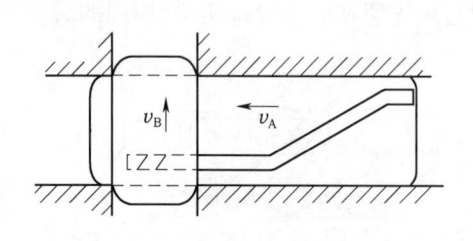

图 5.21 滑板式拨弹机构简图 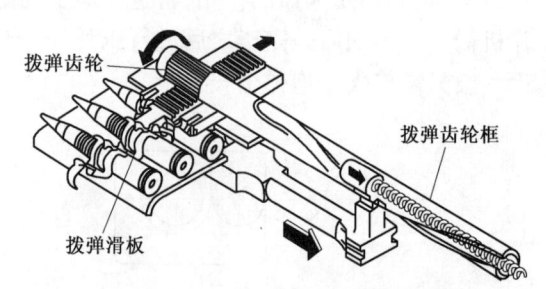　　　　图 5.22 凸轮式拨弹机构简图

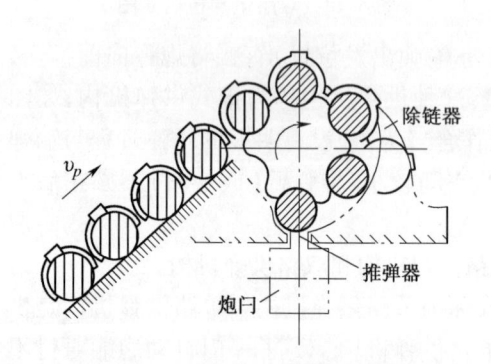

图 5.23 转轮式拨弹机构简图 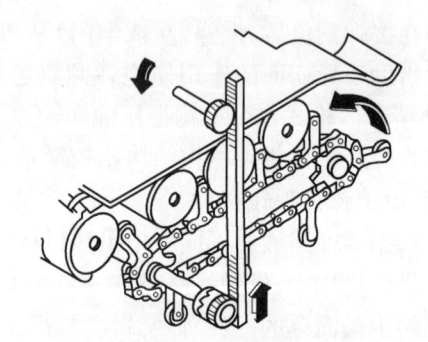　　　　图 5.24 链轮式拨弹机构简图

根据输弹机结构的不同可把输弹机构分为两种类型,即弹簧式输弹机构和液体气压式输弹机构。

2. 对供输弹机构的要求

供输弹机构是自动机中最复杂的部分,最容易出故障的部分,为了保证供输弹的可靠性,在设计时考虑如下要求。

(1)保证装填动作可靠。弹夹供弹时,供弹台在射击过程中固定不动或运动很小;弹链供弹时,设计可靠的硬、软导引。

（2）保证供输弹过程中炮弹的确定性。具体就是保证运动轨迹的确定性,三大位置的确定性,运动的强制性,设置阻弹装置(保证每次必须供输一发炮弹,并且只能供输一发炮弹),满足输弹到位速度要求。

（3）保证足够的强度和刚度。保证满足强度要求;保证满足刚度要求;必要时设置保险装置(阻力太大不能供弹)。

（4）保证工作平稳性。尽可能避免撞击;传速比变化平稳;效率高,耗能小。

（5）保证经济性。结构简单;工艺性好。

3. 供输弹机构设计

供输弹机构设计的好坏,直接影响自动机的射速和工作可靠性,因此供输弹机构设计主要考虑解决合理增大供弹机构的容弹量、射击过程中方便续弹、合理缩短供弹时间、保障动作可靠性以减小故障率等问题。

供弹机构设计的主要步骤如下所述。

（1）供输弹机构总体设计:供输弹机构总体设计主要是结构类型选择(包括供弹路数、供输弹方式、供弹量、供输弹机构类型、供输弹机构工作原理等)、结构布置、关键结构尺寸确定(如工作行程等)等。

（2）供输弹线路设计:供输弹机构结构设计的重点是设计4条确定的线路,即供弹线路、输弹线路、排链线路、抛壳线路。供弹线路是指把炮弹运动到输弹出发位置时炮弹轨迹。供弹线路上,要采取规正、导引、定位等强制措施,强制完成,保证炮弹运动线路畅通。输弹线路是指把输弹出发位置的炮弹输送到药室时炮弹轨迹。输弹线路上,不允许有阻碍炮弹(引信)运动的现象存在。排链线路是指弹链供弹的自动机,在脱链之后,弹链沿一定轨迹排出自动机之外,在自动机内弹链的运动轨迹。要求排链畅通。抛壳线路是指,自动机射击之后把药筒沿一定轨迹排出自动机之外,在自动机内药筒的运动轨迹。在满足闭锁机构要求前提下,计算抽筒速度、轨迹,保证药筒能被抛到要求的位置。

（3）几何分析:在设计完4条确定的线路之后,根据这4条确定的线路,布置供输弹机构,并进行干涉计算和分析,确保4条线路的畅通。

（4）结构设计:运动规律的选取、结构形状的确定、结构尺寸的确定及强度设计。

（5）动力分析:根据设计的结构及其工作环境和条件,进行动态特性分析。

5.2.4 击发机构设计

1. 击发机构及其类型

击发机构是把能量传给底火、使其点燃装药的机构。

根据作用原理不同,击发机构分为撞击引燃法击发机构和电流引燃法击发机构。

撞击引燃法,是指利用机械撞击,引燃底火(撞击底火)。根据结构不同,撞击引燃法击发机构又分为击针式击发机构(击发能量直接作用于击针)和击锤式击发机构(击发能量通过击锤作用于击针)。根据击发能量的来源,击针式击发机构又分为复进簧式击针击发机构(如57G)和击针簧式击针击发机构(如37G)。根据击锤运动方式,击锤式击发机构又分为击锤平移式击锤击发机构(也有复进簧式与击锤簧式之分)和击锤回转式击锤击发机构(也有复进簧式与击锤簧式之分)。

电流引燃法,是指利用电能引燃底火(电底火)。根据结构不同,电流引燃法击发机构又分为电热丝式击发机构(利用电流使底火中电热丝加热引燃底火)和电磁感应式击发机构(利用高频电磁感应原理引燃底火)。

2. 对击发机构的要求

(1) 可靠引燃底火。
(2) 不得击穿底火,以免燃气后泄。
(3) 击针要有足够强度、刚度、硬度、韧性、寿命。
(4) 能快速更换。

3. 影响击发可靠性的主要因素

击发可靠性是击发机构设计要考虑的主要问题。影响机械式击发可靠性的主要因素包括以下几项。

(1) 击针撞击底火的速度。
(2) 击针凸出量。
(3) 镜面与药筒底间隙。
(4) 底火底部厚度。
(5) 底火陷入深度。
(6) 击针中心与底火中心偏差。

以上影响机械式击发可靠性的主要因素,在设计中要严格控制,在制造中要严格保证,使用中要严格检查。

4. 击针簧设计

为了保证引燃底火,根据底火要求的引燃底火能量,确定击针撞击底火所需动能(击针撞击底火所需动能应大于引燃底火所需能量),即确定击针撞击底火的速度。

根据引燃底火能量和击针撞击底火的速度,取定弹簧的行程,并设计弹簧。其中应该注意的是,为了保证击发可靠性,在计算击发能量时应考虑能量损失。

5.2.5 抽筒抛筒机构设计

抽筒抛筒机构是将发射后的药筒从药室中抽出并把它抛出炮箱之外的机构。

对纵动式炮闩,抽筒由炮闩直接完成,在炮闩上设置有抽筒钩或抽筒爪,抽筒钩的结构形式主要有单钩和双钩,刚性和弹性;抛筒是利用压弹的同时由炮弹将空药筒挤出炮箱之外,或采用专门的抛筒挺等。

对横动式炮闩,应设置专门的机构进行抽筒和抛筒,如抽筒子等。抽筒子的结构形式主要有杠杆式(冲击作用式)和凸轮式(均匀作用式)。

5.3 自动机动力学与仿真

自动机的受力是复杂的,有随时间变化的带脉冲性质的火药燃气压力和由零件间撞击产生的冲击力,有随零件位移变化的弹簧力,还有随运动产生的摩擦力等。自动机的运动也是复杂的,在一个射击循环内,各机构工作时机不同;有些构件在起动、停止或改变运动方向时,与基础构件发生剧烈撞击。复杂机构在复杂受力状态下的高速运动和撞击,这就是自动机动力学的特点。自动机动力学主要研究自动机在不同工作阶段,在不同性质的力的作用下的运动规律,以及自动机的射击循环时间和射速,判断自动机在各工作阶段的动态特性。

自动机动力学分析,不仅要考虑到力的作用,而且还要考虑机构各构件的全部运动诸元(时间、位移、速度、加速度等)。只有对机构作动力学的分析,才能及时发现机构所存在的问题;才能正确地分析自动机的性能;才能正确地确定构件的强度;才能正确的选定反映各机构运动特性的基本示性数,以满足对自动机所提出的要求。自动机动力学主要研究自动机及其构件在射击过程中受力情况和运动规律及其他相关问题。

自动机各机构的运动是非稳定的、断续的,因而,在普通机械原理中所用的机械动力学的分析方法,很难直接运用来解决自动机各机构的动力学分析问题。因此,研究和发展自动机各机构分析和综合的方法,特别是动力学分析的方法,仍然是目前迫切需要完成的一项任务。

随着现代科学技术的发展和自动炮战术技术性能指标的提高,自动机动力学分析与仿真已成为自动机设计开发过程中必不可少的一个环节。自动机动力学仿真主要有数值仿真和虚拟样机技术两种方法。数值仿真是运用动力学基本理论建立自动机数学模型,通过编制仿真程序或利用通用仿真软件对数学模型进行数值求解,给出自动机运动规律及其相应性能特征量。虚拟样机技术是运用通用软件平台构建自动机实体模型,利用通用仿真软件以及嵌入特殊子程序,对实体模型进行仿真试验,给出自动机运动规律及其相应性能特征量。

5.3.1 自动机动力学数值仿真

1. 自动机动力学仿真模型

1) 自动循环

在研究自动机运动规律时,由于各构件的弹性很小,可以把自动机看作由刚性构件组成。因此,一般应用多刚体动力学来研究自动机构动力学问题。

自动机工作循环过程中,各构件是按一定规律运动的,构件的参与、退出的时机是不相同的。如果不考虑炮箱的运动,自动机中存在一个起主导作用带动整个机构各构件运动,完成自动动作的构件,该构件就称之为机构的基础构件。由基础构件带动的其他构件称之为工作构件。基础构件的运动状态一经确定,则工作构件的运动状态也就随之确定,即机构为单自由度机构。描述自动机在一个完整的自动循环或某一运动阶段内,基础构件及主要从动件的运动规律及其相互运动联系的图表或曲线称为自动机循环图。通常自动机循环图有两种形式,一种是以基础构件位移为自变量的循环图,另一种是以时间为自变量的循环图。

以基础构件位移为自变量的循环图,标出了工作构件工作时基础构件的位移,表明自动机各机构的相互作用和工作顺序以及基础构件位移的从属关系,如图 5.25 所示。由于以基础构件位移为自变量的循环图表明了对应基础构件的位移各机构及其工作构件工作状况,因此,这类循环图常用于建立自动机运动微分方程。但是,这类循环图没有包含时间信息,无法用于分析自动机及其主要构件的动态特性和工作特点。并且,在基础构件运动停止后,某些工作构件可能仍在继续运动,这些工作构件的运动便不能再用基础构件的位移来表示,为了表示这些工作构件的运动,只能将某工作构件再看作基础构件而另外建

运动特征段	0	基础构件：炮身	140
后坐运动	拨回击针	24 —————— 61	
	强制开闩	61 —————— 95.5	
	活动梭子上升	26 —————————————— 121	
复进后坐	输弹器被卡住	25 —————————————— 121.5	
	活动梭子下降	26 —————————————— 121	
	压弹	42 ———————— 105	
	开始输弹	25°	

图 5.25　自动机位移循环图

立补充的循环图。

以时间为自变量的循环图，表明自动机主要构件的位移和运动时间的关系，如图 5.26 所示，横坐标为时间，纵坐标为各主要构件位移，曲线的斜率代表构件的运动速度。这类循环图包含有时间信息，可用于分析自动机及其主要构件的动态特性。

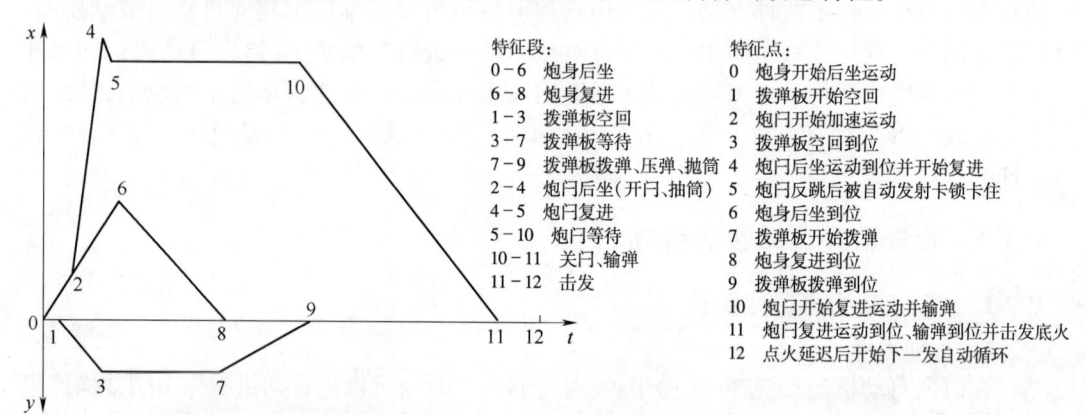

特征段：
0—6　炮身后坐
6—8　炮身复进
1—3　拨弹板空回
3—7　拨弹板等待
7—9　拨弹板拨弹、压弹、抛筒
2—4　炮闩后坐（开闩、抽筒）
4—5　炮闩复进
5—10　炮闩等待
10—11　关闩、输弹
11—12　击发

特征点：
0　炮身开始后坐运动
1　拨弹板开始空回
2　炮闩开始加速运动
3　拨弹板空回到位
4　炮闩后坐运动到位并开始复进
5　炮闩反跳后被自动发射卡锁卡住
6　炮身后坐到位
7　拨弹板开始拨弹
8　炮身复进到位
9　拨弹板拨弹到位
10　炮闩开始复进运动并输弹
11　炮闩复进运动到位、输弹到位并击发底火
12　点火延迟后开始下一发自动循环

图 5.26　自动机时间循环图

根据自动机循环图以及结构几何尺寸及装配关系，可以建立第 i 个工作构件位移 x_i 与基础构件位移 x 之间的函数关系 $x_i = f_i(x)$。

对于由 n 个工作构件和基础构件组成的单自由度自动机，只要基础构件的位形一经确定，其他构件的位形均可相应确定。因此，在研究自动机运动规律时，没有必要去研究 n+1 个构件的 6(n+1) 个自由度的运动规律，而只要研究基础构件运动规律，然后再根据各工作构件对基础构件的关系求出工作构件的运动规律。

设基础构件的速度为 $\dot{x}$，第 i 个工作构件的速度为 $\dot{x}_i$ ($i=1,\cdots,n$)，可以定义两构件间运动速度之比为传速比，则基础构件传动到工作构件 i ($i=1,\cdots,n$) 的传速比（简称构件 0 到构件 i 的传速比）可表示为

$$K_i = \frac{\dot{x}_i}{\dot{x}} (i=1,\cdots,n) \tag{5.1}$$

亦

$$K_i = \frac{\mathrm{d}x_i/\mathrm{d}t}{\mathrm{d}x/\mathrm{d}t} = \frac{\mathrm{d}x_i}{\mathrm{d}x} (i=1,\cdots,n) \tag{5.2}$$

即基础构件对第 i 个工作构件的传速比也可视为第 i 个工作构件位移对基础构件位移的导数。

当第 i 个构件为转动构件时，$\dot{x}_i$ 可理解为角速度。

这里的传速比是瞬时传速比，是随着基础构件的运动而变化的。对于给定的机构和结构，传速比仅取决于基础构件及机构的位形，与时间没有直接关系，即传速比是机构的结构参数，在基础构件运动规律确定之前就可以确定。

2）自动机运动微分方程

自动机的运动，就是基础构件在后坐时依靠火药燃气赋予的能量，复进时依靠后坐储存的能量克服工作阻力，完成后坐和复进中的各个自动循环动作的运动。基础构件通过机械约束带动工作构件运动，而工作构件也通过机械约束反过来影响基础构件的运动。确定了基础构件的运动之后，工作构件的运动也就随之确定了。要确定基础构件的运动规律，首先是描述它。对动力系统，描述其运动规律的一般是运动微分方程，即首先是建立基础构件的运动微分方程，并且是考虑了工作构件影响的基础构件的运动微分方程，有时亦称为自动机运动微分方程。

(1) 简单机构运动微分方程。对于图 5.27 所示的简单凸轮机构，假设作用于基础构件 0 上的给定力的合力在其速度方向的分量为 F，作用于工作构件 1 上的给定力的合力在其速度反方向的分量为 F_1，基础构件的质量、位移、速度及加速度分别为 m、x、$\dot{x}$、$\ddot{x}$，工作构件的质量、位移、速度及加速度分别为 m_1、x_1、$\dot{x}_1$、$\ddot{x}_1$。根据动静法，分别假想地加上构件的惯性力，则机构处于平衡状态，如图 5.28 所示。

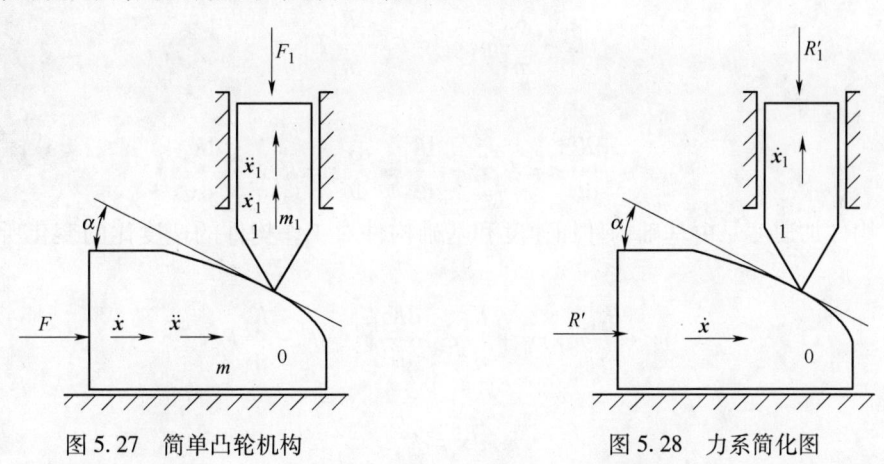

图 5.27　简单凸轮机构　　　　图 5.28　力系简化图

将作用在构件上的给定力分量与惯性力的合力称为有效力。通常作用在基础构件上的有效力的作用相当于推力，故称为有效推力，即

$$R' = F - m\ddot{x} \tag{5.3}$$

作用在工作构件上的有效力的作用相当于阻力，故称为有效阻力，即

$$R'_1 = F_1 + m_1\ddot{x}_1 \tag{5.4}$$

根据虚功原理，在理想约束下，在系统任何虚位移上，作用在系统的主动力的元功之和等于零，即作用于由构件 0 和 1 构成的系统上的有效推力和有效阻力的元功之和等于零。

$$R'\delta x - R'_1 \delta x_1 = 0$$

在定常约束下,实位移是虚位移之一,因此有
$$R'dx - R'_1 dx_1 = 0$$

即:
$$R' = R'_1 \frac{dx_1}{dx}$$

根据式(5.2)有
$$R' = R'_1 K_1$$

考虑到传动中约束之间有摩擦,存在能量损耗,我们将构件1所获得的元功与0构件所消耗的元功之比用传递效率(简称效率)或能量传递系数 η_1 表示,则有

$$\eta_1 = \frac{R'_1 dx_1}{R' dx} \tag{5.5}$$

η_1 通常称为由基础构件0传动到工作构件1的效率,简称为构件0到1的效率。传动效率 $\eta_1(\eta_1<1)$ 是考虑到约束处的摩擦力(约束反力的切向分量)做功后引入的,而这些摩擦力是由有效力引起的,而已知外力的摩擦力则已包含在给定力中。

由式(5.5)得到推广了的虚位移原理为

$$R' = \frac{1}{\eta} R'_1 \frac{dx_1}{dx} = \frac{K_1}{\eta_1} R'_1 \tag{5.6}$$

将式(5.3)和式(5.4)代入式(5.6),得

$$m\ddot{x} + \frac{K_1}{\eta_1} m_1 \ddot{x}_1 = F - \frac{K_1}{\eta_1} F_1$$

由式(5.1),得

$$\ddot{x}_1 = K_1 \ddot{x} + \frac{dK_1}{dt}\dot{x} = K_1 \ddot{x} + \frac{dK_1}{dx} \cdot \frac{dx}{dt}\dot{x} = K_1 \ddot{x} + \frac{dK_1}{dx}\dot{x}^2$$

即工作构件加速度是由基础构件加速度和基础构件对工作构件的速度比的变化所起的。亦有

$$(m + \frac{K_1^2}{\eta_1} m_1)\ddot{x} + \frac{K_1}{\eta_1} m_1 \frac{dK_1}{dx}\dot{x}^2 = F - \frac{K_1}{\eta_1} F_1 \tag{5.7}$$

简写为
$$m'\ddot{x} = F' \tag{5.8}$$

这就是考虑了工作构件影响的基础构件的运动微分方程,即自动机运动微分方程。

由于传速比 K_1 和传动效率 η_1 是随基础构件的位移而变化的,尽管基础构件本身质量在运动过程中是不变的,但是考虑了工作构件影响之后的基础构件运动微分方程中的基础构件的相当质量是随基础构件的位移而变化的(相当于变质量微分方程),并且作用在基础构件上的相当力也是变化的,即考虑了工作构件影响的基础构件运动微分方程,也就是自动机运动微分方程(5.8)是一个变系数微分方程。

(2)微分方程的推广。当基础构件同时带动多个工作构件(包括平动和定轴转动情况)工作时,有两种传动形式,其一是串联,其二是并联。无论何种传动形式,只要机构只有一个自由度,就可以按前面所述的方法导出基础构件带动多个工作构件的自动机运动

微分方程。

设自动机由基础构件0及n个工作构件组成,根据动静法,对基础构件可写出有效推力为

$$R' = F - m\ddot{x}$$

如果对工作构件为定轴转动情况,将传速比定义为工作构件的角速度与基础构件的速度之比,作用在工作构件上的给定力为力矩,工作构件的惯性为转动惯量。把$m_i(i=1,\cdots,n)$看作是广义质量(包括转动惯量),x_i、$\dot{x}_i$、$\ddot{x}_i$看作广义位移(包括角位移)、广义速度(包括角速度)及广义加速度(包括角加速度),F_i看作广义力(包括力矩),可写出有效阻力(广义有效阻力)为

$$R'_i = F_i - m_i\ddot{x}_i \quad (i=1,2,\cdots,n)$$

引入传速比K_i(广义传速比)和传动效率$\eta_i(i=1,\cdots,n)$,根据虚功原理可以写出

$$R' = \sum_{i=1}^{n} R'_i \frac{K_i}{\eta_i} \tag{5.9}$$

可以认为方程(5.9)是一种单自由度自动机运动微分方程的普遍形式。

将有效力的表达式代入,整理后得

$$\left(m + \sum_{i=1}^{n} \frac{K_i^2}{\eta_i} m_i\right)\ddot{x} + \sum_{i=1}^{n} \frac{K_i}{\eta_i} m_i \frac{\mathrm{d}K_i}{\mathrm{d}x}\dot{x}^2 = F - \sum_{i=1}^{n} \frac{K_i}{\eta_i} F_i \tag{5.10}$$

或简写成

$$m'\ddot{x} = F'$$

这就是基础构件带动多个工作构件工作时,自动机运动微分方程。

应该注意的是,当基础构件同时带动多个工作构件(包括平动和定轴转动情况)工作时,所引入的传速比K_i和传动效率$\eta_i(i=1,\cdots,n)$是从基础构件0传动到第$i(i=1,\cdots,n)$个工作构件的传速比和传动效率,传动关系包括从基础构件0传动到第i个工作构件之间的实际包含的所有有传动关系的工作构件,而不包含其他没有传动关系的工作构件。

3) 传动效率

自动机是一种非理想约束的机构,在其工作过程中,各构件间进行运动及能量传递时,存在着能量损耗,这主要表现为摩擦损耗。考虑摩擦损耗成为自动机动力学区别于其他刚体动力学的一个重要特征。在自动机动力学中,通过引入传动效率来考虑摩擦的影响,使得自动机动力学研究可以不必涉及具体结构就可以用规范的方法得出规范形式的自动机运动微分方程,而将研究具体结构归结为结构参数(传速比K及传动效率η等)的确定,由具体机构的结构参数来确定具体机构的运动规律。这样,对具体的较复杂的自动机动力学问题,分解成几个较为简单的问题来解决。

对于具体的自动机,建立了自动机运动微分方程(规范化的方法和规范化的自动机运动微分方程)之后,关键问题是确定机构的结构参数(传速比K及传动效率η)。总的来说,传动效率是考虑构件间摩擦损耗对机构运动的影响。

传动效率的引入,实质上是考虑了在构件的传动过程中消耗于约束摩擦的摩擦损耗。在机械原理中,效率定义为有效阻力功与输入功之比,并且一般指的是稳态过程,可以理解为"平均效率";而在自动机动力学中所引入的效率,是"瞬态"过程中的传动效率,可理解为"瞬态效率",它是包括构件运动的惯性力在内的输出功与输入功之比,具有更广泛

的应用意义。

建立自动机运动微分方程的目的是为了描述自动机各构件的运动规律,这还需要通过求解运动微分方程来实现。上面我们所建立的自动机运动微分方程,是考虑了工作构件影响的基础构件运动微分方程,工作构件对基础构件的影响在运动微分方程中表现为相关的结构参数,如传速比和传动效率等,这些结构参数只取决于自动机在各时刻的位形,而整个自动机系统的位形由基础构件的位形惟一确定。因此,结构参数仅为基础构件的位移的函数,在求解运动微分方程之前就可以确定。

以简单面凸轮机构为例,应用动静法,加上惯性力之后,系统处于平衡状态。加上约束反力而去掉约束,应用隔离体法进行受力分析。作用在基础构件上的有效推力 R' 及约束反力,作用在工作构件上的有效阻力 R'_1 及约束反力。

由简单凸轮机构的受力隔离体(图 5.29),以各构件为示力对象列出力平衡方程,对工作构件 1,有

$$N_1 = R(\sin\alpha + f\cos\alpha)$$
$$R'_1 = R(\cos\alpha - f\sin\alpha) - f_1 N_1$$
$$= R[\cos\alpha - (f + f_1)\sin\alpha - ff_1\cos\alpha]$$

对基础构件 0,有

$$N_0 = R(\cos\alpha - f\sin\alpha)$$
$$R' = R(\sin\alpha + f\cos\alpha) + f_0 N_0$$
$$= R[\sin\alpha + (f + f_0)\cos\alpha - ff_0\sin\alpha]$$

$$\frac{R'}{R'_1} = \frac{K_1}{\eta_1} = \frac{\sin\alpha + (f + f_0)\cos\alpha - ff_0\sin\alpha}{\cos\alpha - (f - f_1)\sin\alpha - ff_1\cos\alpha}$$

$$K_1 = \frac{K_1}{\eta_1}\bigg|_{f=0} = \frac{R'}{R'_1}\bigg|_{f=0} = \frac{\sin\alpha}{\cos\alpha} = \tan\alpha$$

$$\eta_1 = \frac{R'}{R'_1}K_1 = \frac{\cos\alpha - (f - f_1)\sin\alpha - ff_1\cos\alpha}{\sin\alpha + (f + f_0)\cos\alpha - ff_0\sin\alpha} \cdot \frac{\sin\beta}{\cos\alpha} = \frac{1 - (f + f_1)\tan\alpha - ff_1}{1 + (f + f_0)\cot\alpha - ff_0}$$

也就是说,通过力分析可以直接确定结构参数(传速比 K 及传动效率 η)。

从自动机运动微分方程中我们还可以看出,传动效率并不单独存在,总是与传速比配对出现。因此,在实际计算中,往往不单独计算传动效率,而只是将传速比与传动效率之比(称之为力换算系数)作为一个复合结构参数计算。

不管机构多么复杂,仿照上面的方法,从受力分析入手,在约束处用法向约束力及摩擦力代替约束,经过代换,最终导出有效推力与有效阻力之间的关系,即求出机构力换算系数的表达式,然后令其中所有摩擦系数为 0,可得到机构传速比的表达式,继而可求得构件质量换算系数的表达式。

4)机构间的撞击

在射击过程中,自动机各机构和构件并不是同时

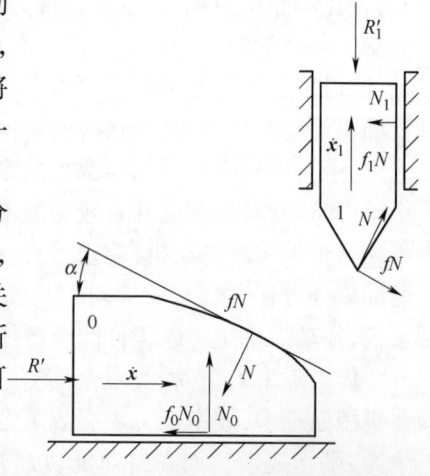

图 5.29 简单凸轮机构受力分析

工作的,而是依次工作的,不断有机构和构件加入或退出,在机构和构件加入或退出时,描述自动机运动规律的运动微分方程中的各项将发生突变。从物理意义上说,在突变点上,位移是连续的,而速度可能连续也可能不连续。我们称这种机构在运动过程中因突然受阻、受到外界冲击、或传速比突变等,使机构运动速度发生跳跃式改变(急剧变化)的现象为撞击(碰撞)。

撞击是自动机件间能量急剧传递现象。其作用时间极短(只有零点几毫秒甚至更短),在撞击过程中,撞击构件的加速度(瞬时加速度)和撞击构件间的作用力(撞击力)特大,但是,速度的变化却为有限值。

撞击的存在,使自动机运动微分方程中各项突变,大大增加了求解方程的困难,求解方程时,通常进行分段,将方程中各项突变点作为分界点,在分界点前后注意方程中各项的改变,计算出撞击对运动的影响,即计算出撞击后运动诸元,尤其是速度,以作为下段继续求解的初始条件。

自动机件间的撞击是一个复杂的过程,而我们研究撞击的主要目的是确定撞击对机构运动速度的影响,为此我们应用撞击理论的基本原理,对自动机做些特殊简化处理,通常采用如下两条基本假设:①刚性假设:假定构件间的撞击为刚体间的撞击,不计撞击瞬时的构件局部变形与恢复,认为构件整体是不变形的;②瞬时假设:假设撞击是瞬时完成的,撞击时构件的位移不变,只有速度发生突变,且作用在构件上的外力(平常力)比撞击力(构件间相互作用力)小得多,可以忽略不计,并且可以用冲量来度量撞击强度。

为了研究方便起见,把自动机件间的撞击分为3种类型:正撞击、斜撞击和多构件的撞击。

根据撞击理论,两构件撞击时,作用于两构件撞击接触面的撞击冲量方向为撞击接触面在撞击点处的正法向方向。若撞击前后构件的速度方向与撞击冲量方向一致,则这种撞击称为正撞击,若不一致则称为斜撞击。由多构件参与的撞击称为多构件撞击。

在自动机各机构运动中,很多构件是沿同一方向作直线运动。如图5.30所示,构件A、B发生正撞击,构件质量分别为m_A和m_B,撞击前各有速度V和V_1,撞击后各有速度V'和V'_1。撞击时,二构件间的压力(撞击力)是内力,略去非撞击力的外力,则可认为构件A、B的总动量在撞击前后不变。这样,就可运用动量守恒定理的表达式,将撞击前后的动量表示为

$$m_A V + m_B V_1 = m_A V' + m_B V'_1 \tag{5.11}$$

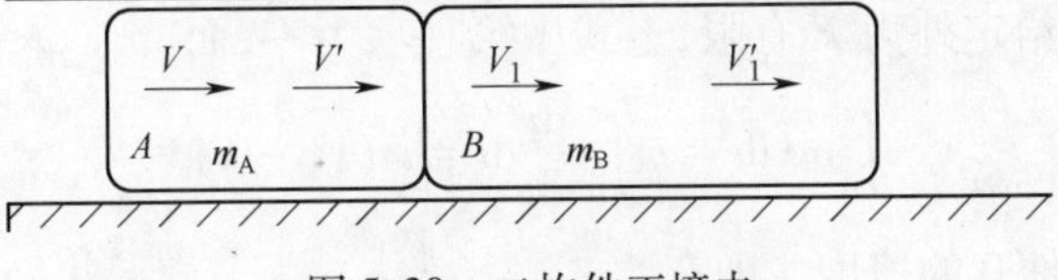

图5.30 二构件正撞击

实验证明,撞击后和撞击前,在冲量方向上二构件的相对速度之比是个常数,其大小主要取决于撞击构件的材料性质。其关系式可写为($V' > V'_1$):

$$b = \frac{V'_1 - V'}{V - V_1} \tag{5.12}$$

式中:比值b为取决于撞击构件材料性质的系数,称为恢复系数(法向恢复系数)。恢复

系数 b 之值由实验测定,在 0 到 1 的范围内变化。二绝对塑性构件撞击时恢复系数 $b=0$,撞击后变形完全不恢复,二构件不能分开,而有相同的速度,由机构的结构保证在撞击后二构件不分开的情况,可当作 $b=0$ 的情况来计算。二绝对弹性构件撞击时,恢复系数 $b=1$,撞击后变形完全恢复,在撞击前后的相对速度的绝对值相等,但符号相反,当两个构件通过弹性很大的中间构件相撞击时,撞击构件的变形相对于中间弹性构件的变形来说可略去不计,在此情况下,可近似地按 $b=1$ 来计算。通常,$0<b<1$,对自动机的钢制零件间的撞击,可取 $b=0.3\sim0.55$。实际上,考虑到自动机零件间撞击的复杂性,恢复系数 b 一般作为实验符合系数来使用,为了方便起见,通常可取 $b=0.4$。

在二构件质量 m_A 和 m_B,及撞击前速度 V 和 V_1 已知时,二构件撞击后的速度 V' 和 V'_1 可由式(5.11)和式(5.12)解出,即

$$V' = V - \frac{m_1}{m+m_1}(1+b)(V-V_1)$$

$$V'_1 = V_1 + \frac{m}{m+m_1}(1+b)(V-V_1) \qquad (5.13)$$

自动机中,绝大多数构件间的撞击都不是简单的正撞击,而是斜撞击。

仍以简单凸轮机构为例(图 5.31),分析斜撞击后速度的确定方法。

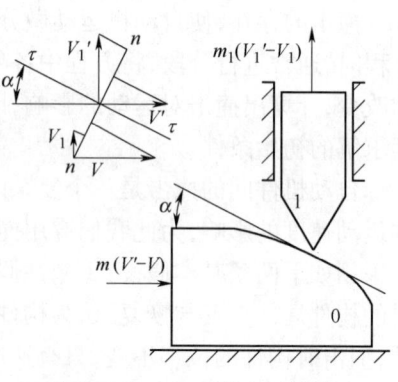

图 5.31 二构件斜撞击

撞击前,构件 0 和构件 1 分别在外力 F 和 F_1 的作用下,各以无关的速度 V 和 V_1 运动,撞击必要条件是 $V>V_1/K_1$,其中 K_1 为撞击瞬时对应位置构件 0 对构件 1 的传速比。当 $V=V_1/K_1$ 时,为构件 0 带动构件 1 运动的正常传动状态;当 $V<V_1/K_1$ 时,构件将惯性脱离或产生逆传动;当 $V>V_1/K_1$ 时,构件 0 的速度大于构件 1 的速度,并且构件 0 将赶上并撞击构件 1。

根据冲量和力的相似性,可以像建立自动机运动微分方程那样,建立自动机间斜撞击时的动量方程。在撞击过程中,经历的时间很短,可以对动量方程在撞击过程上积分。先对作用在撞击构件 0 上的有效力在撞击过程上积分,即

$$\int_0^\tau R' \mathrm{d}t = \int_0^\tau (F - m\ddot{x})\mathrm{d}t = \int_0^\tau F\mathrm{d}t - \int_0^\tau m\ddot{x}\mathrm{d}t$$

由于撞击过程很短,给定外力 F 有限,上式中第一项为零,而

$$\int_0^\tau m\ddot{x}\mathrm{d}t = m\int_0^\tau \frac{\mathrm{d}v}{\mathrm{d}t}\mathrm{d}t = m(V'-V)$$

式中:V' 为撞击后构件 0 的速度。即有

$$\int_0^\tau R'\mathrm{d}t = m(V-V')$$

再对作用在被撞击构件 1 上的有效力在撞击过程上积分,即

$$\int_0^\tau R'_1\mathrm{d}t = \int_0^\tau (F_1 + m_1\ddot{x}_1)\mathrm{d}t = \int_0^\tau F_1\mathrm{d}t + \int_0^\tau m_1\ddot{x}_1\mathrm{d}t$$

由于撞击过程很短,给定外力 F_1 有限,上式中第一项为零,同理有

$$\int_0^\tau m_1 \ddot{x}_1 dt = m_1 \int_0^\tau \frac{dv_1}{dt} dt = m_1(V'_1 - V_1)$$

式中:V'_1 为撞击后构件 1 的速度。即有

$$\int_0^\tau R'_1 dt = m_1(V'_1 - V_1)$$

对自动机运动微分方程(5.6)在撞击过程上积分,即

$$\int_0^\tau R' dt = \int_0^\tau \frac{K_1}{\eta_1} R'_1 dt$$

由于撞击过程很短,撞击位形不变,而 K_1/η_1 仅取决于系统位形,因此,在撞击过程中 $(0\sim\tau)$,K_1/η_1 不变(为正常传动时对应位置的 K_1/η_1)即

$$\int_0^\tau R' dt = \frac{K_1}{\eta_1} \int_0^\tau R'_1 dt$$

亦

$$m(V - V') = \frac{K_1}{\eta_1} m_1(V'_1 - V_1) \tag{5.14}$$

此式即为斜撞击时的相当动量方程。在正常传动时,我们将构件 1 的质量 m_1 通过质量换算系数 K_1^2/η_1 转换到构件 0(相当质量为 $m_1 K_1^2/\eta_1$),作用在构件 1 上的力 F_1 通过力换算系数 K_1/η_1 换算到构件 0 上(相当力 $F_1 K_1/\eta_1$)。同理,我们还可以定义速度换算系数,将构件 1 的速度换算到构件 0 速度方向上,其实,传速比的倒数 $1/K_1$ 就是速度换算系数。这样相当动量方程(5.14)可以改写成

$$m(V - V') = \frac{K_1^2}{\eta_1} m_1 \left(\frac{V'_1}{K_1} - \frac{V_1}{K_1} \right) = m_1^* (V_1'^* - V_1^*) \tag{5.15}$$

该式相当于正撞击时的动量方程,只不过其中被撞击构件 1 的质量为转换质量,速度为转换速度,即斜撞击可以看作是将被击构件转换到撞击构件运动方向上的正撞击。

有了动量方程,仍不能解决撞击后速度计算问题,还需补充一个方程,这就是恢复系数表达式。根据牛顿撞击定律,撞击前后,撞击点外法方向的相对速度之比为一常数(恢复系数),该常数仅取决于材料,而与运动无关。现在分析斜撞击前速度及恢复系数表达式。图 5.31 所示简单机构及其所示速度关系可知,撞击前法向相对速度为 $V\sin\alpha - V_1\cos\alpha$,撞击后法向相对速度为 $V'_1\cos\alpha - V'\sin\alpha$,即恢复系数为

$$b = \frac{V'_1 \cos\alpha - V' \sin\alpha}{V \sin\alpha - V_1 \cos\alpha}$$

对于图 5.31 简单所示机构,其传速比为 $K_1 = \sin\alpha/\cos\alpha$,即

$$b = \frac{\dfrac{V'_1}{K_1} - V'}{V - \dfrac{V_1}{K_1}} \tag{5.16}$$

联解式(5.15)和式(5.16)得撞击后速度计算式为

$$V' = V - \frac{\dfrac{K_1^2}{\eta_1} m_1}{m + \dfrac{K_1^2}{\eta_1} m_1} (1 + b) \left(V - \frac{V_1}{K_1} \right)$$

$$\frac{V'_1}{K_1} = \frac{V_1}{K_1} + \frac{m}{m + \frac{K_1^2}{\eta_1}m_1}(1+b)\left(V - \frac{V_1}{K_1}\right) \tag{5.17}$$

与正撞击时的撞击后速度计算式相比可知,斜撞击相当于将被撞击构件向撞击构件运动方向上转化后的正撞击,因此,斜撞击计算相当于转换后的正撞击计算,相当于正撞击中被撞击构件的质量为转换质量、速度为转换速度。当 $K_1=1$ 并且 $\eta_1=1$ 时,斜撞击计算与正撞击计算完全相同,反过来说,正撞击是斜撞击中 $K_1=1$ 和 $\eta_1=1$ 的特殊情况。

自动机的工作过程中,基础构件通常同时带动多个构件工作;通常遇到的撞击是基础构件带动一组构件与另一组构件之间发生撞击,多个构件参入,撞击点只有一个;为了计算撞击的影响,我们可以应用力与冲量的相似性进行冲量分析,但是,对于多构件系统,冲量分析过于繁琐,通常采用替换法,先以撞击点为界,将系统分为两组,即撞击构件组和被撞击构件组,将多构件撞击问题转化为两组构件的撞击,再应用斜撞击处理方法进行处理,导出撞击计算式。

设某机构由 $n+1$ 个构件组成,如图 5.32 所示,由构件 0 到 $k-1$ 组成一组,由构件 0 带动,通过构件 $k-1$ 和构件 k 间的约束,撞击由构件 k 到 n 组成的一组构件。

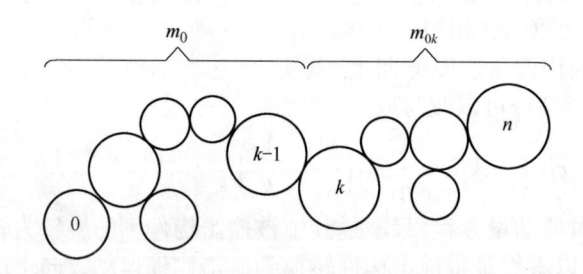

图 5.32 多构件撞击示意图

设:m、$m_i(i=1,\cdots,n)$ 为构件 0 和构件 i 的质量;V、V_i 为构件 0 和构件 i 在撞击前的速度;V'、V'_i 为构件 0 和构件 i 在撞击后的速度;K_i、η_i 为由构件 0 传动到构件 i 的传速比和效率;K_{ki}、$\eta_{ki}(i=k+1,\cdots,n)$ 为由构件 k 传动到构件 i 的传速比和效率。

将由构件 0 到 $k-1$ 组成的构件组看作撞击构件组,并将构件 1 到 $k-1$ 转换到构件 0 上,由构件 0 到 $k-1$ 组成的构件组换算到构件 0 的相当质量为 m_0,称为撞击构件组相当质量,其中

$$m_0 = m + \sum_{i=1}^{k-1} \frac{K_i^2}{\eta_i} m_i$$

将由构件 k 到 n 组成的构件组看作被撞击构件组,并将构件 $k+1$ 到 n 转换到构件 k 上,由构件 k 到 n 组成的构件组换算到构件 k 的相当质量为 m_{0k},称为被撞击构件组相当质量,其中

$$m_{0k} = m_k + \sum_{i=k+1}^{n} \frac{K_{k,i}^2}{\eta_{k,i}} m_i$$

这里的质量、速度、传速比是广义的,所以适用于定轴回转构件。

以全系统为对象,类似于斜撞击计算,对自动机普遍运动微分方程在撞击过程上对时

间积分,可以得到系统在构件 0 速度方向上的动量守恒表达式为

$$m(V - V') = \sum_{i=1}^{n} \frac{K_i}{\eta_i} m_i (V'_i - V_i)$$

该式可改写为

$$m(V - V') = \sum_{i=1}^{k-1} \frac{K_i}{\eta_i} m_i (V'_i - V_i) + \sum_{i=k}^{n} \frac{K_i}{\eta_i} m_i (V'_i - V_i) \tag{5.18}$$

假设条件撞击前与撞击后,两组构件均保持正常传动关系,撞击后构件 0 到构件 $k-1$ 之间不分离;构件 k 到构件 n 之间也不分离;但构件 $k-1$ 与 k 之间允许分离。因此,由构件 0 到构件 $k-1$ 组成的撞击构件组中,各构件撞击前与撞击后的速度成立关系式为

$$V_i = K_i V$$
$$V'_i = K_i V' \quad (i = 1, \cdots, k-1)$$

由构件 k 到构件 n 组成的被撞击构件组中,各构件撞击前与撞击后的速度成立关系式为

$$V_i = K_{k,i} V_k$$
$$V'_i = K_{k,i} V'_k \quad (i = k+1, \cdots, n)$$

在撞击位置, $K_i = K_k K_{k,i}$ ($i = k+1, \cdots, n$)。将各构件撞击前与撞击后的速度成立关系式代入到系统在构件 0 速度方向上的动量守恒表达式中,整理后得

$$\left(m + \sum_{i=1}^{k-1} \frac{K_i^2}{\eta_i} m_i \right) (V - V') = \sum_{i=k}^{n} \frac{K_i^2}{\eta_i} m_i \left(\frac{V'_k}{K_k} - \frac{V_k}{K_k} \right) = \frac{K_k^2}{\eta_k} \left(m_k + \sum_{i=k+1}^{n} \frac{K_{k,i}^2}{\eta_{k,i}} m_i \right) \left(\frac{V'_k}{K_k} - \frac{V_k}{K_k} \right)$$

即

$$m_0 (V - V') = \frac{K_k^2}{\eta_k} m_{0k} \left(\frac{V'_k}{K_k} - \frac{V_k}{K_k} \right) \tag{5.19}$$

该式相当于斜撞击时的动量方程,只不过,式中:撞击构件的质量为由构件 0 到 $k-1$ 组成的撞击构件组换算到构件 0 的相当质量,被撞击构件的质量为由构件 k 到 n 组成的被撞击构件组换算到构件 k 的相当质量,撞击构件组的速度为构件 0 的速度,被撞击构件组的速度为构件 k 转换速度,即多构件单点撞击可以看作是两组构件之间的斜撞击。

撞击发生在构件 $k-1$ 与构件 k 之间,可以定义恢复系数为撞击前后构件 $k-1$ 与构件 k 撞击点外法方向的相对速度之比,类似斜撞击恢复系数计算式可以用撞击前后构件 $k-1$ 与构件 k 的速度及速度换算系数来表示:

$$b = \frac{\dfrac{V'_k}{K_{k-1,k}} - V'_{k-1}}{V_{k-1} - \dfrac{V_k}{K_{k-1,k}}}$$

注意到

$$V_{k-1} = K_{k-1} V$$
$$V'_{k-1} = K_{k-1} V'$$
$$K_{k-1} = K_{k-1,k} K_k$$

则有

$$b = \frac{\dfrac{V'_k}{K_k} - V'}{V - \dfrac{V_k}{K_k}} \tag{5.20}$$

联解式(5.19)和式(5.20)得撞击后速度计算式为

$$V' = V - \frac{\dfrac{K_k^2}{\eta_k}m_{0k}}{m_0 + \dfrac{K_k^2}{\eta_k}m_{0k}}(1+b)\left(V - \dfrac{V_k}{K_k}\right)$$

$$\frac{V'_k}{K_k} = \frac{V_k}{K_k} + \frac{m_0}{m_0 + \dfrac{K_k^2}{\eta_k}m_{0k}}(1+b)\left(V - \dfrac{V_k}{K_k}\right) \tag{5.21}$$

将撞击构件组和被撞击构件组的相当质量代入,整理后得

$$V' = V - \frac{\sum_{i=k}^{n}\dfrac{K_i^2}{\eta_i}m_i}{m + \sum_{i=1}^{n}\dfrac{K_i^2}{\eta_i}m_i}(1+b)\left(V - \dfrac{V_k}{K_k}\right)$$

$$\frac{V'_k}{K_k} = \frac{V_k}{K_k} + \frac{m + \sum_{i=1}^{k-1}\dfrac{K_i^2}{\eta_i}m_i}{m + \sum_{i=1}^{n}\dfrac{K_i^2}{\eta_i}m_i}(1+b)\left(V - \dfrac{V_k}{K_k}\right) \tag{5.22}$$

与斜撞击时的撞击后速度计算式相比可知,多构件单点撞击相当于被撞击构件组与撞击构件组之间的斜撞击。因此,多构件单点撞击后速度计算可以分为两步,先将多构件从撞击点分为被撞击构件组与撞击构件组,并进行质量转化,再将被撞击构件组与撞击构件组之间的撞击按被撞击构件组与撞击构件组之间的斜撞击进行计算,相当撞击中,撞击构件组的质量为相当质量、速度为构件0的速度,被撞击构件组的质量为转换质量、速度为转换速度。

自动机的撞击公式,是引用理论力学撞击理论的公式得到的。在应用这些公式计算自动机件撞击后的速度时,应考虑到自动机的具体条件与撞击理论的条件不同。自动机的撞击不像撞击理论中以圆球撞击圆球那样简单,而是复杂形状的构件间实际接触面的撞击,这与撞击理论的假设条件不同。对正撞击来说,除特殊情况外,一般不能满足对心撞击的条件。因此,撞击可能使构件歪斜,实际的撞击会在几个面上同时发生,在此情况下,又假设为理想约束,即不考虑撞击约束反作用力所引起的摩擦冲量的影响,这在某些情况下,会与实际极为不符。对于斜撞击和多构件撞击,考虑到约束的非理想性,引入了冲量效率,也就是机构传动的效率,用此效率来考虑机构副中产生的撞击约束反作用力引起的摩擦冲量的影响。但是,由于求效率时的简化,所以此效率也只能近似地考虑摩擦冲量对撞击的影响。总之,由于自动机的撞击条件与撞击理论的条件不同,因此,在应用前述正撞击、斜撞击和多构件撞击计算公式时,如果引用撞击理论中由实验得到的圆球撞击

圆球的恢复系数 b 来计算撞击后的速度,就会与实际情况不符,产生较大的或不能接受的误差。因此,必须选择恢复系数 b 的值,使计算符合或接近自动机件撞击后运动速度的真实值。这样一来,选择合适的恢复系数 b 值,就成为一个重要的问题。前面给出的恢复系数 $b=0.3\sim0.55$,是自动机钢制零件间撞击时的经验数据,使用时应具体问题具体分析。对于多构件撞击,即中间有弹性构件的撞击,由于情况比较复杂,应根据对结构相类似的机构构件撞击的实验研究数据来选取恢复系数 b。

2. 自动机数值仿真

建立了自动机构微分方程及相关结构参数的求解表达式之后,解决了自动机连续运动状态的动力学描述问题;而撞击后的速度计算又解决了自动机突变运动状态的动力学描述问题。动力分析的目的在于确定自动机运动诸元及受力的变化规律,而机构的受力取决于运动状态,因此,自动机构动力分析的最终目的是要确定自动机运动诸元的变化规律,这由求解自动机运动微分方程来实现。

求解运动微分方程主要有解析法和数值法。解析法只能求解一些特殊形式的微分方程,而数值法可以近似求解各种形式的微分方程。自动机构运动微分方程具有变系数和不连续的特点,并且特征点必须比较精确的求得,只有在某些特殊阶段,机构或构件的运动微分方程的形式较简单,如构件在弹簧作用下的运动,才可以用解析法求解,通常只能用数值方法求解。用数值法求解自动机运动微分方程,是一项复杂而繁琐的工作,通常利用计算机进行,以提高计算速度和精度。

自动机构动力分析程序,除了进行对特定结构模拟计算外,还应进行预测。因此,在动能上,除了保证基本的主要模拟计算功能外,应尽可能增强人机对话功能及参数修改功能(人机界面友好);在程序结构方面,程序应尽可能模块化、规范化,程序由若干相对独立、功能单一的模块组成,模块之间的接口统一规范;程序设计中,尽可能有利于节省用机时间;程序要尽可能的通用化、适应性强、使用方便。一般自动机构动力分析程序由主控模块、数据准备模块、运动计算模块及后处理模块等组成。

数据准备模块的主要功能包括基本参数的准备、给定力的准备和结构参数准备等。基本参数主要是指系统的质量、转动惯量、特征点及初始化数据等。给定力主要指作用在基础构件及工作构件运动方向上的合外力,例如管退式的炮膛合力、导气式的气室压力、制退机力、复进机力、输弹力、供弹阻力等。结构参数主要指各机构(主要是加速机构和供输弹机构)和各构件对应的参与工作时期传速比及传动效率(包括力换算系数、质量换算系数)随基础构件位移变化的规律。数据准备就是将动力分析中将要用到的各种数据表和曲线图在程序设计时根据要求处理成便于查找和选取的形式。

主控模块的功能主要是为用户提供本程序的有关信息,通过人机交互作用获取用户的意愿指令,控制整个程序的操作流向。可以是菜单式,也可以是提问式。

自动机在工作过程中,机构或构件不是同时工作的,构件的工作是间歇性的。自动机在工作过程中,机构或构件进入或退出工作点称为特征点;特征点与特征点之间的自动机工作过程称为特征段。

自动机构运动的阶段性导致了微分方程的阶段性,循环不连续是自动机构运动微分方程的特殊性。在进行自动机微分方程求解之前,必须要进行微分方程的分段处理,确定各特征段中参与运动的构件数、构件序号以及相应结构参数等。在分段时,还要分析各特征点是否产生撞击,若存在撞击,则要适时给计算机以处理撞击的信息,以便计算撞击影响,确定下段求解的初值条件。

在求解自动机运动微分方程时,通常需根据外力和构件参与运动的情况分成若干段进行。为后处理方便,通常选取等时间间隔作为步长。由于所有分段点(特征点)对应的时间不可能都是预定步长的整数倍,因此,如在分段点处不调整步长,就会出现因步长选取不合适而造成的误差,甚至误差的积累和扩散会造成对物理本质的认识错误,所以需要研究在特殊点处步长调整问题,以减小因步长不当造成的误差,即特殊点的逼近问题。由于特征点前后两个特征段中,参与工作的构件数目及结构参数都不相同,因此,当积分步长跨越特征点时,这一步计算是无效的(误差太大),必须返回到前一点,减小步长进行重新计算,这称为"过头回头",直到计算点离特征点足够近为止(满足一定精度要求)。特征点逼近方法通常采用对分逼近(不断对分步长逐渐逼近特征点)和插值逼近(利用插值方式确定逼近步长逐渐逼近特征点)。

自动机数值仿真,一方面是模拟自动机的运动,用计算机演示发射过程;自动机发射过程不仅有单发,还有连发,模拟连发射击时,还有连发之间的衔接问题以及发射发数控制问题等;另一方面是进行预测,借助计算机运算速度高、存储信息容量大和具有逻辑判断功能等性能,通过改变系统结构或数据,预测自动机性能方面的变化及其趋势,为改进自动机性能提供参考依据。因此,主控模块中要有相应功能。

运动计算模块,主要功能是选择适当的数值计算方法,根据数据准备模块提供的数据以及主控模块规定的任务进行自动机运动微分方程的求解计算,给出自动机运动规律等相关性能参数。

后处理模块的主要功能主要是将动力计算结果以适当的形式表现出来,以便分析之用。计算结果的表现形式主要有数据表和图表,甚至多媒体、动画等。为了提高计算精度,应用计算机进行计算时,计算步长一般取得比较小,因此计算结果的数据量比较大,计算结果的输出应根据需要有选择地输出能说明所关心问题的相关结果。

5.3.2 自动机虚拟样机技术

1. 虚拟样机技术

自动机虚拟样机技术,是应用成熟的通用多体系统动力学仿真软件,建立自动机三维实体模型,并进行计算机仿真分析。这种方法目前应用较多。由于通用商业仿真软件的设计是面向用户,采用通用化图形界面设计,使分析人员可以将精力放在模型建立上,而不用去考虑怎样解算复杂的动力学公式,使得仿真工作得到大大地简化,提高了设计效率。

自动机虚拟样机技术的一般分析步骤如图5.33所示。

自动机动力学仿真包括3个基本的内容:建模、模拟和结果分析。

明确仿真的对象、目的及要求,是任何仿真必不可少的环节。只有在对所研究对象具有充分了解的基础上,才可能建立符合实际的模型,才有可能进行仿真研究,得出满意的仿真结果。尤其是对专业性非常强的自动机进行仿真,必须对自动机具有足够的认识和理解。尽量弄清研究对象是自动机整体或者某个方面,或者是自动机的某个部分。并且明确研究对象的主要特征,从而形成一个比较清晰的概念和轮廓。建模和仿真是具有目的性的。对不同目的和要求所建立的模型是不同的，自然仿真结果和效果是不一样的。情况明了才能方法对路。明确自动机动力学仿真的对象、目的及要求，是进行自动机动力学仿真的前提。

建立自动机动力学仿真模型，是仿真的核心。数学模拟方法建立的是数学模型，通过数学描述自动机的行为和特性。虚拟样机技术方法建立的是三维实体模型，在通用分析软件中不需要建立数学公式，所建立的模型是数学模型的图形界面化模型，它符合操作习惯，建立过程简单，而且模型形象直观，与实际的物理模型相似。建模工作通常包括几何模型的建立、

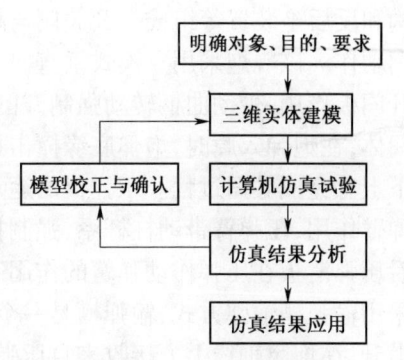

图 5.33 自动机虚拟样机技术的一般分析步骤

约束的定义、载荷的定义、参数的确定等。自动机实体模型的建立方法与所使用的仿真软件密切相关，需按照软件要求进行。常用实体建模软件有 ADAMS、Solidworks、Pro/E、I-DEAS、UG 等。一般来说，通常首先建立构件模型，确定构件质量、质心、转动惯量等属性，然后确定构件之间的连接关系副，包括连接副的类型、位置和方向等，最后确定构件的驱动，可以是输入载荷，也可以是规定的运动轨迹，载荷包括载荷作用位置、大小、方向等；运动轨迹包括运动的方向、大小等。

对自动机进行仿真试验（仿真模型的求解）。数学模拟方法需要根据所建立的数学模型，选用合适的计算方法，采用相应计算机高级语言，自行编制仿真程序。仿真试验过程，首先就是校正和确认仿真程序的正确性。只有运用正确的仿真程序才能进行正确的仿真试验，给出正确的仿真结果，只有经过确认的仿真程序才能用于对实际自动机进行数学模拟。而虚拟样机技术方法是利用通用商业化软件，可以将仿真试验过程看作一个黑匣子，分析人员只需提交正确定义的模型，系统会自动进行求解。通常在进行仿真试验之前，需要定义仿真的输入参数和确定仿真输出。

对仿真结果进行分析。通用仿真软件一般都有后处理功能，这一功能可以协助分析人员进行仿真结果的分析，比如绘制仿真结果曲线、对仿真数据进行二次计算等。自行编制的仿真程序可以具有后处理功能，如果不具备后处理功能，应通过输出信息，进行人工分析。

计算机给出的仿真结果必须经过验证。计算机毕竟是"机器"，计算结果的正确性需要检验，主要是检验模型的正确性。只有经过确认的自动机模型才能用于说明实际自动机的行为和内在规律，才能用于指导实际自动机的研究。通常是将试验结果与仿真结果进行比较和判断。计算结果不可避免与实际情况有误差，主要看误差程度是否可以接受。实际上，自动机动力学仿真过程是不断对自动机模型及仿真程序反复校正和确认的过程。

进行自动机动力学仿真的目的，一方面是认识自动机的行为和内在规律，另一方面是探索各种因素对自动机的行为和特性的影响规律，用于指导实际自动机的研究工作。经过校正和确认的自动机模型、仿真程序以及仿真结果，可以用于自动机性能预测和结构优化设计。

2. 基于虚拟样机技术的某自动机动力学仿真

1) 某自动机的工作原理

某自动机主要由带弹簧式复进机的炮身、炮尾、开关闩机构、压弹机、输弹机、抽筒机

构和反后坐装置等组成。开关闩与抽筒机构利用火炮射击时的后坐能量自动完成开、关闩动作。该舰炮采用立楔式垂直向下开闩方式,后坐过程中开闩滚轮与固定在摇架上的开闩板作用,带动曲柄转动强制开闩,闩体运动撞击抽筒子,抽筒子将弹筒抽出并且挂住闩体,在炮弹入膛时,炮弹底缘撞击抽筒子,抽筒子释放闩体,闩体在开闩作动弹簧的作用下上升完成关闩过程。压弹机的运动方式为杠杆式压弹方式,火炮后坐时,炮尾挡块与压弹臂作用,压弹臂带动杠杆系,强制拉回压弹滑板,压缩压弹作动弹簧,压弹臂与挡块脱离后压弹滑板在压弹作动弹簧的作用下压弹,把处于进弹位置的炮弹压入输弹槽。输弹机采用输弹槽输弹方式,输弹槽是一个四杆机构,火炮后坐时,输弹槽在炮尾凸轮的作用下上升,在炮膛轴线上方接收来自压弹机的炮弹,压弹机压弹到位后,输弹槽在输弹作动弹簧和自身重量的作用下向前下方运动,输弹槽运动到对准炮膛轴线时,拨弹杆开始加速拨弹,炮弹以惯性入膛的同时撞击抽筒子释放炮闩,关闩到位,射击循环完成。某火炮采用了与炮身同轴的弹簧式复进机和带针式复进节制器的节制杆式制退机,在复进的局部行程上实施制动,提高了平均复进速度,减少了复进时间。

2)虚拟样机的建立

(1)基本假设。根据该自动机的结构特点和射击循环过程中的运动规律,在不影响样机合理性的前提下,为了便于理论分析,作如下3点假设:①自动机中的弹簧作为柔性体处理;②自动机中的其他各构件作为刚体处理;③摇架与大地固定。

(2)几何建模。根据实际结构参数,在SoildWorks环境下建立了自动机全部零部件(不包括反后坐装置)三维几何模型,在SoildWorks下对零件进行装配,装配位置是自动机后坐开始位置,装配体省略了一些与摇架固定的并且不影响仿真的零件;然后将没有相对运动的零件作为一个个的Part分步导入ADAMS的Aview中并赋予材料属性,最终在Aview中导入了包含85个Part的自动机后坐开始位置的三维模型。

(3)施加运动副和运动约束。三维模型导入后,在各个Part之间施加运动副和约束,相对滑移的Part之间施加滑移副,相对转动的Part之间施加旋转副,相对固定的Part之间施加固定约束,总共施加约束数为17个滑移副、72个旋转副、6个固定约束,全系统有77个自由度。

(4)施加载荷。①弹簧力:弹簧使用ADAMS自带的弹簧编辑器定义,弹簧参数按实际参数选取,小弹簧的质量忽略,质量较大的弹簧按弹簧总质量的1/3附加在运动构件上,其中复进机也按弹簧定义,复进簧质量和制退机质量一起附加到火炮后坐部分上。该模型中总定义弹簧35个,包括17压缩弹簧,18个扭簧。退机质量一起附加到火炮后坐部分上。该模型中总定义弹簧35个,包括17压缩弹簧,18个扭簧。②接触力:对于相互有碰撞和有接触作用力的Part之间施加Solid_to_Solid接触力,包括开闩滚轮与开闩板之间,炮尾凸轮与输弹槽滚轮之间,炮闩与抽筒子之间,抽筒子与炮弹之间,炮尾挡块与压弹臂之间,压弹爪与炮弹之间,炮弹与输弹槽之间,拨弹杆与炮弹之间等,最终共定义接触力128个。③炮膛合力:根据火炮内膛和发射药的实际参数,运用火炮内弹道理论,建立膛压与弹丸运动微分方程,采用FORTRAN语言编写内弹道程序,求解各微分方程得到膛压—时间曲线,乘以炮膛面积得到炮膛合力—时间曲线,把炮膛合力通过一个单向力施加到后坐部分。④制退机力:制退机的结构形式为带针式复进节制器的节制杆式制退机,根据制退机实际参数,运用制退机经典计算理论,建立制退机在后坐复进过程的液压阻力模型,通过一个单向力的形式施加在后坐部分上,反力施加在摇架上。⑤ 作动筒液压阻力:拨弹作动筒、输弹作动筒和输弹缓冲筒都是带活门的活塞式阻尼筒形式,液压阻力的数学模型和施加方式和制退机力相似,反力施加在作动筒上。⑥ 抽筒力:由于该自动机在抽筒时膛压已经非常低,接近于大气压,所以在抽筒时只考虑了药筒残余变形对内腔的挤压产生的摩擦,摩擦也以一个单向力的形式施加在弹筒上。

(5) 虚拟样机的简化。建立好的虚拟样机在 ADAMS/View 窗口下的模型(摇架和炮尾部分已隐藏)如图 5.34 所示。

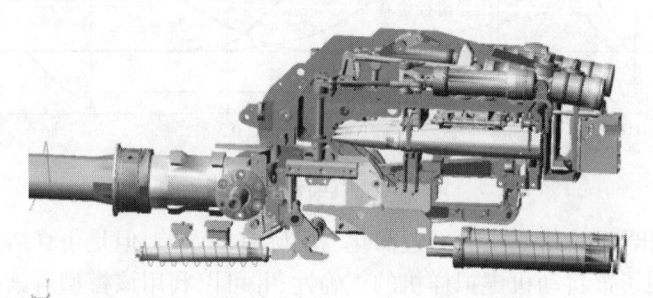

图 5.34 在 ADAMS/View 窗口下的虚拟样机模型

此次建立的虚拟样机主要分析自动机的工作循环,没有考虑炮弹入膛时的弹带挤进过程,对于炮弹入膛的可靠性以惯性输弹阶段时炮弹相对于炮膛的速度来考察。

本模型也没有考虑所有旋转副、一部分滑移副的摩擦,仅仅在一些阻力较大的地方施加了摩擦,如后坐部分与摇架之间,炮闩与炮尾之间等;接触之间的库伦摩擦仅仅在开闩滚轮与开闩板之间、输弹槽滚轮与炮尾凸轮之间作了定义,以避免模型过于复杂导致 AD-AMS 在解算时失败。

3) 仿真结果与分析

以虚拟样机为基础,对某火炮 0°射角射击时自动机的一个工作循环进行了仿真。

(1)虚拟样机的验证。后坐部分运动行程—时间曲线和速度—时间曲线如图 5.35 所示。

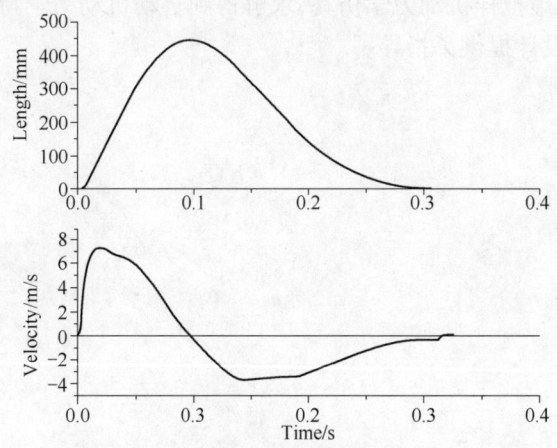

图 5.35 后坐行程-时间曲线、后坐速度-时间曲线

仿真结果中最大后坐长为 442.87mm,最大后坐速度为 7.285m/s,后坐与复进时间为

0.097s 和 0.222s,仿真结果与实测值比较有很好的吻合。

自动机在 0°射角射击时的仿真循环图如图 5.36 所示。自动机整个工作循环的循环时间为 0.46s,与实际循环时间有较好吻合。

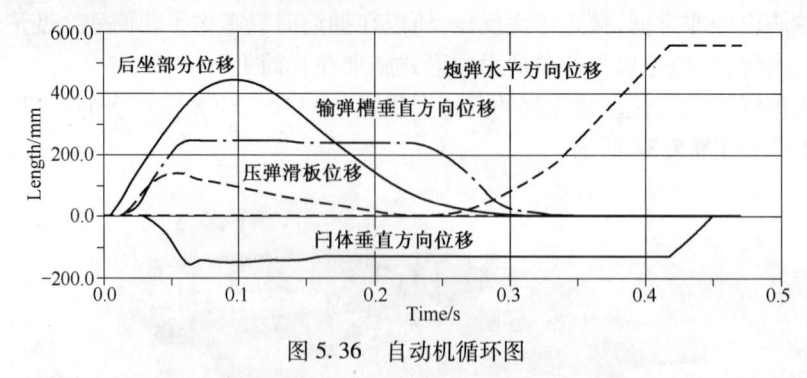

图 5.36 自动机循环图

由此可以看出,理论仿真虽然经过简化与实际有些误差,但是仿真结果与试验结果有较好的吻合,说明了该自动机虚拟样机的正确性,并可以利用该模型对该火炮特性进行仿真分析。

(2) 后坐力仿真分析。该虚拟样机中摇架以固定约束固定在地面上,通过测量固定约束上的反力,可以分析该舰炮后坐力特性,这种方法为分析自动火炮后坐力特性提供了一个新的途径。

摇架水平方向反力最大值为 178.03kN。在 A 点,炮尾挡块开始带动压弹臂;B 点,输弹槽开始加速上升;A 点和 B 点有接触碰撞作用,后坐阻力出现明显波动;C 点制退机节制杆开始插入,后坐部分加速制动,后坐阻力急剧上升;D 点炮尾开始压缩后坐缓冲器,后坐部分开始最后制动阶段;E 点后坐到位开始复进;后坐部分加速复进在 F 点炮尾与后坐缓冲器脱离接触;G 点制退机真空消失,制退机开始节制后坐部分的复进过程,后坐阻力方向改变;H 点复进节制器针杆插入,流液孔面积急剧减小,后坐部分加速制动;I 点后坐部分复进到位炮尾撞击缓冲垫圈停止运动;到 J 点时,炮弹入膛到位撞击身管。

经过基于自动机虚拟样机动力学仿真,求解得到自动机动力学特性的相关数据,通过分析,为自动机的再设计提供了指导。

第6章 发射架设计

发射架是赋予武器发射系统不同使用状态的各种机构的总称。发射架的作用是支撑身管、赋予射向，承受发射时的作用力，保证射击时的静止性和稳定性，并作为射击和运动时的支架。

发射架的结构与组成是随武器的不同而略有差异的。一般发射架包括三机（高低机、方向机、平衡机，高低机和方向机也合称为瞄准机）、四架（摇架、上架、下架、大架）、瞄准具、行走部分（缓冲装置、调平装置、制动装置、车轮等），以及其他辅助装置等。

发射架设计主要包括发射架的结构设计、发射架的受力分析和发射架的强度分析等。

结构设计是发射架设计的一个重要阶段。其主要内容为确定架体结构类型及结构尺寸。它与总体设计阶段是紧密相关的。在确定总体方案过程中，不可避免地要涉及结构问题。在总体方案确定以后，就进入各部件、分系统的结构设计阶段。这一阶段，不但要使总体方案具体化，还要为下一阶段的生产提供全套技术资料。它是一个承前启后的关键环节。结构设计包括绘制部件草图和重要零件工作图，编制设计、计算说明书等。

武器发射系统在射击、行军时受到多种外力。这些外力使发射架各连接部分产生反力，从而在发射架各构件内部引起应力。这些应力是使发射架结构破坏的主要因素。因此，计算应力必须从分析外力和反力开始，也就是要先进行受力分析。受力分析就是要确定各架体间所受的全部外力，即载荷和约束反力的大小、方向和作用点。实际构件的受力往往是复杂的，其分布状况也可能各不相同，要逐一精确计算往往是困难的，有时是没有必要的。传统的架体受力分析，是建立在刚性和静止假设基础上，传统方法简便易行。随着科学技术的发展，应用计算机技术，进行发射动力学分析，更准确地计算构件的载荷；广泛采用有限元法，对载荷及形状复杂的结构进行应力分析，并能获得整个构件内的应力分布，作为结构强度设计的依据，可以更精确地设计构件的形状和尺寸。

6.1 架体结构设计

架体主要包括摇架、上架、下架、大架。

摇架是起落部分的主要载体。它与炮身、反后坐装置和其他有关机构共同组成起落部分，绕耳轴回转，赋予高低射向。摇架的作用是支撑后坐部分并约束其后坐及复进运动方向，赋予高低射向，并将涉及载荷传给其他架体。摇架上还安装有瞄准具、部分开闩机构，并连接有平衡机、高低齿弧和活动防盾、防危板等部件。

上架支承着起落部分，也是回转部分的基础。它借助于方向机的作用，围绕立轴（基轴）在下架上回转以赋予方位角。在上架各支臂上连接着高低机、方向机、平衡机和防盾等部件。坦克炮和自行火炮的托架甚至整个炮塔起着上架的作用；高射炮的上架称为托架;舰炮的上架称为回旋架。

下架支承着回转部分,是整个发射架的基础,其结构很大程度上取决于它与各部件的结构形式与连接方式,其中,尤以上架、运动体、大架及座盘的影响较大。上、下架的结构形式与连接方式决定下架立轴室的结构;运动体与下架的结构形式与连接方式决定下架本体的结构。

大架在射击时支撑全炮以保证射击的静止性和稳定性。行军时大架成为运动体的一部分,起着运载作用。

架体设计就是根据战技要求和总体布置要求,设计摇架、上架、下架和大架。架体设计的内容主要包括架体的结构设计、架体的受力分析和架体的强度分析等。受力分析和强度分析是针对具体结构而言,结构设计最为关键。本书主要介绍架体的结构设计。

6.1.1 摇架结构设计

1. 摇架的结构类型

摇架的结构形式很多,常见的摇架有3种基本形式,即槽型摇架、筒型摇架和组合型摇架。

(1)槽型摇架的本体呈长槽形(图6.1)。其上有两条平行的长导轨,炮身通过前后托箍的滑板槽(或炮尾上的卡槽)在它上边滑动。这种摇架的刚度(特别是扭转刚度)较差,应避免使它受到绕纵轴的扭矩作用。为此,需将反后坐装置、平衡机和高低机尽量布置在射面内,或使左右对称。为了提高槽型摇架的刚度,常在槽内加隔板和加强筋或在外部设加强箍。槽型摇架的结构是属于开放式的,炮身散热条件较好。摇架的长导轨在起导向作用的同时还抵抗由于弹丸旋转产生的扭矩作用。

(2)筒型摇架的本体是一个封闭的圆筒,筒内装有铜衬瓦,炮身上的圆柱面与铜衬瓦配合,作滑行运动,如图6.2所示。为了抵抗弹丸旋转产生的扭矩,防止炮身回转,筒型摇架上必须专设定向栓室,它与炮尾上的定向栓配合,以抵抗弹丸回转力矩。定向栓的长度略大于对应弹丸飞出炮口时的后坐长度。筒型摇架的扭转刚度比槽型摇架大得多。采用筒型摇架在布置反后坐装置、平衡机和高低机时可自由些,这便于降低火线高,对减轻全炮重量有利。但筒型摇架散热条件较差,火炮连续射击时,炮身的温度升高较快,摇架本体温度上升较慢,铜衬瓦与炮身配合,两者的膨胀量不同。为了避免发生卡滞现象,炮身与铜衬瓦之间必须留有一定的间隙。

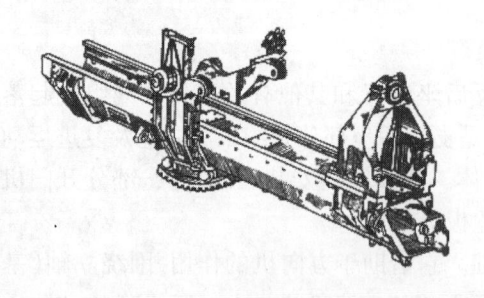

图6.1 槽型摇架 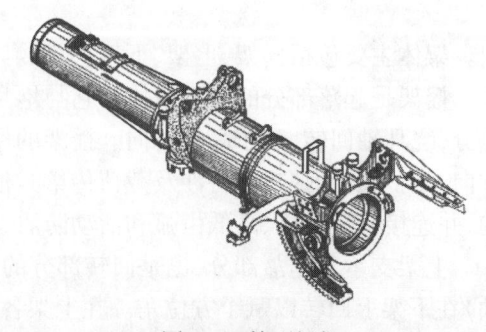　　　　图6.2 筒型摇架

(3)组合型摇架是筒型和槽型的混合结构。其主要优点在于可以部分省去摇架本体,对减轻火炮重量是有利的。采用这种结构时要注意刚度问题,为了保证刚度,有时不得不加大驻退复进机外筒的直径。这种结构的缺点是发射时炮身或驻退机的发热易将传给复进机,影响复进制动规律。

一般来说,对于射速较低的火炮,采用筒型摇架优点较多。筒型摇架刚度好,导向部加工方便,长度尺寸较短,可采用不对称布置,便于降低火线高。由于筒型摇架结构紧凑,外部成圆形,便于与炮塔配合,故在坦克炮、自行火炮和舰炮中广泛采用。高射炮射速高,应考虑采用散热较好的槽型摇架,为使结构紧凑,亦可采用组合型摇架。利用反后坐装置在炮身上下方加强的摇架,其受力状态与固紧情况有关。对于这种结构,要求连接都位在装配后不能松动。

2. 摇架的主要技术要求

对摇架的主要技术要求如下所述。

(1)保证炮身后坐和复进时准确定向和顺利滑行。为此,筒型摇架应要求前后铜衬瓦同心,槽型摇架应要求两导轨平直和相互平行。

(2)保证耳轴有足够的强度和安装的准确性。耳轴是起落部分的回转轴,又是直接承受发射时后坐阻力的构件。所以两耳轴必须在一条直线上,并应垂直于摇架导轨(或铜衬瓦)的对称面,以保证炮膛轴线在铅垂面内运动,否则当改变高低射角时会引起方向偏差,影响射击密集度;耳轴、耳轴与摇架的连接必须保证强度足够。

(3)保证高低齿弧安装的准确性。为使高低机传动平稳,摇架上齿弧的节圆中心位于耳轴的轴线上,通常用光制螺钉紧配合或点焊的方法保证正确装配后不变位,并以专用装置来检验。

3. 摇架结构设计

摇架结构设计包括:确定摇架的结构形式;初步确定摇架的外形尺寸;确定耳轴及高低齿弧的位置;确定炮身、反后坐装置的布置等。

设计时应根据战术技术要求及火炮总体方案的要求,参考国内外现有火炮结构,创造性地确定结构方案。经过计算后,还应局部修改原方案。

摇架的结构设计与总体设计中的起落部分布置有密切的关系,因此,在选择摇架的结构方案时,应与总体设计中的起落部分布置问题同时考虑。

摇架与许多部件及一些机构有着密切的关系,决定摇架结构尺寸时,必须考虑到摇架与炮身的配合、反后坐装置的连接和配合、高低机齿弧的位置、耳轴的位置、平衡机与摇架连接关系、变后坐机构的布置、半自动机或自动机的布置、润滑装置的布置以及后坐标尺的位置等问题。

摇架与炮身如何配合取决于摇架的结构形式。槽型摇架利用导轨及滑板与炮身连接;筒型摇架利用铜衬瓦与炮身的圆柱面配合。

摇架的结构还与反后坐装置类型和布置有关,摇架上需设有与反后坐装置连接的结构。

摇架本体上还要伸出一些支臂与其他部件连接,如瞄准具支臂,开闩板支臂,平衡机支臂等。

6.1.2 上架结构设计

1. 上架的结构类型

地面火炮的上架一般是由左右侧板、立轴和各支臂组成。上架与下架的连接关系对上架结构有很大的影响,通常以这部分的特点来区分上架的类型。上架一般分为长立轴式与短立轴式两种。短立轴式又称为带防撬板式。

简单的长立轴上架(图6.3),其前方两侧有固定高低齿弧的支座,支座上各有两个连接耳,用于固定上防盾。在两侧板的后方有耳轴室,耳轴室的盖板用螺拴螺帽及垫圈固定,盖板上有油孔。瞄准具支臂和方向机支臂焊在上架的左后端,其连接孔的上方各有一个注油孔。方向机支臂上的另一孔是固定高低机锥形齿轮箱的。上架的下部两侧连接有平衡机外筒,中间是上架的立轴,立轴上轴颈与下架上立轴室相配合,下轴颈与下立轴室相配合。立轴的下端用立轴螺帽固定。这种上架本体和立轴是整体铸造的。结构和制造都较简单,被广泛用于中、小口径的火炮上。

对带拐脖的上架,立轴在下架上,而立轴室在上架上,并在上架上增加了一个拐脖,如图6.4所示。这种上架便于降低火线高,因为上轴颈的高度有一部分与上架底板厚度相重合。其工艺性也较好,因为立轴可以分上、下两个单独加工,然后再与下架焊接在一起。这种立轴可采用较好的材料,从而可减小轴颈的直径,这对减小方向机手轮力是有利的。采用这种结构时,需注意不使拐脖与炮尾、摇架和调平机构等部件发生干涉。

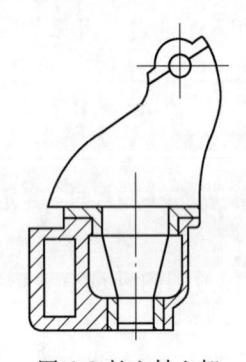

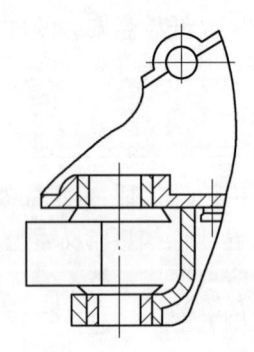

图 6.3 长立轴上架　　　　　　图 6.4 带拐脖的上架

简单的上架以下架的上端面与上架底板的下端面相配合,支持着回转部分的质量。由于大口径火炮的回转部分较重,上下端面之间的摩擦力矩较大,影响方向机手轮力,应设法将上下架之间的滑动摩擦代之为滚动摩擦。带滚轮的上架,是在长立轴下面加止推轴承和碟形弹簧以支持回转部分,并使上下架端面之间留有一定的间隙。射击时,碟形弹簧被压缩,上下架端面贴合在一起承受发射时的载荷。为了使端面在贴合时不产生很大的冲击,端面间的间隙必须保持极小,一般约为 0.2~0.4mm。由于回转部分的质心与立轴中心往往是不重合的,引起上下架端面之间的间隙前后不等,甚至会有局部接触。为了保持间隙均匀,减小摩擦力矩,在上架前部(回转部分质心之前)加一个或两个滚轮,滚轮支架上有碟形弹簧。调整止推轴承及滚轴处的碟形弹簧就可使间隙保持在技术条件要求的范围内。由于回转部分质心随高低射角而变化,间隙也随射角变化,调整时必须保证在任何射角时间隙都符合要求。上述结构的滚轮必须支在回转部分的质心之前。某些威力较大的火炮,为了增大后坐长,需使炮尾尽量前推。如果回转部分质心前移较多,将使上下架结构尺寸增大,设计时应尽可能使回转部分的质心靠近立轴中心。

带防撬板的上架,通常用于大口径火炮上,因为大口径火炮回转部分质心离基轴(短立轴)较远,为了使基轴处不上撬,滚轮需要支撑在回转部分质心之前,这样就增加了上架的长度。如果仍采用长立轴上架就必然使下架又厚又长,结构不紧凑;而采用短立轴,可以使下架的厚度减小。此种上架的特点是立轴很短,上架前端较长并有一个防撬板与下架连接。大口径火炮要降低火线高常受到立轴长度的限制。立轴长度是由立轴所需抗弯矩的大小决定的。为了抵抗弯矩,立轴的上下轴颈之间必须保持一定距离。为了缩短立轴长度,大口径火炮常采用带防撬板的上架。这种上架只有一个立轴轴颈,它不能抵抗弯矩,抵抗弯矩要靠防撬板。这样,上架和下架就变得扁而宽了,这对降低火线高有利。为了减小摩擦力矩,在防撬板与下架的上下接触面间必须留有一定的间隙,此间隙也是靠调整两处的碟形弹簧来保证的。

2. 上架的主要技术要求

上架设计是以战术技术要求为基本依据进行的。但是,火炮的各部件性能是靠各部件互相配合起来才能满足战术技术要求。对上架的要求包括以下内容。

(1) 要有足够的强度和稳定性。上架主要承受射击时的载荷。火炮射击时产生的后坐力由数吨至几十吨,其作用时间仅 0.1s 左右;行军时因道路不平引起的颠簸载荷比重力引起的载荷大 3~5 倍;还有加速瞄准时的惯性力等等。由于这些载荷的作用,故要求上架要有足够的强度和稳定性。

(2) 要保证一定的射击精度。这里主要包括:要有足够的刚度,变形要小,如果刚度不足,会引起瞄准错位,影响射击精度;对影响射击精度的构件要有足够的制造精度和装配精度,如对两个炮耳轴的轴线同心度的要求等;如果工艺上难于保证加工精度和装配精度,则在设计时应考虑采取一些调整装置或措施,来消除制造上的误差,保证射击精度。

(3) 重量轻,尺寸小,结构简单,工艺性好。火炮的重量和尺寸大小是火炮的重要指标。它涉及到火炮在战场上火力调动的机动性和运动性,涉及到经济性等。上架的重量和尺寸直接影响到该项要求,因此对上架设计来讲,减轻重量是一项重要的要求。尺寸、体积的减小,重量必然减小。一般来讲,选择合理的布置方案和结构形式是减轻重量的首要措施。

(4) 要保证火炮瞄准简单、灵活、轻便,要有足够的俯仰和回转范围,保证装填方便。

(5) 使用、维护和修理简单方便。

3. 上架结构设计

上架设计要解决的主要问题是结构、强度和刚度,其中主要的是结构问题。上架设计要考虑的因素很复杂,上架的性能只有与火炮其他部件配合起来才能评定其结构的合理性,而且上架强度和刚度分析必须以具体结构为依据,分析只是一种校核和决定尺寸的手段。

上架设计是根据战术技术要求,通过结构设计确定上架的初步结构方案,经过强度、刚度和稳定性分析后,调整上架初步结构,试制出样机,进行各项试验,然后再调整修改,最后设计定型。在设计上架结构时,应广泛参考现有火炮的结构,加以分析比较,在此基础上改进创新,使新的上架设计合理。

上架的结构尺寸是直接受到火炮总体布置的支配,上架的结构和尺寸应满足和适应火炮总体布置的需求。在总体布置时就应考虑上架的结构和布置的合理性,否则会引起上架的结构和工艺复杂化以及增加全炮重量等严重的缺陷。

上架支承着起落部分,又与高低机、方向机、平衡机和防盾等部件连接,确定上架结构尺寸时必须全面考虑各部件与上架的相互关系。上架主要尺寸包括耳轴室的位置、耳轴中心至立轴中心间的距离,以及上架侧板的尺寸。这些尺寸可以根据对火线高、高低射界和方向射界的要求来决定。

耳轴中心到架尾支承点的距离与耳轴室的位置直接相关。当确定起落部分上耳轴位置以后,耳轴室的位置就决定了起落部分与其他部件的相对关系。由于起落部质量占全炮质量的50%左右,所以移动耳轴室的位置对全炮质心位置有很大影响。初速较大的火炮,炮身较重,全炮质心很靠前,调整此类火炮的质心,可将耳轴室后移,即减小耳轴中心到架尾支承点的距离。初速较小的火炮,炮身较轻,调整全炮质心时允许将耳轴中心到架尾支承点的距离适当加大。耳轴室向前移动可能造成炮尾或摇架与其他部件相碰,影响高低射界。耳轴室太靠前,在最大射角时,摇架或炮尾可能碰到上架底板,当高低和方向射角达到极限时,炮尾还可能与下架相碰。避免这种情况需从改变炮尾、摇架、上架、下架的结构和相对位置入手。

上架侧板的尺寸和很多因素有关,如反后坐装置布置的方式,摇架的结构和高低齿弧的位置等。耳轴室和立轴的相互关系大体上决定了上架侧板的尺寸。为了减小上架侧板尺寸,应该设法将立轴的位置尽量靠近耳轴室。要做到这一点必须合理地布置反后坐装置、摇架和高低齿弧。缩小立轴到耳轴室的距离不但可以减少上架侧板所受到的载荷,而且可减小下架所受的扭转载荷。

侧板尺寸要满足高低射界的要求,在高低、方向极限射角时摇架与上架底板之间均应留有间隙。

要减少上架两侧板间的宽度,需减小左右耳轴之间的距离。此距离取决于炮身的外径和摇架的横向尺寸。如果将耳轴后移到炮尾的外侧,左右耳轴之间的距离就会增大,随之上架两侧板间的宽度就要增大。这将影响上架质量、方向射界,甚至影响方向瞄准速度。

在上架设计时,一些重要尺寸的形位公差可供参考。

(1) 耳轴孔端面对耳轴孔中心线的不垂直度不得大于 0.1mm。
(2) 耳轴孔中心线与底板平面的不平行度在 1000mm 上不得大于 0.25mm。
(3) 基轴轴线与耳轴孔中心线在垂直及水平面上的不垂直度不应超过 0.1~0.2mm。
(4) 基轴轴线与底板平面的不垂直度不大于 0.2mm。
(5) 高低机主轴孔轴线与耳轴孔轴线的不平行度应在 0.1~0.2mm 之内。

6.1.3 下架和大架结构设计

1. 大架结构类型

大架一般可分为单脚式、开脚式和多脚式3种。常见的地面火炮的大架多为开脚式,多脚式大架常用于高射炮。近来有些地面火炮也采用了多脚式大架,目的是使火炮的方向射界达到360°,可进行环形射击。此种大架在射击时所受的载荷比较均匀地分布于整个结构,这是减轻大架质量的一个因素,若采用开脚式大架,则每个架腿几乎都要按承受射击时的全部负荷进行设计。

开脚式大架一般由架头、本体和架尾组成(图6.5)。架头毛胚常用铸钢件,本体分钢管结构和钢板焊接结构两种。钢管结构属于圆形断面,钢板结构常制成矩形断面。由于大架本体主要受弯曲力,而矩形断面的抗弯性能较好,因而矩形断面更能发挥材料的潜力。钢板结构还便于制成不等截面,使本体近似为等强度梁。

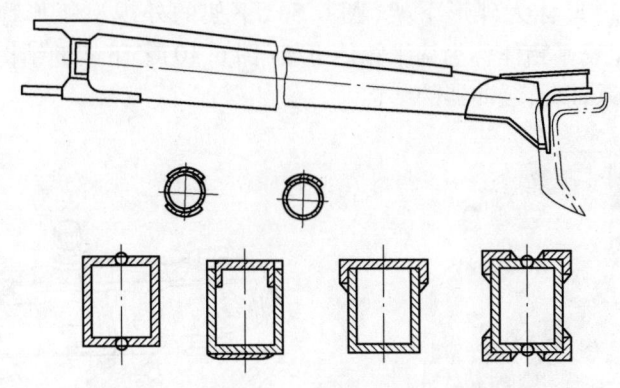

图6.5 大架结构简图

由于用钢管制造比钢板冲压节省工时,对于小口径火炮,当采用矩形断面大架对减轻大架质量的效果不显著时,常采用钢管制造。某些中口径火炮也有采用钢管制造的。为了减轻大架质量,无论采用钢管还是钢板冲压,一般都设加强板,以使它们更符合等强度梁的要求。

矩形断面的大架常用一对冲压成槽形的钢板焊接而成。为了提高架头、架尾与大架本体的连接强度,常增加焊缝长度,有的还增加一些塞焊点。

架尾的结构比较复杂,基本可分成架尾本体、驻锄板和架尾板3部分。有的架尾还有调架棍、滚轮和牵引环等。架尾本体通常用铸件将其焊接在大架本体上。驻锄板和架尾板有铸造和冲压两种,冲压的较轻,但焊接工艺复杂;铸造的较重、强度和刚度较好,不易变形。驻锄按其在炮位上的固定方法不同,可分为放入式(图6.6)和打入式两种(图6.7)。

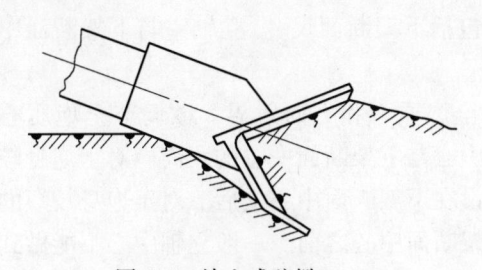

图6.6 放入式驻锄　　　　　图6.7 打入式驻锄

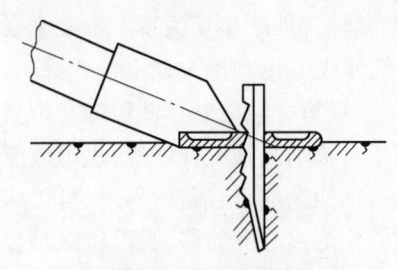

为了保证火炮能迅速隐蔽地占领阵地,所采用的驻锄结构要便于构筑工事。在部队操作使用中,构筑驻锄坑不仅要求快还要贴合质量好,以保证射击密集度。对各种硬土阵地,特别是在夜间占领阵地时,或火炮需要大方向调架时,构筑驻锄坑都比较困难。放入式驻锄本身有一定的形状和斜度,为了能贴合好,驻锄坑斜度和形状必须挖得与驻锄板

一致。

大口径地面炮采用的是打入式驻锄。由于驻锄板较大而打入地较深,炮手体力消耗很大,而且取出时需用撬杠,操作很不方便。近来大口径火炮有的是采用放入式和打入式并用的,即在架尾处设置放入式驻锄,又在大架或下架其他部位设有打入式驻锄保证火炮的静止性,又能减小架尾处驻锄板的面积。

2. 下架结构类型

下架的外观呈碟形称为碟形下架(图6.8),下架的外观呈箱形称为箱形下架(图6.9),下架的外观呈扁平箱体称为扁平箱体下架(图6.10)。下架的结构主要取决于与上架和大架的连接关系,以及缓冲器的结构。

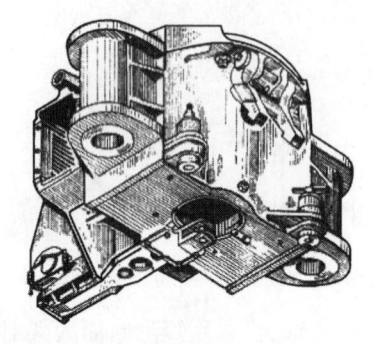

图6.8　碟形下架

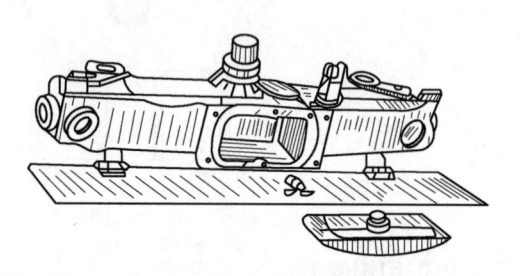

图6.9　箱形下架

3. 大架和下架设计

大架的长度可根据火炮稳定性要求来确定,大架的断面尺寸根据强度来决定。其他还需决定的尺寸是架头离地面的高度,架尾板和驻锄板的面积以及开架角度等。

下架支承着回转部分,同时又连接着大架、方向机、缓冲装置等部件。调平装置也往往安装在下架上。下架的结构尺寸影响方向射界、最低点离地高和辙距等,因此在决定下架的结构尺寸时,必须考虑

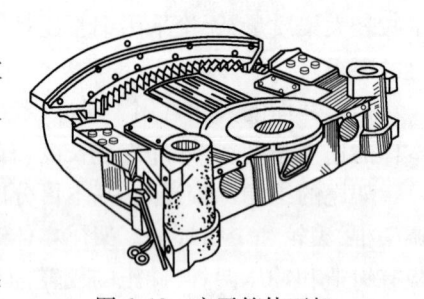

图6.10　扁平箱体下架

下架与其他部件的相互关系。下架主要尺寸包括下架断面尺寸、立轴室与下架断面中心的距离、下架长度和架头轴室位置等。

下架设有立轴(或立轴室),其位置影响全炮质心和方向射界。欲调节全炮质心位置,除了可移动耳轴位置以外,也可改变立轴中心与下架断面中心的距离。对于炮身较长的火炮,欲使全炮质心向后移动,可以将立轴设在下架断面中心之后。对于炮身较短的火炮,欲使全炮质心向前移动,可将立轴设在下架断面中心之前。一般立轴中心不能做到与下架断面中心重合,这是由缓冲器或车轴的结构决定的,但相距不能过大,否则会增大下架的结构尺寸。

立轴中心向后移动对增大方向射界有利。在同样的开架角度下,立轴愈靠后,炮尾后坐时就愈容易避免与大架相碰。立轴中心向前移动,可能引起在最大射角时炮尾与下架相碰。

立轴中心位置还对方向机手轮力有影响。立轴中心愈靠近回转部分质心,则由回转部分重力矩所引起的摩擦力矩愈小,因此手轮力愈小,瞄准愈轻便。

缓冲器的结构和布置方式对下架结构有很大影响,目前广泛采用扭杆式缓冲器。扭杆式缓冲器的布置方式有两种:一种是横向布置;另一种是纵向布置。横向布置可以很好地利用下架的内部空间,但扭杆长度受到辙距的限制,当扭杆很长时,就不得不考虑纵向布置。此种布置会增大下架的纵向尺寸,但如果与短立轴带防撬板的上架相配合,则下架纵向已增加的尺寸就可以充分利用起来。

大架是通过架头轴与下架连接的。缩小两架头轴室之间的距离,对减小下架所受的载荷和减小辙距都是有利的。但两架头轴室愈靠近,愈影响方向射界。

架头离地面的高度关系到炮手操作是否方便。口径较大的火炮,架头断面尺寸较大,架头离地面的高度也相应增大。高度愈大对需要跨越大架的瞄准手和装填手来说愈不方便,而且还要相应提高方向机手轮的位置,否则会与架头相碰。降低这一高度可能受到大架断面尺寸、下架的高度和最低点离地高等的限制。对于大口径火炮采用大架落地结构,对解决此问题是有利的。

架尾板和驻锄板的面积应由射击时作用于火炮的合力及地面所能承受的比压来决定。其结构尺寸大小关系构筑阵地是否方便,并影响行军时最低点离地高和架尾并架后的宽度。地面的比压随土质而变。在冻土地带或山地,土质坚硬,比压较大,因此所需的面积较小;在松土或沼泽地带,土质较软,所需的面积就较大。架尾板只承受合力垂直分力的一部分,故其面积比较容易确定,而驻锄板要适合不同土质的要求,确定其面积就比较困难。对于小口径火炮,可以按照硬土的要求,适当加大一些尺寸。在软土上射击时,可垫些木材、柳条等以增加比压,满足不同作战条件的要求。对于大口径火炮,加大驻锄面积是很不利的,因为挖掘硬土时,炮手劳动强度大,会拖延战斗准备时间,因此,就有分别对待的必要。有的采用打入式驻锄,可根据土质软硬程度来调节打入的深度,这点虽比较方便,但将驻锄从土壤中取出却不容易。有的采用放入式驻锄,放入式驻锄可分为冬用与夏用两种。夏用驻锄又分折叠式和取下式。

开架角度不但影响大架长度,而且也影响方向射界,因为必须保证炮身在最大方位角射击时,炮尾后坐不会与大架相碰。开架角度一般为 60°左右(指左右大架之间的夹角),过小则不易保证方向射界,过大则增加大架长度。此外两架头轴之间的距离、立轴的位置对方向射界亦有影响,需一并考虑。

6.2 平衡机设计

6.2.1 平衡原理

1. 不平衡现象

一般武器发射系统的起落部分质心与耳轴中心不能完全重合,不能实现自然平衡。随着现代武器威力的日益提高,使得起落部分质心更加靠前。为了保证射击稳定性,需要尽量降低火线高,增大后坐长;同时为了避免大仰角(射角)时炮尾后坐碰地,通常将后坐部分向前布置。为了提高发射速率,在起落部分后端设有供弹、输弹等机构,以利于装填弹药,也需将炮身向前布置。这样,不能实现自然平衡的现象更加突出。当自然平衡时,进行高低瞄准,手轮力(或驱动电机力矩)只需克服起落部分的惯性力矩。当不能自然平衡时,进行高低瞄准,手轮力(或驱动电机力矩)不仅要克服起落部分的惯性力矩,还要克服起落部分的重力矩。当射角增大时,起落部分的重力矩与惯性力矩同向,使得手轮力很大,甚至无法进行高低瞄准。当射角减小时,起落部分的重力矩与惯性力矩反向,由于瞄准机的自锁性要求,使得高低瞄准不平稳,出现抖动,甚至产生冲击。

2. 平衡原理

为了平衡起落部分重力矩,设计中通常有两种平衡方式。

(1) 配置平衡,又称自重平衡或自然平衡。在起落部分耳轴后端炮尾或摇架上附加适量的配重,使起落部分位于耳轴。配重平衡,结构简单,易于实现完全平衡;载体(车、船)的颠簸、摇摆运动对这种平衡的影响小,高低机手轮力不致变化太大;但是使起落部分的无效质量增加。

(2) 外力平衡,又称平衡机平衡。用专门设计的平衡装置所产生的外力来达到平衡的方法。与配重平衡相比,平衡机质量小,但多了一个部件,也就多了一个影响可靠性的因素,并使结构更复杂。

平衡原理是设计平衡机所依据的假设和基本理论。常规平衡机设计所作假设有以下内容。

(1) 把起落部分视作一绕耳轴中心回转的刚性梁。

(2) 起落部分的质心任何时候均处于通过耳轴中心并与炮膛或发射装置定向器轴线平行的直线上。

(3) 起落部分的质心任何时候与耳轴中心的距离不变。

(4) 起落部分质量不变。

根据以上假设,得平衡力矩间的关系(图 6.11):起落部分重力矩为

$$M_q = F_q l_q \cos\varphi \quad (6.1)$$

平衡机平衡力矩为

$$M_p = F_p l_p \sin\alpha \quad (6.2)$$

式中:F_q 为作用在起落部分的重力;l_q 为起落部分质心距耳轴中心的距离;φ 为仰角;F_p 为平衡机力;l_p 为平衡机力作用点距耳轴中心的距离;α 为平衡机力作用方向与通过耳轴中心且平行于炮膛轴线的直线的夹角。

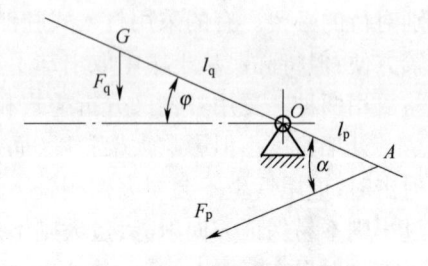

图 6.11 平衡原理简图

可知,起落部分重力矩 M_q 是随仰角 φ 的余弦函数值的变化而变化的;平衡机平衡力矩 M_p 则随夹角 α 的正弦函数值以及平衡机作用力的变化而变化,与平衡机型式结构及安装位置有关。起落部分重力矩与平衡机的平衡力矩之差的绝对值 $\Delta M = |M_q - M_p|$ 称为不平衡力矩,它是计算高低机手轮力或高低传动装置输出扭矩的主要考虑因素(还包括高低传动系统的摩擦力矩)。因此不平衡力矩要限制在一定范围内。

根据不平衡力矩的情况分为以下 3 种。

(1) 完全平衡:在仰角范围内,任何仰角处不平衡力矩均等于零的平衡。要达到完全平衡是困难的,实践中一般规定在仰角范围内不平衡力矩的最大值不超过某一规定值。

(2) 三点平衡:在仰角范围内,有 3 个仰角处不平衡力矩等于零的平衡。

(3) 两点平衡：在仰角范围内，有 2 个仰角处不平衡力矩等于零的平衡。

三点平衡和两点平衡均可称为不完全平衡。

3. 平衡机

平衡机是一种平衡某些火炮起落部分的重力矩，使俯仰操作或动力传动轻便、平稳的装置。

大多数情况下，受总体结构布置的限制，起落部分的质心不可能与耳轴中心重合，一般均位于耳轴前方某处，形成对耳轴中心的重力矩。平衡机的功能就是提供一个与重力矩大小相近、变化规律相似、方向相反的力矩，以减小高低机手轮力和动力传动扭矩，以保证操作高低机时，打高轻便，打低平稳。平衡机一端铰接于上架或托架上，一端直接或通过挠性体（如链条、钢缆等）与起落部分连接。根据总体要求，平衡机一般制成单件装于上架或托架一侧或两件对称装于两侧。有的武器将高低机与平衡机结合成一体，称为高低平衡机。

根据产生平衡机力的弹性元件不同，分为弹簧式、扭杆（叠板）式、气压式、气液式和弹簧液体式。按平衡机对起落部分施力情况的不同分为拉式平衡机（即对起落部分的作用力为拉力的平衡机，如图 6.12 所示）和推式平衡机（即对起落部分的作用力为推力的平衡机，如图 6.13 所示）。此外，还有变行程平衡机和考虑起落部分质心位置变化因素的万能平衡机。

弹簧式平衡机是由弹簧提供平衡力矩的平衡装置（图 6.14）。按所用弹簧类型不同分为螺旋弹簧和扭杆弹簧两类。螺旋弹簧又分为圆柱螺旋弹簧式平衡机和平面涡卷弹簧式平衡机。圆柱螺旋弹簧式平衡机，随仰角的增大（或减小），弹簧压缩量相应减小（或增大），平衡机即可向起落部分提供一随仰角而变化的平衡力矩。此类平衡机结构简单，不受气温变化影响，便于维修，应用较广。有拉式和推式两种，拉式的随施力方向和施力点位置不同又有上拉式和下拉式之分。平面涡卷弹簧式平衡机，平面涡卷弹簧的一端与上架相连，另一端通过与链鼓连接的轴、链拉杆与起落部分相连。炮身俯仰时，弹簧旋紧程度相应改变，并通过曲臂、连杆等中间构件向起落部分提供一随仰角而改变的平衡力矩。

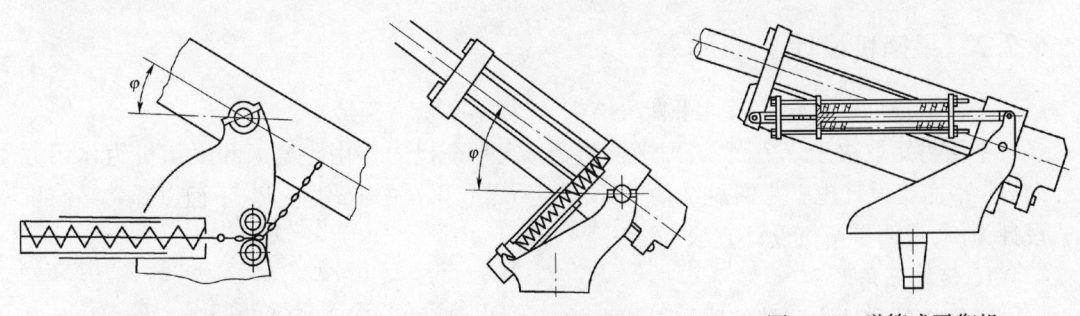

图 6.12　拉式平衡机　　　图 6.13　推式平衡机　　　图 6.14　弹簧式平衡机

扭杆式平衡机是由弹性杆件的扭转变形产生平衡力矩的平衡装置。弹性杆件可以是圆截面的整体式扭杆也可以是多层叠板式。扭杆弹簧的一端固定连接于上架，另一端通过中间构件（如连杆机构）与起落部分铰连。起落部分俯仰时，通过连杆机构使扭杆两端产生相对转动，扭转变形随仰角的变化而改变，并通过中间机构向起落部分提供一个随仰角而变化的平衡力矩。为缩短扭杆的轴向尺寸，可与扭力筒串联使用，而成为扭杆—扭筒式平衡机，此类平衡机结构紧凑，维修简单，寿命较长。另外还有扭杆为多件平行并联的结构，构造较复杂但传递扭矩较大。

气压式平衡机是由被压缩的气体产生平衡力矩的平衡装置（图 6.15）。由活塞、外筒、紧塞装置及开闭器、补偿器等组成。外筒和活塞杆用球轴或铰链与上架及摇架铰接。筒内充有高压气体（空气或氮气），用紧塞装置和液体进行密封。起落部分俯仰时，活塞杆与外筒相对移动，筒内容积及气体压强随仰角而改变。气体压力通过活塞杆连接点作用在起落部分上，对耳轴形成一个平衡力矩，用以平衡起落部分重力矩，这种平衡机体积小，质量轻，但密封气体的紧塞装置摩擦阻力大且气体压强易受环境温度影响，通常要用温度补偿器，维护较麻烦。如果需用两个气压式平衡机时，常左右对称布置，且用导管连通，以使两者工作压力相同。

液体气压式平衡机是利用压缩气体作储能介质，由液体传递气体压力产生平衡力矩的平衡机（图 6.16）。主体部分装于火炮上架与摇架间，包括接续器、活塞杆、活塞、缸体、液压室、气压室及密封环等。置于上架附近的其他部件有柔性软管与蓄力器（按需要设置一个或多个）。柔性软管一端与接续器液体入口连接，另一端通到蓄力器，蓄力器上部为压缩空气。摇架仰角增大时，气压室容积增大，压力下降，油液在蓄力器压缩空气作用下经柔性软管、接续器、活塞杆、活塞流入液压室，此时压缩空气压力较小。反之，摇架仰角变小时，油液反向流动，压缩空气压力增大。这种平衡机较气压式平衡机密封性好，摩擦阻力小，便于调节环境温度的影响，但结构不紧凑。

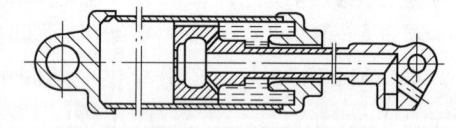

图 6.15 气压式平衡机　　　　　图 6.16 液体气压式平衡机

各类平衡机的优缺点可根据结构简便性、紧凑性、维护保养性、操作灵活性、适应性、可靠性及最低费用来评价。

6.2.2 平衡机设计

平衡机设计就是合理设计平衡机结构，使得不平衡力矩最小。

平衡力矩取决于 3 个因素，即平衡机力 F_p、平衡机力作用距离 l_q 和平衡机力作用方向 α。平衡机设计也就是通过结构设计，确定 F_p、l_q 和 α 的变化规律。下面以弹簧平衡机设计为例，说明平衡机设计方法。

1. 传动三角形

平衡机的弹性力一端作用在摇架上的一点 A，这个点 A 以耳轴为中心作圆弧运动，另一端作用在上架上的一点 B，相对耳轴来说，这个点 B 是一个定点。传动三角形是指平衡机的上下铰链与耳轴构成一个三角形 $\triangle OAB$，该三角形反映平衡机力矩变化规律，如图 6.17 所示。

先看看结构和位置参数相互间的关系。设：O 为耳轴中心；A 为摇架上平衡机力作用点；B 为上架上平衡机力作用点；r_a 为 O 与 A 之间的距离；r_b 为 O 与 B 之间的距离；l 为 A 与 B 之间的距离；$\beta = \angle AOB$；h 为耳轴 O 到 AB 的垂直距离；φ 为仰角；脚注 0 表示 $\varphi = 0°$

时的状态。根据图 6.17,有以下几何关系:
$$\beta = \beta_0 - \varphi \tag{6.3}$$
$$l = \sqrt{r_a^2 + r_b^2 - 2r_a r_b \cos\beta} = r_a L \tag{6.4}$$

其中
$$L = \sqrt{1 + \frac{r_b^2}{r_a^2} - 2\frac{r_b}{r_a}\cos\beta}$$

$$h = r_a \sin\angle OAB = r_a \frac{r_b}{l}\sin\beta = r_b \frac{\sin\beta}{L} = r_b H \tag{6.5}$$

其中
$$H = \frac{\sin\beta}{L}$$

2. 平衡机设计

1)完全平衡条件

由图 6.18 可知,在任意仰角 φ,有
$$\gamma = \gamma_0 + \varphi \tag{6.6}$$

式中:γ 为起落部分质心 G 与耳轴 O 连线的水平夹角。重力对耳轴的力矩为
$$M_q = F_q l_q \cos\gamma = F_q l_q \cos(\gamma_0 + \varphi) \tag{6.7}$$

平衡机对耳轴的平衡力矩为
$$M_p = F_p h = k\delta \frac{r_a r_b}{l}\sin\beta = k\delta \frac{r_a r_b}{l}\sin(\beta_0 - \varphi) \tag{6.8}$$

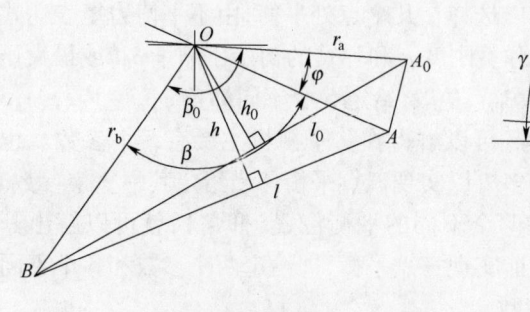

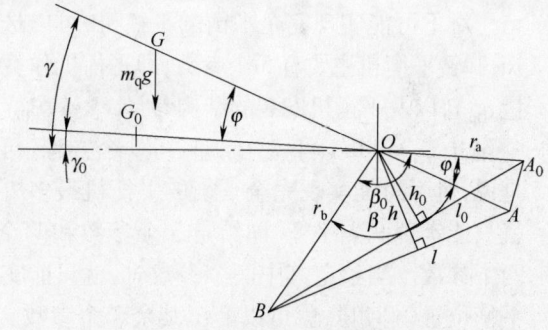

图 6.17 传动三角形　　图 6.18 平衡机位置关系简图

式中:k 为平衡机弹簧刚度;δ 为平衡机弹簧压缩量。

要实现完全平衡,就是对于任意仰角 φ 有 $M_q = M_p$。由于随 φ 变化的量只有 l 和 δ,其余都是常量(设计参数),M_p 是 $\beta_0 - \varphi$ 的正弦函数,而 M_q 是 $\varphi + \gamma_0$ 的余弦函数。如果在结构上能保证 $l = \delta$ 及 $\beta_0 + \gamma_0 = 90°$,则 M_p 也可以转化为 $\varphi + \gamma_0$ 的余弦函数,这样就保证了 M_p 与 M_q 的函数形式一致,再适当选择弹簧的刚度系数就可以使 M_p 与 M_q 相等,即
$$F_q l_q = k r_a r_b$$

故
$$k = \frac{F_q l_q}{r_a r_b}$$

至此可知实现完全平衡需要的3个条件为

$$k = \frac{F_q l_q}{r_a r_b}$$

$$l = \delta$$

$$\beta_0 + \gamma_0 = 90° \tag{6.9}$$

推导这些关系时,要牵涉到平衡机的结构参量 r_a、r_b、β_0,而与 r_a、r_b、β_0 所构成的 $\triangle AOB$ 的位置无关。在绕耳轴摆动的任何位置上,上述结论均可成立。这一特点对结构设计是有利的。显然对上拉式平衡机上述结论同样适用。

$\beta_0+\gamma_0=90°$ 这个条件可通过结构布置来实现。因 γ_0 是一个确定角,故只要在结构上保证仰角为 $0°$ 时夹角 $\beta_0=90°-\gamma_0$ 即可。当 $\gamma_0=0°$ 时,只要保证 $OA \perp OB$ 即可。

$k=F_q l_q/(r_a r_b)$ 是通过弹簧设计来保证的。

对于拉式平衡机,l 与 δ 都随仰角 φ 减小而增大,两者变化趋势相同,而且两者增减的是同一个量(弹簧变形量),即 $l=l_m+\Delta$、$\delta=\delta_m+\Delta$。因此,只要 $l_m=\delta_m$ 就可以保证 $l=\delta$,也就是说,在装配时必需保证在最大仰角 φ_m 时弹簧的初压缩量 δ_m 与最大仰角时 A、B 两点的距离相等。

对于弹簧推式平衡机,因为随着仰角增大,l 增大,而 δ 却减小,两者变化方向相反,排除了任何仰角下 $l=\delta$ 的可能性。因此弹簧推式平衡机不可能实现完全平衡。

2) 不完全平衡条件

对不可能实现完全平衡的平衡机,虽然不能在任何仰角下使平衡力矩均与重力矩相等,但是可以实现在某些仰角下使平衡力矩与重力矩相等,而在其余仰角使两者之差,即不平衡力矩限制在一定范围之内。

对不可能实现完全平衡的平衡机,可以选择在几个点处平衡,由不平衡力矩表达式可知,弹簧平衡机主要有5个参数,即平衡机弹簧刚度 k 和弹簧的初始压缩量 δ_0(或最大压缩量 δ_m),以及平衡机安装的结构参量 r_a、r_b、β_0。一般,给定5个不同仰角 $\varphi_i(i=1,2,\cdots,5)$,令,$\Delta M(\varphi_i)=0(i=1,2,\cdots,5)$,得5个方程,可以解得弹簧平衡机主要有5个参数。也就是说,对不可能实现完全平衡的平衡机最多可以实现五点平衡。当给定其中3个参数时,就只能实现两点平衡,即给定3个参数和两个不同的平衡位置(仰角),就可以解出其余两个参数。当给定其中两个参数时,就只能实现三点平衡,即给定两个参数和3个不同的平衡位置(仰角),就可以解出其余3个参数。

对不完全平衡,设计出平衡机之后,应计算最大不平衡力矩 ΔM_m。如果 ΔM_m 超过容许范围,则重新设计,直到满足要求为止。一般应将平衡点布置在常用的角度上,而将最大不平衡力矩点布置在不常用的角度上。

对于两点平衡,一般选择 r_a、r_b、β_0,指定在两个仰角 $\varphi_1<\varphi_2$ 处,令,$\Delta M(\varphi_1)=0$ 和 $\Delta M(\varphi_2)=0$,分别计算出两个仰角 φ_1、φ_2 对应的平衡机力 F_{p1}、F_{p2},进而计算出平衡机弹簧刚度 k 和弹簧的初始压缩量 δ_0(或最大压缩量 δ_m)。

对于三点平衡,一般选择 r_a、r_b,指定在3个仰角 $\varphi_1<\varphi_2<\varphi_3$ 处,$\Delta M(\varphi_i)=0(i=1,2,3)$,分别计算出 β_0、k、δ_0(或 δ_m)。

3. 平衡机设计

平衡机设计,无论是弹簧式平衡机,还是扭杆平衡机、气压式平衡机等其他平衡机设计,首先是根据平衡机的连接方式,导出结构参数的几何关系,建立平衡机力的表达式;其次是根据不平衡力矩等于0,寻找结构参数的关系,最终解得结构参数;再进行具体结构设计。平衡机设计过程实际上是一个优化设计过程,可以应用优化设计理论和方法进行平衡机结构参数的优化设计。

无论采用哪种平衡方式或哪种结构的平衡机,在仰角变化范围内,多数存在较大的不平衡力矩。这是由于以下原因。

(1) 采用配重平衡时,起落部分质心不能绝对与耳轴中心重合。

(2) 拉式弹簧平衡机按完全平衡条件设计时,设起落部分质量为一定值,重力矩为仰角(近似)的余弦函数,而实际上瞄准具及平衡机本身等的质量随仰角变动时对耳轴的力矩并不是简单的余弦函数。

(3) 推式平衡机(无论弹簧式或气压式)的重力矩与平衡机力矩相等是非常困难的,存在较大的不平衡力矩。

(4) 发射过程中,尤其是火箭炮发射过程中,重力矩是变化的。

(5) 由于火箭炮多为集束联装,相对发射架而言,火箭弹的质量较大,全装弹时的重力矩与不装弹时的重力矩相差很大。设计时应视具体情况区别对待。一般情况下,是以全装弹情况为主。

为改善平衡性能、减小不平衡力矩而设置一种辅助平衡装置,即平衡补偿装置。所谓补偿,一般是在局部范围内并联一个补偿弹簧,补偿弹簧平时处于自由状态,从一个平衡点处参加工作,通过补偿再出现一个平衡点。理论上,补偿装置应在整个仰角范围内提供一个补偿力矩,实际上难以做到,一般只在小仰角部分或只在大仰角部分进行补偿。平衡补偿装置按平衡方式或平衡机结构的不同而不同。例如气压式平衡机的平衡补偿装置,当起落部分仰角减小时,平衡机内外筒相对压缩气体至小弹簧右端接触外筒底部时,开始提供一个补偿力矩。这种平衡补偿装置一般仅在小仰角部分补偿。

6.2.3 平衡性能调整

设计时要求将 ΔM_m 限制在一定范围内,但实际上,无论在生产中还是在使用中,由于许多因素的影响,如起落部分质量和质心位置测得不准确、弹簧制造公差、弹簧的疲劳、气温的影响、气体泄漏等,都不能达到计算的理想情况,这样,原来设计的平衡实际上就变成不平衡,结果使高低机手轮力过大或不均匀。这就需要采取相应的措施对平衡机进行调整,使平衡机恢复其原有平衡性能。

弹簧式平衡机的调整机构又称调节器,通常是用弹簧杆上的调节螺母改变弹簧预压量以调节初力,或移动平衡机支点位置来调节力臂。

气压式平衡机的调整机构的工作原理有3种。

(1) 调容:借移动调节器中活塞位置改变平衡机内气体初容积,从而改变平衡机初压力。

(2) 调压:由平衡机内放出部分气体,或用高压气瓶向平衡机内补充气体,直接改变平衡机气体初压来改变平衡机初压力。

(3) 调臂长:用专门的机构调整平衡机支点位置,改变力臂长度,恢复平衡性能。气液式、簧液式平衡机基本上是分别按上述方法调节。

6.3 瞄准机设计

6.3.1 瞄准与瞄准机

武器在射击前必须先进行瞄准。所谓瞄准,就是赋予炮膛轴线以射击所必须的正确位置,使射击时的平均弹道通过预定射击点的动作过程。完成瞄准操作的装置称瞄准机。瞄准机分为高低机和方向机。通过高低机操纵起落部分绕耳轴旋转赋予炮膛轴线的高低角,称为高低瞄准。通过方向机操纵回转部分绕立轴旋转赋予炮膛轴线的方位角,称为方向瞄准。

瞄准机一般由下述部分组成:动力(人力或电动机等)、传动机构(减速器等)、辅助装置(极限角限制器等)。

设计瞄准机的依据是战术技术要求。瞄准机的工作性能关系着实现战术技术要求中的一些重要指标,例如:火力机动性、射击精度、发射速度和低功率要求等。因此在设计时必须明确战术技术条件中对瞄准机提出的有关要求。另外尚有一些在战术技术条件中并未提出具体要求,但在设计中亦需考虑的问题。

1. 瞄准速度

瞄准速度是指每秒钟炮身回转的角度。对于手动瞄准,瞄准速度常用手轮每转一转时炮身的转角表示。瞄准操作能否迅速完成,对提高火力机动性有直接意义。瞄准操作是否迅速完全取决于瞄准速度。瞄准速度应根据火炮的基本用途决定,同时要考虑操纵瞄准机所用能源的限制,不可能任意提高。如果火炮主要对静止目标射击,决定瞄准速度应从提高火力机动性(即在歼灭了一个目标后能迅速地瞄准另一个目标的性能)着眼,在可能范围内尽量提高瞄准速度。对于活动目标,决定瞄准速度不仅要考虑火力机动性,主要应考虑能否快速、精确地跟踪目标。

2. 操作轻便

瞄准操作是否轻便直接影响到瞄准速度的提高和炮手能否坚持长时间操作。瞄准的轻便程度以手轮力的大小衡量,它取决于瞄准手所能发出功率的大小。当手轮位置布置合适,对于一般体力的战士长时间工作所能发出的功率约为70~100W。

3. 保证有足够的射界

射界的大小是火炮火力机动性的一个主要标志,是一项主要的战技指标。射界越大,发射架越重,这对控制全炮质量不利。如何按照战技指标要求解决火力机动性与全炮质量的矛盾,是发射架设计的任务之一。

4. 瞄准位置不易破坏

发射时,火炮在后坐阻力、动力偶矩和弹丸回转反作用力矩的作用下,使得起落部分和回转部分有绕自身转轴转动的趋势。对瞄准机的这种反传动如不加限制,瞄准线就可能变位,直接影响火炮的射击密集度。同时,这些力矩反向通过齿轮系,有使手轮产生不利的自转而危害操作人员的可能。为避免反传动的产生,通常在瞄准机的传动链中设有一个自锁环节,即单向传动环节。现有的瞄准机中,大都采用蜗轮、蜗杆副作为自锁环节;螺杆式瞄准机,则由螺杆螺母本身进行自锁。

5. 保证一定的传动精度

实际在射击时,由于瞄准机本身的误差,常引起实际瞄准角与理想的瞄准角的不一致,其差值称为瞄准机的误差,这一误差可用来衡量瞄准机的精度。瞄准机的误差,主要是由于传动链中的间隙,零件的变形和某些构件的相对移动等所引起的。因此在设计瞄准机时,应尽量缩短传动链,提高零件的刚度和必要的制造精度。对于传动链中各部分所留的间隙要适当,过大会使机构的空回量增大,影响精度;过小则加大摩擦力,使手轮力加大影响操作。瞄准机零件磨损后,使得连结零件之间的间隙增大,从而加大了空回量。为消除磨损对加大间隙的不利影响,有些瞄准机常采用可调整结构。常采用消除间隙的机构,保证正、反转动都没有间隙。

6. 操作、保养和修理方便

操作方便主要决定于手轮的位置。高低、方向机手轮的高度、相互位置和手轮半径的大小应与瞄准手进行瞄准时的姿势相协调,使操作处于较自然的状态,不易产生疲劳,为使炮手便于同时观察和操作,手轮和其他瞄准控制器件必须布置在相互靠近的地方。所有的操纵装置,如手轮、手柄和按钮等必须有足够的尺寸和一定的空间,以便在气候寒冷时带手套操作。瞄准机在满足总体布置和使用要求的条件下,应力求结构简单,并应做到制造、检修、润滑和拆装方便。对易磨损零件,应有互换性,便于更换。

7. 不易损坏

瞄准机应该尽量布置在防盾可以遮避到的地方,防止被炮火损伤。结构应紧凑,避免搬运或操作时碰伤。传动部分应尽量设有防尘措施,避免灰砂侵入,增加磨损。为减小受力,有些大口径火炮在瞄准机中增加了缓冲机构,如摩擦片缓冲器等。

6.3.2 瞄准机设计

1. 瞄准机的结构型式

瞄准机的基本结构型式有螺杆式和齿弧式。它们的共同点是一端为原动机(由人工操作的手轮或电动机等),另一端是起落部分或回转部分,为防止产生反传动,传动链中一般都设有能自锁的环节。

1) 高低机结构型式

螺杆式高低机(图6.19)结构简单,本身可以自锁是其优点。但传速比不是常数,射界不能太大,实现机械动力操作困难。一般适用于轻型火炮。

当转动手轮时,通过直齿轮、锥齿轮带动螺母转动,使得螺杆相对螺母做上、下直线运动,推拉起落部分而赋予高低射角。为了提高螺杆式高低机的传动效率和扩大高低射界,有将螺杆改为滚珠丝杠的滚珠丝杠高低机。这种结构的传动效率高,有可能增大射角,但不能自锁,使用时必须在传动链中另加自锁机构。

齿弧式高低机(图6.20)是一种应用最广的型式,其射角不受限制,可以用人力操作或机械操作,也可以两者兼备,由此它能适用于多种型式和口径的火炮。

一般高低齿弧安装在摇架上,其余备件均安装在上架上。转动手轮,通过锥齿轮、蜗杆、蜗轮到高低机齿轮,带动齿弧使起落部分绕耳轴旋转而赋予高低射角。蜗轮蜗杆副在转动链中除调整传动比外,同时起防止反传动的自锁作用。锥齿轮的作用是使手轮变换方向,使之处于较合适的操作位置。必要时亦可取不同的齿数,使之起到调整传动比的作用。

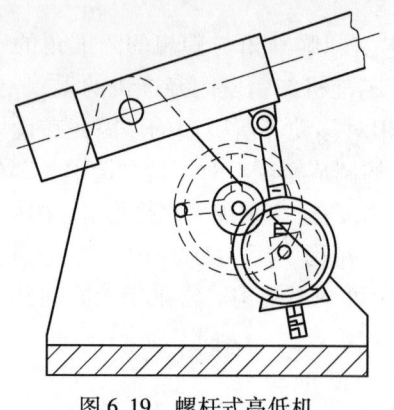

图 6.19　螺杆式高低机　　　　　　图 6.20　齿弧式高低机

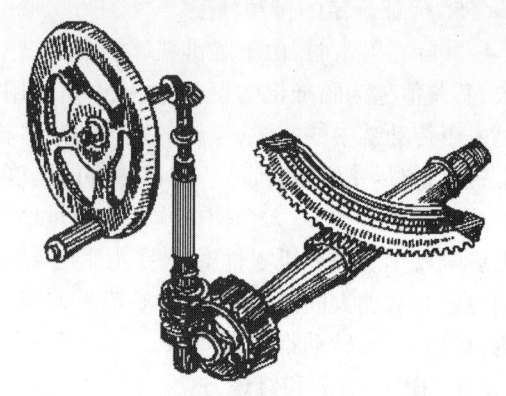

2) 方向机结构型式

螺杆式方向机(图 6.21)的结构和使用特点与螺杆式高低机的基本相同。但结构简单、质量轻,方向射角虽然受到限制,不能太大,但能满足大多数火炮的要求,因此在火炮上得到较多的使用。螺杆式方向机,一般由两个支点分别和上架支臂及下架连结。转动手轮,螺筒相对螺杆转动,同时伸长或缩短,推动上架(回转部分)相对下架旋转而获得方向射角。为使手轮的转动方向与炮尾的转动方向一致,便于操作,方向机的螺杆和螺筒一般都采用左旋螺纹。

齿弧式方向机(图 6.22)和齿弧式高低机的结构和工作原理基本相同。它的最大特点是方向射界不受限制,因此在方向射界要求较大的火炮(特别是方向射界需要 360°的火炮)上使用较多。缺点是结构较复杂。

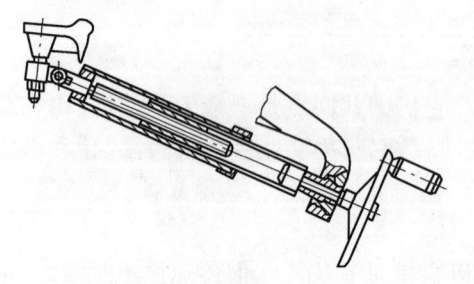

图 6.21　螺杆式方向机　　　　　　图 6.22　齿弧式方向机

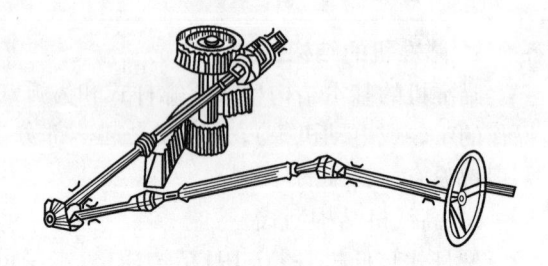

齿弧式方向机的齿弧一般安装在下架上,其余部分装在上架上随上架转动。转动手轮,通过锥齿轮、蜗杆蜗轮到小齿轮,齿弧不动,小齿轮沿齿弧滚动,带动上架(回转部分)转动,实现方向瞄准。采用蜗轮蜗杆,结构较紧凑,并起自锁作用。锥齿轮的作用是改变手轮的位置。如将齿弧延长成一个齿圈,则方向射界可到 360°,这是螺杆式方向机不能实现的。

现代火炮一般都采用随动系统,实现自动瞄准。自动瞄准机采用齿弧式,由动力代替人工操作。

为了在各种条件下都能可靠的工作,除自动瞄准外,通常都要求能人工操瞄,即一般都设有人工操瞄和自动操瞄两套瞄准机。

2. 传动方案设计

瞄准机设计,首先就是确定瞄准机传动方案。瞄准机传动方案设计的内容包括以下内容。

(1) 选择动力,确定瞄准机总的传动比。
(2) 根据总体布置的要求确定瞄准机的布置和结构安排,并进行各级传动比的分配。
(3) 选择和设计传动构件的结构型式。
(4) 绘制传动原理图。

在拟定瞄准机传动方案时,为贯彻战术技术要求,一般设计原则如下所述。

(1) 合理选择动力类型。合理地选择瞄准机的动力类型,不仅为保证最大角速度和最大角加速度的实现,而且对瞄准机的总质量、尺寸、效率和精度等方面都有影响。动力类型在火炮总体论证和随动系统论证时确定。

(2) 选择最佳传动比。对于动力传动的瞄准机,确定最佳传动比不仅要根据电机(液压马达)的最大输出扭矩来保证最大角加速度和最大转速,以实现最大角速度,同时还应考虑使随动系统能获得最小静态误差。最佳速比的选择在总体论证和随动系统论证时确定。

(3) 应尽可能采用传动链最短和构件最少的传动方案。用手操作的地面火炮,传动链一般为 2~3 级。较大口径的地面火炮为满足手轮力和操作方便性的要求,有的将传动链增加到 4 级。螺杆式瞄准机一般为单级。对于动力传动的坦克炮、自行炮和高射炮等火炮,其减速级一般为 3~5 级,备用的手操作传动除利用动力传动减速级最后 2 级外,一般再增加 1~2 级。

(4) 主啮合齿轮对的位置要和起落部分或基座等一起考虑。确定时应从能减小传动机构的受力而又不使高低齿弧或方向齿圈的尺寸增大来考虑。

(5) 将总传动比分配到各级传动比时,一方面要保证瞄准速度,另一方面应在满足强度的要求下,减小齿轮和传动轴的尺寸,使瞄准机结构紧凑,质量较轻。为实现总传动比的值,各分传动比可以有多种不同的组合。对于各级齿轮对的传动比分配,一般情况下采用从齿轮齿弧对开始到动力源的各级依次按传动比递减的原则分配较有利,这样可使结构紧凑,机构的总质量较轻。

(6) 为防止逆传动和原动机承受射击作用力而设置的自锁装置应接近主啮合齿轮对。

(7) 设计时应尽量避免使用刚性小的传动构件。

(8) 摩擦保险装置一般布置在蜗轮蜗杆副的蜗杆轴上。对无自锁装置的传动链,摩擦保险装置应布置在接近 原动机轴处。

(9) 人力传动和动力传动兼有的瞄准机,应尽量使传动机构共用。一般主啮合齿轮对和自锁装置均为共用的构件。

(10) 在结构上可合理采用一些辅助装置,如偏心筒、垫片等用来调整制造误差和磨损形成的间隙,以减小瞄准位置的误差。

(11) 传动结构必须根据战术技术条件和总体要求进行恰当的选择。

3. 手轮力

确定了瞄准机传动方案以后,必须检查手轮力是否能满足要求。

观察瞄准操作的过程可知,开始转动手轮时,起落部分由静止到转动,在此瞬间,各传动关节之间的摩擦阻力也由静到动。已知物体静摩擦系数比动摩擦系数大,故手轮力应按静摩擦系数计算,此瞬间称为起动时期。起动以后,为使起落部分加速回转到所要求的最大瞄准速度,故需加速转动手轮,此时期称为加速时期。加速以后起落部分等速回转,称为等速时期。在此以后为减速时期,这一时期无需讨论。

由此可见,瞄准操作可以分为起动、加速和等速3个时期,各时期的手轮力不同。等速时期的手轮力标志着瞄准机的重要性能轻便性。加速时期的手轮力标志着火炮要达到既定的瞄准速度是否迅速,它也是瞄准轻便性的一个指标。一般允许加速时期的手轮力约为等速时期的2倍。起动时期的手轮力可能达到加速时期手轮力的1.5~2倍。

关于手轮力的确定,我们一般所说的手轮力为等速时期的手轮力。现有标准《炮手操作力(GJB 703—89)》中规定了等速转动手轮,手轮直径为20~30cm时不同炮种和不同操作姿势的手轮力如下。

(1) 对小口径高射炮,坐姿有靠背,手轮回转中心离地高约80cm,位于胸前约30cm,双手操作的高低机(方向机)手轮,大速挡时取78N,小速挡时取39~49N。

(2) 对反坦克炮高低机和方向机的手轮力,立姿,两手分别操作高低机和方向机手轮,手轮回转中心离地高约90cm,高低机手轮力为58N,方向机手轮力为39N。

(3) 对加农炮、榴弹炮和加榴炮高低机和方向机的手轮力,立姿,两手分别操作高低机和方向机手轮,手轮回转中心离地高约110cm,高低机手轮力为69N,方向机手轮力为49N。本条所提的加农炮是指主要用于完成压制任务的加农炮。

手轮力需要克服的阻力矩主要包括不平衡力矩、摩擦力矩、惯性阻力矩(包括转动部分的惯性阻力矩和传动机构的惯性阻力矩)。各种阻力矩,对不同火炮有所不同,计算时要按实际情况确定。

例如,高低机等速时期的阻力矩 M_R 一般包括耳轴轴承的摩擦阻力矩、不平衡力矩和平衡机筒内的摩擦力矩、平衡机铰链的摩擦力矩、活动防盾及瞄准具与起落部分连动部分的摩擦力矩、有变后坐机构的火炮尚有变后坐机构的传动阻力矩、高低机传动阻力矩等。等速时期的手轮力为

$$F_s = \frac{M_R}{ir\eta}$$

式中:i 为传动比;r 为手轮半径;η 为传动效率。

对手传动的高低机,传动机构的惯性阻力矩影响不大,因此在估算手轮力时可忽略不计,主要考虑起落部分的惯性阻力矩。对于机动传动的瞄准机,其齿轮系的惯性矩应加以考虑。

4. 强度设计

设计瞄准机在满足传动要求的同时,还必须保证高低齿弧和齿轮、蜗轮、蜗杆以及连接轴等零件有足够的强度。这些零件强度验算的方法可以参考机械设计教科书,在此从略。但必须注意的是瞄准机的特定工作条件,它在工作时受有较大的冲击载荷,润滑条件不好,在野外工作,雨水和灰尘都可能侵入,运转速度不高等。这些都和密封性较好,高速运转而有很好润滑条件的一般机械不同,因此在选择安全系数时应给予考虑。

例如,作用在高低齿弧和齿轮上的力为 F_{gd}。如果不采用变后坐制动,可得在射角 $\varphi=0°$ 时对应最大膛压处、最大后坐阻力处和后坐终了处三点相应的 F_{gd} 值,取其最大者,认为是作用在高低齿弧上的最大载荷值,作为验算高低机零件强度的载荷。扭矩为

$$M_1 = F_{gd}\rho\cos\gamma$$

式中:ρ 为齿弧半径;γ 为啮合角。

对于动力驱动的瞄准机,还应考虑电机(或液压马达)在最大承载能力下施于高低齿轮上的扭矩,此扭矩常按下式计算,即

$$M_2 = 9750 i \frac{P}{n}$$

式中:M 为扭矩(Nm);P 为电机的功率(kW);n 为电机的额定转数(r/min);i 为高低机传动链的传动比。

将 M_1 与 M_2 相比较,选其较大值作为验算强度的载荷。

采用蜗轮、蜗杆副自锁的手传动的齿弧式高低机,在自锁蜗杆以后的零件不受射击时的载荷,所以一般只对齿弧和高低齿轮、蜗轮和蜗杆进行强度校核。蜗杆以后零件的强度验算,可以假设把手施加在手轮握把上的最大力为 300N·m 的扭矩进行。

对于螺杆式方向机应验算螺杆、螺筒和各连接部分的强度。

螺杆受力有 3 种情况,即射击时、瞄准时和瞄准突然停止时,可选其中受力最大的一种作为强度校核的依据。由于方向机螺杆自锁,在瞄准突然停止时,回转部分的惯性动能将使螺杆承受很大的冲击载荷。此载荷远超过射击时和瞄准时的载荷,所以方向机的强度一般以瞄准突然停止时的受力来进行强度校核。

假设回转部分的惯性动能全部变成螺杆和螺筒的变形能,惯性动能 E 为

$$E = \frac{1}{2} J_{hz} \dot{\phi}^2$$

式中:J_{hz} 为回转部分的转动惯量;$\dot{\phi}$ 为方向瞄准角速度。

螺杆和螺筒的变形能为

$$U = \left(\frac{l_1}{2E_1 A_1} + \frac{l_2}{2E_2 A_2} \right) F_z^2$$

式中:l_1、l_2 分别为螺杆与螺筒的计算长度;E_1、E_2 分别为螺杆与螺筒的弹性模量;A_1、A_2 分别为螺杆与螺筒的断面积;F_z 为作用在方向机螺杆上的力。

根据假设条件,$E = U$,由此可解得

$$F_z = \sqrt{J_{hz} \left(\frac{l_1}{2E_1 A_1} + \frac{l_2}{2E_2 A_2} \right)^{-1}} \dot{\phi}$$

F_z 的最大值 F_{zmax} 应在 $l_1 = l_{1min}$ 时出现,则有

$$F_{zmax} = \sqrt{J_{hz} \left(\frac{l_{1min}}{2E_1 A_1} + \frac{l_2}{2E_2 A_2} \right)^{-1}} \dot{\phi}$$

求出力 F_{zmax} 后,可引用机械设计中的有关公式,验算螺杆和螺筒的强度。并用此力验算球轴支座和下架轴销的强度。

6.4 炮塔结构设计

6.4.1 炮塔及其设计

除了单纯的装甲人员输送车和工程车之外,大多数装甲战车均装有某种形式的炮塔。虽然也研制了一些供新生产的装用大口径高速火炮的炮塔,但是这些大尺寸的炮塔仅占

相当有限的市场份额。目前新炮塔研制的热点集中在供轻型及中型装甲战车使用的小型炮塔上。为了进一步提高车辆的生存能力,还推出了遥控武器站等无人炮塔。

炮塔武器的配置主要有6种类型:机枪、多用途自动炮、高射炮、防空或反坦克导弹、自动炮加防空导弹或自动炮加反坦克导弹。其中,配备自动炮和导弹的炮塔还能够安装并列或外装式机枪。目前,人们对同时装备火炮和导弹的炮塔越来越感兴趣。大多数火炮和防空导弹一体的炮塔,主要用作机动式防空武器。但是,有的炮塔却是用来提高战车生存能力的,而并非自行防空系统。多数装备自动炮的炮塔都能够同时对付地面和空中的目标,但也有一些国家强调对空攻击能力而设计了专门用作近程防空用的炮塔。这些炮塔安装在轮式或履带式装甲战车上,与坦克、装甲人员输送车或其他机动平台协同作战,为其提供防空保护。

无人炮塔、升降式武器站的研制是目前炮塔的最新发展趋势。常规结构的炮塔内设有炮长,有的还设有车长,主要武器安装在炮塔内。炮长、车长与武器都被塞在炮塔有限的空间内。在大多数情况下,炮塔内还安装有观瞄系统、潜望镜或其他观察装置,大尺寸炮塔内还需要安装通信系统。最近推出的许多炮塔虽然仍保持了常规的结构形式,但已有采用外装式火炮的炮塔,炮长依然安排在炮塔内。这种类型的炮塔通常称之为遥控炮塔或外装顶置式武器站。遥控武器的采用有助于获得尺寸较小和重量较轻的炮塔,这样的炮塔需要的驱动能量较小,便于采用全电驱动及稳定系统;而且当需要进行三防时易于密封。炮塔缩小所减轻的重量能够用来增加车体装甲。另外,由于武器安装在炮塔外部,还能够简化武器的改进工作。遥控武器的另一个应用就是可以使无人炮塔成为现实。但遥控武器的应用也并非完美无缺,它对控制及观瞄系统的要求将大大提高。另一个引人注目的发展趋势是采用升降式探测装置或导弹发射装置,从而将车辆的被探测率降低到最低,而且仅在射击时才暴露。随着发射后不管导弹技术的进一步发展,可以预计、升降式武器站将会成为未来装甲战车最常用的"炮塔"。

炮塔在不同场合有不同的含义,一般根据使用场合是可以区分的。广义上说,有人将除底盘和火力控制与通讯系统以外的部分(主要是火力部分)统称为炮塔,如图6.23所示。广义的炮塔由组合炮塔、武器系统、传动与控制系统、观瞄系统、供输弹系统等几大部分组成。组合炮塔包括炮塔本体、吊兰及相关的构件。狭义上,将支撑火炮,保证其可在一定射界内进行射击,并起防护作用的自行炮装置称为炮塔,也就是炮塔只包括炮塔本体和吊兰及相关的构件。也有将炮塔本体简称为炮塔。不加说明的话,所说的炮塔一般指狭义炮塔。

图6.23 炮塔

对炮塔的主要要求如下所述。

(1) 具有足够的强度和刚度。
(2) 具有一定的装甲防护能力。
(3) 具有一定的核、生、化"三防"能力。

(4) 具有较高的可靠性和维修性。
(5) 结构简单,工艺性好。
(6) 重量轻。

炮塔设计包括功能设计、结构设计、刚强度设计等。

炮塔设计的主要内容如下所述。

(1) 炮塔总体设计。
(2) 炮塔结构设计。
(3) 炮塔刚强度设计。
(4) 可靠性维修性设计。
(5) 电磁兼容性设计。
(6) 人—机—环境工程设计。

炮塔设计的基本原则如下所述。

(1) 在满足基本功能和主要性能的前提下,尽可能地采用系列化、通用化的成熟技术和结构,研制技术难度和风险小,研制和采购费用低,研制周期短,具有较高的效费比,技术可行性好,组织实施方便易行。

(2) 应在继承性的基础上创新,充分考虑适应性和通用性,为发展留有充足的余地。不仅能满足当前需要,而且还可以方便地移植,用于改造现装备和发展新装备。

(3) 设计过程中,应充分运用动力学计算与动态仿真技术,以及结构优化技术等现代设计方法和技术,及时分析设计和结构的薄弱环节,采取积极防范措施。

(4) 在设计时尽量简化系统结构、减少系统元器件使用数量、选用成熟可靠的元器件,以降低系统故障率,提高可靠性。

6.4.2 炮塔总体设计

1. 炮塔总体设计的原则

炮塔分系统总体设计以成熟技术为基础,按照通用化、系列化、标准化原则,根据国内现有技术水平和发展潜力,重点突出总体性能,以提高系统可靠性、维修性、保障性为目标,使系统的操作性、舒适性、匹配性和总体性能满足使用要求和技术指标要求。

2. 炮塔总体布置及总体设计

在总体设计时着重进行总体匹配性设计,重点考虑人机工程、电磁兼容性及可靠性、维修性等问题。某自行火炮的炮塔总体布置如图 6.24 所示。

1) 乘员分布

一般包括炮长、瞄准手、装填手等。炮长:布置时需要考虑炮长座椅、电台操作、观察战场情况、指挥全炮作战等方面的因素。瞄准手:考虑座椅以及对方向机、高低机、直瞄镜、周视镜等的操作。装填手:考虑座椅以及药筒和弹丸的半自动/自动装填工作,还要考虑辅助武器如机枪的操作。

2) 火力分系统的安装

主要考虑耳轴的安装(与炮框或托架的耳轴孔配合),要保证耳轴水平和方位正确。另外还要考虑火炮平衡机、防盾等的安装。

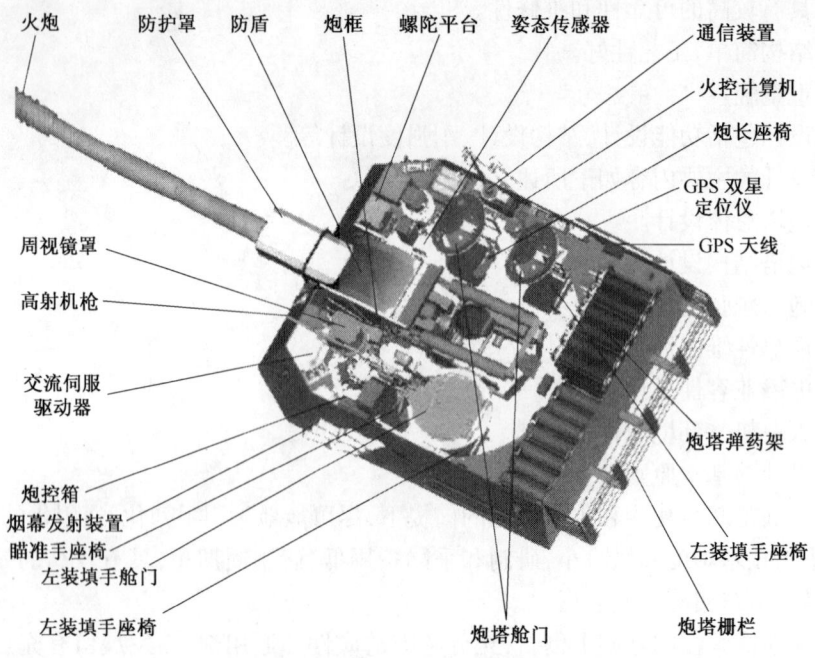

图 6.24 某自行火炮的炮塔总体布置图

3）火控分系统的安装布置

火控单体，主要包括火控计算机、炮长显控台、瞄准手显示器、装填手显示器、姿态传感器等的安装布置。

随动系统布置主要考虑炮控箱的安装，要考虑瞄准手的观察和操作；射角限位器的安装；方位传感器、高低传感器的安装；半自动/全自动操作台的安装；方位、高低伺服装置的安装等。

通讯装置，主要包括电台、通讯控制器、车内通话器、收发讯机、电源滤波器、等的安装。

定位定向系统，主要包括惯导定位定向导航设备（含陀螺平台、电子控制箱等）和 GPS 定位系统的安装。

其他布置，包括灭火抑爆装置、炮塔配电箱、炮塔电器控制器、炮塔照明、供输弹控制系统。

4）其他装置的安装布置

炮塔座圈、托架、防盾、密封体、防护罩、放像机、供输弹系统、乘员座椅、观瞄仪器、辅助武器等。

6.4.3 炮塔主要部件设计

1. 炮塔体的设计

1）炮塔体的结构设计

炮塔体的功能，主要是安置火炮搭载乘员、弹药，为各种配套设备提供支座并承受各种负载，同时为乘员、弹药及设备提供一定的防护。炮塔与吊篮一起构成战斗乘员的活动空间。

炮塔体作为整个炮塔系统的基础构件，炮塔体结构的设计，在满足总体对各机构的合理布置要求的前提下,主要围绕自动操瞄以及供输弹系统合理协调的布置展开。在满足炮塔总体战术技术要求的同时,一方面注重系统各机构合理性、操作简便性的设计;另一方面更注重系统各机构可靠性的设计。

自行火炮的炮塔体一般为薄壳体,一般在炮塔内部焊接 U 形加强筋,形成框架结构,以保证炮塔的刚强度要求。

炮塔体一般为锥台形或多面体焊接结构,炮塔前方左右两侧的护板与托架的结构焊成一体,其上连接座圈和吊篮等。

炮塔体的设计,应确保强度和刚度能满足射击要求,尤其是保证炮塔体刚度。

减轻重量是炮塔本体设计中应充分注意的另一个问题。减轻重量是以满足强度和刚度为前提的。只有满足强度和刚度要求,才可能考虑减轻重量。

炮塔外形尺寸以总体布局紧凑为原则。设计人员在确定自行火炮炮塔高度时受到几个因素的限制。

首先是装填手站立时,由其靴底到其工作帽顶的这一高度。在车内,他必须持站立姿式来装填炮弹。在上部,这一高度要加上车长指挥塔的光学仪器超出炮塔的高度。在下部,要加上车底距地高。为了防地雷杀伤,有时还有防护底甲板。

第二个影响总高度的因素是炮塔座圈的高度加最大俯角时炮闩抬起高度之和。炮塔座圈的高度决定于自行火炮的宽度。自行火炮的战术机动力与其宽度有着密切关系。大多数自行火炮的炮塔座圈的直径较大,不能置于两条履带(或炮轮)之间,而只能处于其上。

第三个影响总高度的因素是考虑火炮高低射界的影响。火炮是在耳轴上垂直转动。火炮俯角越大,炮尾顶部升起越高,而炮塔顶部的高度即由此决定。

炮塔高度直接决定了火炮的高度。高度的重要性不仅仅在于战术上,它对重量和防护力也有重要意义。火炮越小,需要装甲防护的体积就越小,火炮本身也就越轻。实际上,体积、重量和所要求的机动力共同决定着火炮的总尺寸和总重量。

如果能完全取消装填手,而代之以自动装弹机。虽然会增加了结构复杂性,由此也就随之取消了对直立的装填手所要求的高度限制,当然这样一来,决定高度的因素就只剩下炮塔座圈的高度和由火炮最大俯角决定的炮塔高度。结果就是高度和体积都减小了。

2) 炮塔防护设计

防护系统以提高自行火炮在现代战争条件下的战场生存能力为目的,炮塔的防护能力设计是炮塔设计主要内容。主要从炮塔装甲结构、目标特征、灭火抑爆等方面采取有效措施。

(1) 炮塔装甲防护设计。在实际应用中,装甲的设计在很大程度上取决于所受到的威胁。轧制钢均质装甲一直是常规装甲。一般采用装甲钢板焊接结构,优化设计炮塔外形。充分利用倾斜装甲,可以提高防护能力。倾斜为 60° 的装甲,不仅使弹丸的穿透的距离增加了一倍(假设弹丸沿水平线击中),而且还有可能引起跳弹。设计人员的目标是使炮塔装甲尽可能地倾斜。

提高装甲防弹能力,对轻装甲防护,适于一般防护要求的轻型装甲车辆配置,一般要求炮塔正面装甲可防 12.7mm 的穿甲弹,侧面和后面装甲可防 7.62mm 的穿甲弹,顶装甲可防炮弹碎片。对中型装甲防护,适于防护要求较高的装甲车辆配置,一般要求炮塔前装甲可防 25mm 的穿甲弹,侧面和后面装甲可防 12.7mm 的穿甲弹,顶装甲可防炮弹碎片。特别是复合装甲的应用,既可减轻炮塔的重量,又可大大提高炮塔整体的防护性能。

(2)目标特征防护设计。一般要求尽可能降低总体高度,减少受弹面积,提高装甲防弹能力。

在炮塔外表面采用多功能涂料,使其具有一定的抗海水、盐雾腐蚀能力,同时具有一定的隐身功能。

(3)三防装置。三防装置是为提高本炮乘员在现代化战争条件下的生存能力所采取的主要措施之一。当战场上出现核爆炸或敌方施放毒气而需要通过核辐射、污染区和毒剂污染区时,该装置能自动迅速地感受到威胁的存在,并迅速地发出信号,使各关闭机构工作,即关闭通气风扇,密封进、排气孔口;开启增压风机过滤器的引入风道和甩尘出口,使外界进入车内的气体无毒害。

三防装置主要由增压风机、过滤吸收器及 3 个活门、电磁铁及其控制的拉杆等组成。通过拉杆控制进风及甩尘关闭机构来打开进风口和甩尘口,使外界空气依次进入增压风机、过滤器,进入炮塔内,实现了一信号多控制的机构。

当火炮进入核辐射污染区时或在核爆炸冲击波到达之前,三防装置能自动控制各关闭机构完成相应的动作。能自动净化进入炮塔内的空气,并建立起一定超压。必要时,可手动控制各手动开关,实现手动开与关的动作。

三防装置主要技术性能要求:要求在温度 −40℃ ~ +50℃、相对湿度 98%时均能可靠工作;要求净化后进入塔内的空气达到一定流量和压力;要求增压风机有一定连续工作时间(一般不小于 4 小时/次);要求在规定浓度下防毒气不小于规定时间,如防氯化氨蒸气的时间为 15s(浓度为 1mg/L),防沙林芥子气的时间不小于 2h(浓度为 0.05mg/L)。

三防装置设计时应确保工作可靠性:确保系统应呈常闭状态,并设置保险装置,在战斗前应打开保险,用炮完毕后装上保险;确保三防探测装置发出报警信号后,电磁铁给电后,出风口活门和甩尘口的活门在进风口活门弹簧的作用下均能自动打开,与此同时,增压风机能开始工作;确保当探测装置处于手动状态时,可扳动手动开关,该系统也能正常工作;停止报警后,手动关闭出风口活门后,电磁铁冲头在其弹簧的作用下能锁上活门。

为了保证三防装置的工作可靠性,用炮前应对三防装置的控制系统(探测及自动控制)检查,并且还要进行下列检查。

① 过滤吸收器检查。战斗前或每半年应按厂家规定的检验办法,对过滤器进行性能检查。不合格者应予以更换。

② 各关闭机构的检查。电磁铁给电后或手动收回电磁铁衔头,则 3 个活门自动可靠地打开到位。手动关闭出风口活门时其余两个活门也应自动关闭到位。

③ 系统给电检查。当三防控制系统的控制开关搬到手动位置系统给电时,增压风机及 3 个活门应立即开启。

④ 全炮各窗关闭后,启动本装置及底盘内的三防装置,检查车内超压是否达规定要求。

(4)炮塔密封设计。炮塔密封的作用一是防水,二是满足三防状态下能建立起超压。主要密封部位:炮长指挥炮塔、装填手舱门、炮塔座圈、防护罩与火炮身管之间、防盾等。为保证在车内建立超压,炮塔上下座圈之间与密封体之间采用充气密封,气源分别来自底盘和炮塔内气瓶。

还要注意炮塔顶部的炮塔风扇一般需要设置关闭机构。

（5）灭火抑爆。一般设置自动灭火抑爆装置,可降低被击中后的二次效应,提高乘员的生存能力。

3）炮塔的刚强度设计

炮塔本体的强度和刚度分析,主要是在结构设计方案确定之后,应用有限元分析方法,分析各种射击条件下,炮塔本体的受力与变形,校核炮塔本体的强度和刚度,找出薄弱环节,采取适当的改进措施,提高炮塔本体的强度和刚度。

自行火炮的炮塔多为薄壁壳体,其刚强度是设计时必须考虑的关键问题,否则将影响火炮武器射击时的精度问题。传统的设计理论主要是对零部件的危险截面进行刚强度校核,这种方法对结构和外形比较复杂的炮塔体不适用,一般采用有限元理论对炮塔的刚强度进行分析。

2. 托架的设计

托架的作用是支承起落部分俯仰,承受射击载荷,安装火炮上的辅助装置,同时还要密封炮塔和防盾间隙。

对托架设计的主要要求如下所述。

（1）要有足够的刚强度。如刚强度不足,会引起瞄准错位,影响射击精度。

（2）要有可达的维修性设计。

（3）重量轻、结构紧凑,工艺性好。

托架一般采用铸焊结构或钢板焊接结构。

对铸焊结构,刚强度较好,但重量较大,铸件表面的光洁度很差,并且经常出现一些铸造缺陷,如气孔、粘砂、壁厚不均等现象,为修复这些疵病,常常采用电弧、气刨和补焊等方法,这样,就极大地降低了铸件表面的质量。此外,采用铸焊结构,需要经过木型制作、铸造、焊接、机加、热处理等工序,制造周期长,耗能大,污染环境,成本很高。

对钢板焊接结构,可以减轻重量,提高表面质量,降低成本,缩短生产周期,但是必须确保满足刚强度要求。

托架一般由托架体、耳轴装置（包括胀紧机构）、密封装置、角度传感器装置等部分组成。托架体支承起落部分俯仰,承受射击载荷,安装瞄准系统和一些辅助系统。耳轴装置是托架和起落部分的连接体。密封装置用于密封炮塔和防盾间隙。角度传感器装置用于控制协调器转动信号的装置。

焊接托架本体一般是由左（右）托架体和上下底板组焊的框架结构,用厚钢板制成的左（右）侧板、斜板和上顶板进行组焊,形成的左（右）托架体的主体,在架体主体内侧焊有裙板和半弧型过渡板,以裙板和半弧型过渡板为侧板上焊筋板的基架,在耳轴室、主轴室等受力部位的受力方向上组焊一些放射性筋板,这样,增大了危险截面的抗弯断面系数,减小了危险截面的最大应力,增加了侧板的强度和刚度,满足架体在射击时的刚强度要求。在左（右）托架体侧板上分别设有耳轴室、主轴室、瞄准具安装支座,为防止它们焊后变形,在左（右）托架体主体形成后,在侧板上安装它们位置处加工止口,以止口定位,然后,把它们组焊在左（右）托架体的侧板上。目的是为了减少焊后变形量,保证加工精度的要求。

密封装置一般是采用气密袋结构形式,能快速充气密封。例如在右侧板上安装储气瓶,内装 50 个大气压的压缩氮气,通过减压阀、管路、电磁阀等与气密胶管连接,当需要密封时,可人工或电器元件控制立刻对气密胶管充气,实现炮塔密封。如果上述装置电器元件和管路泄漏,使储气瓶内的气体的气压下降,造成密封不可靠。可以在连接储气瓶嘴的阀体上增设一个开闭装置,只有通过手柄,打开阀体上的开闭装置,储气瓶内的高压气体,才能通过减压阀、管路、电磁阀与气密胶管相通,反之,开闭装置关闭,封闭储气瓶内的气体,储气瓶内的高压气体与电器元件、管路不通,这样,就不会因为电器元件和管路泄漏,造成储气瓶内气体气压下降,影响密封效果。

对影响射击精度的构件(如耳轴、耳轴室)要用可靠的制造精度和装配精度来保证,如工艺上加工和装配难以保证的精度,则在结构设计上采取一些调整装置来消除制造误差,确保加工和装配精度,满足可靠性性能指标,保证可靠性、维修性的设计。托架的可靠性、维修性设计是托架设计的重要组成部分之一,它与托架的性能设计同等重要。

托架的强度和刚度计算,是分析射击时托架上所受的主要力,以及在这些力的作用下,托架内应力、变形,校核托架的强度和刚度是否满足要求。一般采用有限元理论进行分析。

3. 炮塔座圈的设计

自行火炮一般要求能实施 360°圆周射击,以便对活动目标进行射击,火力灵活性较好,因此要求炮塔在整个圆周内能自由平稳地回转。为实现这一点,炮塔与底盘之间的连接通常采用滚珠座圈。它由固定在炮塔上的活动座圈和固定在底盘上的固定座圈,滚珠(或滚柱)以及密封装置等组成。

1) 座圈的结构设计

座圈的结构种类很多,按滚动体的形式可以分为滚珠式、滚柱式和滚珠滚柱联合式的。按滚动体的排列方式可以分为单排的、双排的和多排的。按承载特性可以分为两点接触式和四点接触式。现有火炮中滚珠式座圈采用比较广泛。

单列两点接触式座圈是由径向止推滚珠轴承演变而来的,其优点是仅用一排滚珠,且滚珠几乎是纯滚动的,因而结构比较简单,火炮回转阻力小,可以不用防撬板便能防止回转部分翻转。但是这种座圈加工较困难,座圈侧方需留有装配孔,滚珠一个一个装入座圈后,再用螺栓堵住。

双列两点接触式座圈是一列滚珠承受水平(或径向)负荷,另一列承受垂直负荷。此种结构能保证纯滚动摩擦,火炮回转阻力小,但结构复杂,支承座的体积大,需设防撬板防止回转部分翻转。

平直滚道四点接触式座圈的优点是结构简单便于安装,缺点是为抵抗翻转力矩必须设防撬板。

直角形滚道四点接触式座圈,既能使火炮回转轻便,又能防止射击时火炮回转部分翻转,一般将滚珠内座圈做成 90°的 V 形环槽,为了便于装配和调整,外围由上下对称的,内表面成 45°的两个环组成。

交叉滚柱式座圈,有两排滚柱,它们是互相交叉倾斜地在不同的平面内回转。为了安装和拆卸方便,座圈固定圈由两部分组成。这种支承能保证火炮回转阻力小,可承受较大的负荷,因此可应用于大威力的火炮上。

此外，滚珠座圈中的辅助装置有润滑装置、调整装置、防水防尘装置、滚珠的拆卸装置、滚动体的隔离圈等。

对座圈的主要技术要求如下所述。

(1) 具有较高的强度、刚度和硬度。

(2) 具有良好的密封性。

(3) 较小的回转阻力。

(4) 重量轻，结构紧凑，工艺性好，装拆方便。

2) 座圈的布置

座圈有两种布置形式：活动座圈包围滚珠和固定座圈包围滚珠，由于布置不同，滚珠受力也不一样。取回转部分为自由体，施加于回转部分上的作用力有作用于火炮上的合力、动力偶和回转部分的重力。

当活动座圈包围滚珠时，合力和动力偶矩比较均匀地沿所有滚珠分布。当固定座圈包围滚珠时，外部负荷沿滚珠分布较不均匀。

滚珠座圈的类型和基本尺寸(如滚珠或滚柱中心圆的直径)的选取是和火炮的用途、威力、重力和尺寸空间有密切的关系。一般在总体布置时已初步确定，其尺寸大小主要考虑下列因素。

(1) 考虑滚珠座圈的强度。由强度计算可知，增大滚珠座圈的直径，可以减小滚珠上的总载荷，有利于滚珠座圈的强度。但是直径过大时，将造成结构尺寸不紧凑，体积较大，回转力矩增加和重力过大的缺点。

(2) 考虑起落部分的宽度等。

(3) 考虑起落部分的俯仰范围，保证火炮在高低极限射角时，起落部分与座圈不互相干涉。

滚珠滚道的结构参量包括：滚道的圆弧半径、滚道深度、滚道厚度、装填系数等。

为了保证滚珠受力均匀、正常运转、减少摩擦力，常采用隔离圈来保证滚珠(柱)间的正常距离。在一些轻型的座圈中常采用简单的隔离器来保持滚珠的均匀分布。

滚珠座圈的设计除结构设计之外，主要是控制接触应力、塑性变形以及最大弹性变形。

最大弹性变形直接影响射击密集度，在设计时必须校核刚度，将最大弹性变形控制在容许范围之内。

假设托架和炮床支承环在射击时不变形，只有滚珠(柱)和滚珠槽(滚道平面)的变形才能引起滚道的位移。根据赫兹弹性理论可以求出作用力、接触应力、变形量之间的关系。

当滚珠(柱)与滚道材料不同时，应当校核较弱材料零件的接触强度。当滚道材料的机械性能取得比滚珠(柱)低时，应当校核滚道的接触强度和滚珠(柱)的压碎强度。

由滚珠的压碎试验表明，目前采用的滚珠强度的全安系数较大，一般为6~9。

3) 座圈的强度设计

滚珠座圈的强度计算的关键在于，求出滚珠座圈在受外载后滚珠(柱)上所受的最大负荷。

座圈的强度和刚度计算，通常以炮塔回转部分为对象，分析射击时所受的主要力，以及在这些力的作用下,座圈内应力、变形,校核座圈的强度和刚度是否满足要求。一般采用有限元理论进行分析。为分析方便,只考虑炮塔受力最大时的座圈负荷,并假设以下内容。

(1) 由于火炮后坐引起的炮塔回转部分重心位置变化略去不计。

(2) 火炮后坐力直接作用在火炮耳轴上。

(3) 炮塔固定齿圈的反力与座圈径向反力在同一水平上。

(4) 自行火炮放置在水平地面上。

为保证滚珠座圈的强度和使用寿命,对滚珠和滚道的一般要求为滚珠(柱)要选用标准的直径,其直径公差在 0.02mm 以下。滚珠的硬度要比滚道大一些(HRC62~66)。对直角形滚道要求表面硬度不小于 HRC52(一般 HRC52~56)。当采用圆弧形滚道时,滚道表面的硬度要求为 HRC35~47。然后再进行滚压,使滚道表层产生硬化层来提高耐用度。

4. 吊篮设计

吊篮作为炮塔内部的支撑构件,主要用作安装炮长座椅、枪炮弹箱、供输弹系统以及部份传动装置。吊篮一般以多根可调节长度的吊杆与炮塔本体连接。

吊篮的结构设计,主要考虑紧凑性、维修性和可靠性,以及人机工程学。

吊篮的结构形式主要由多个吊杆和吊篮体组成。它们分别由焊接件组成,其间由螺栓连接,以便于装卸和调整。

为了保证可靠性和维修性,设计时应注意以下内容。

(1) 保证足够的强度和刚度,一般应考虑动载影响,设计时可以选择动载荷为静载荷的 3 倍。

(2) 注意可达性设计,各组件单层排列,避免了交叉拆卸。

(3) 注意标准化和互换性设计,优先考虑采用标准件和通用件。

(4) 注意维修性设计,维修工具为常用工具,减少维修内容,降低维修技术要求。

(5) 注意模块化设计,结构可以进行模块化组合,但应设计具有完善的防差错措施和识别标记。

(6) 吊篮的各部件尺寸设计应符合人机工程要求,维修方便,工作可靠。

第7章 运行系统设计

7.1 概 述

武器系统机动性是火力机动性和运动性的总称。运动性是火炮机动性的一个重要方面。运动性主要包括运行速度、行军通过性等。现代战争要求武器系统具有良好的运动性,也就是具有在战场上能快速运动并能迅速变换行军战斗状态的性能。

影响火炮运动性的因素很多,如质量、质心、有关结构尺寸及运动体。但在火炮的主要结构尺寸和全炮质量确定之后,影响火炮运动性的关键则为运行系统。

运行系统是武器系统运行和承载机构的总称,又称为运行部分或运载车辆。牵引式地面炮的运行系统一般称为运动体,牵引式高炮的运行系统一般称为炮车,车载炮(包括火箭炮)的运行系统称为运载车辆,自行火炮的运动系统一般称为底盘。牵引式高炮的炮车由前车、后车、基座(或十字梁)、行军缓冲器、减振器、刹车装置、牵引装置等组成。牵引式地面炮运动体的结构,因炮种、口径和重量不同而有很大差别,有单轴二轮或四轮、两轴四轮、三轴六轮等。为了提高机动性,现代大口径牵引火炮还设有辅助推进装置。自行火炮的底盘分为履带式底盘和轮式底盘。轮式底盘又有 4×2、4×4、6×6、8×8 等多种形式。

设计运行系统应设法提高下列一些主要性能。

(1) 运动便捷性:主要设法减小运动阻力,包括减小车轮与车轮轴之间的摩擦阻力和地面对车轮的滚动阻力。

(2) 道路通过性:主要是尽可能减小总体尺寸和合理设计最低点离地高;设法使各轮的载荷分布均匀,并能减小车轮对地面的单位面积压力。

(3) 高速行驶性:主要设法提高运动体的缓冲及减振性能,以保证火炮在高速牵引或行驶中能经受不断的冲击,平稳行驶。

(4) 操作轻便性:主要使设计的行军战斗固定装置与牵引车分解结合可靠和轻便,在行军战斗转换时,操作轻便、迅速而安全。

(5) 工作可靠性:主要应保证各机构的动作灵活可靠,并有足够的强度储备,耐磨性好,并能有效地防尘。轮胎具有良好的防滑性,特别是保证在雨天、雪地运行,以及刹车的可靠性。

7.2 行军战斗变换与辅助推进

7.2.1 行军战斗变换

行军战斗变换器是牵引式武器行军状态和战斗状态互相转换的机构,装于运行部分,可使武器从行军状态转为战斗状态时动作平稳、迅速,从战斗状态转为行军状态时操作轻便。

对牵引高炮来说,行军时为了保证具有良好的通过性,要求炮床离地面有一定高度,以及运动轻便性,要求增大车轮直径;为了保证射击稳定性,要求射击时全炮重心低,并且消除车轮弹性的影响。为了解决运动性与射击稳定性之间的矛盾,一般采用行军战斗变换器,发射前放列,降低炮床高度并使车轮与地面脱离接触;行军前收列,抬高炮床高度并使车轮与地面接触。现在一些牵引加农炮和榴弹炮也设置行军战斗变换器,采取下架着地、车轮上翻或座盘着地、车轮离地的结构,解决牵引加农炮和榴弹炮的运动性与射击稳定性之间的矛盾。

为了提高武器的行军速度,大多数牵引式武器除利用车轮进行缓冲外又增加了缓冲装置,以减小行军过程中作用到武器上的较大的冲击力。但在射击时,缓冲装置如果起作用,则会使武器产生较大的振动而影响其射击精度。可见,缓冲装置只能使其在行军过程中使用,而在射击过程中则不允许其起作用。由此,在具有缓冲装置的武器上都需增加行军战斗变换机构(器),用来改变缓冲装置在行军和战斗状态时的工作状态,以实现上述对缓冲装置的要求。

对于行军战斗变换器的性能,要求其结构简单、作用可靠、放列平稳、收列迅速、转换速度快、操作轻便而安全。

常见的行军战斗变换器主要有弹簧式、液压式和机械式。

弹簧式行军战斗变换器,落炮时由弹簧储存一定的能量,起炮时释放出来,可以省力。这种行军战斗变换器,结构简单,动作迅速,但操作较费力,操作不当或出现意外时具有一定的危险性。

液压式行军战斗变换器,主要由液压泵、油箱、活塞、活塞筒及传动件组成。起炮时,由液压泵泵油至活塞筒,将炮床顶起,落炮时依靠自身重力落下。液压式行军战斗变换器,落炮平稳迅速,操作轻便,但起炮费时,机构质量大。

机械式行军战斗变换器实际上就是一个机械起重器(千斤顶),最简单形式是杠起螺杆,为了提高效率,可以采用滚珠丝杠。机构简单、结构紧凑,工作平稳,但工作速度慢。

7.2.2 辅助推进

牵引式火炮在长途行军中有汽车牵引,但在进入和撤出阵地时,由于阵地的限制,需战士推拉火炮,对质量大的火炮,不仅体力消耗大,而且速度慢、转移时间长;而在转移阵地时,由于车、炮分离,中机动性也受到较大的限制;并且操作笨重,影响反应能力;大口径火炮的弹药重,没有动力,对实现装填自动化不利而影响发射速度的提高等。在现代战争中,由于炮兵侦察手段的高度发展,在一点停留愈久的火炮遭敌火力反击的可能性也就愈高。因此,为了提高作战效能和自身的生存能力,现代战争要求火炮在进入和撤出阵地时具有高度的机动性能,增加辅助推进装置(APU),可轻松完成炮车在复杂地形上火炮前进后退,实现操作自动化等,大大提高了火炮的机动性、快速反应能力和发射速度。带辅助推进装置的火炮如图7.1所示。

所谓辅助推进装置,是指火炮离开牵引车后,能使火炮本身独立地进行短途行驶(远距离行驶仍需靠汽车牵引),并能提供能源以实现火炮操作自动化的一种推进装置。其功能:一是驱动火炮短途自行;二是在汽车牵引火炮行驶中,汽车驾驶员可根据需要通过遥控驱动火炮车轮进行助推，从而实现车—炮列车的串联驱动；三是以辅助推进装置发动机为动力源，实现瞄准、弹药装填和火炮收列和放列等操作的自动化。

辅助推进装置发展较快，它经历了一个由传统的机械传动到液压传动，由单一自运功能到多功能发展的完善过程。带辅助推进装置，主要是解决短途自运和操作机械化问题。早期带辅助推进装置的火炮就曾被称为自走炮或自运炮，也曾作为空降兵的重型装备。

图7.1 带辅助推进装置的火炮

辅助推进装置一般由发动机、传动、行走和操纵等部分组成。传动装置一般为液压式，由液压泵和液压马达组成。液压能量通过高压软管输送到各个执行机构。辅助推进装置一般安装在牵引火炮下架的前方位置。

液压系统是辅助推进装置的关键部分，由多个分系统组成，分别完成各自的功能。一般包括主驱动系统（完成火炮自运）、转向系统（控制火炮转向）、行军战斗转换系统（完成行军、战斗转换的各个动作）、刹车系统（实现刹车功能）、自由轮系统（火炮牵引）等。

辅助推进装置驾驶员一般由瞄准手兼任。驾驶员操纵小操纵杆控制液压泵，可随时改变液压马达（炮轮）的转速和旋转方向，以实现炮车的前进、倒车、停车、变速和转向。当两个液压马达（车轮）相互反向转动时，可实现炮车的中心转向。

火炮在短途自行时，可以把辅助推进装置看成是一辆结构比较简单的炮车。这种炮车的行走原理和一般车辆是相同的。如FH77式火炮的辅助推进装置的发动机是一台功率为80hp的4缸水冷汽油机，装在发射架的前部。发动机带液压泵，可以驱动位于火炮车轮上的液压马达使炮轮转动，从而实现为炮车的驱动轮，另外一般在大架架尾装有支撑轮，自行时使其着地作为炮车的从动轮。牵引行驶时，架尾支撑轮翻倒固定在大架上。

火炮的行军战斗转换也可以通过辅助推进装置驾驶员的操作来实现。驾驶员控制辅助推进装置的架尾支撑轮油缸，操纵支撑轮油缸升、降架尾，实现火炮与牵引汽车的自动摘、挂；操纵火炮轮单边驱动使发射架扭动，以实现开、并大架；操纵火炮车轮前进与后退，完成行军战斗的转换。如FH77式火炮应用了辅助推进装置，实现了火炮自行和助推，以及瞄准、供弹、和火炮放列等项操作的自动化，改进了供弹系统和提高了火炮的机动性。完成行军战斗的转换，两名炮手只需2min即可完成。利用辅助推进装置实现火炮操作的自动化，不仅缩短了行军战斗转换时间，而且也大大减轻了炮手的劳动强度。

火炮短途自行，能较好地解决牵引火炮的阵地机动问题。在现代战争中，要求火炮尽可能经常地和快速地变换发射阵地。而一般用汽车牵引行驶的火炮，其最大弱点就是战术机动性差，进出和转移阵地相当困难。装有辅助推进装置的火炮，在进行阵地机动时，不需等待牵引车开进阵地，也不要完成挂炮上车等项操作，一旦完成射击任务，即可利用火炮本身的短途自行能力，迅速转移到新的阵地上去，以便继续为被支援的部队提供及时有效的火力支援，或者撤出足够的距离，极大地提高火炮自身的生存能力。在汽车牵引火炮行驶中，当汽车的驱动形式为6×6时，若在遥控驱动两个炮轮助推，则车—炮列车就成

183

为8×8的驱动形式，这样就大大提高了车—炮列车的越野通行能力。

采用辅助推进装置后，有了动力源，即有可能使摘挂炮、开并架、起落火炮、装填弹丸等实现机械化或半机械化操作，以减小操作力。在大口径火炮上增加辅助推进装置可提高火炮的机动性和操作轻便性，对提高火炮的反应能力和发射速度有着较明显的效果。但在增加该装置后，全炮质量增加较多，生产成本提高，因而是否采用，应根据使用条件和要求，经全面分析论证后确定。

7.3 底盘设计

7.3.1 底盘及其组成

底盘，一般是指自行武器系统除去炮塔以外的部分。底盘的主要作用是支承、安装车辆发动机及其各部件组成；形成车辆的整体造型；承受发动机动力；保证正常行驶。底盘一般由动力系统、传动系统和行驶系统等组成。有时，将动力系统（发动机）单独出来，而将传动系统细分为传动系、转向系和制动系等。底盘一般按行驶系统不同，分为轮式底盘（图7.2）和履带式底盘（图7.3）。

图7.2 轮式底盘　　　　图7.3 履带式底盘

动力系统是将化学能、电能等转化为机械能的能量转化系统，其功用是为底盘提供行驶所需原动力。主要包括发动机及其辅助系统。

传动系统是一种实现自行炮底盘各种行驶及使用状态的各装置的组合。其功用是将发动机发出的功率传递到行驶装置；根据行驶地面条件来改变牵引力和行驶速度；向转向装置提供转向时所需要的功率等。使自行炮底盘具有发动机空载起动、直线行驶、左右转向、倒向行驶、坡道驻车以及随时切断动力等项功能。同时，也可以输出部分功率去拖动空气压缩机、冷却风扇、水上推进器和各种用途油泵等辅助设备。传动系统包括变速箱、离合器、转向器、制动器等及其操纵系统。

行驶系统是保证自行炮行驶、支撑车体、减小自行炮在各种地面行驶中颠簸与振动的机构与零件的总称。它主要包括悬挂装置、履带推进装置、轮胎行驶装置等。

自行炮底盘还包含其他装置，如本体、车桥、防护等。

7.3.2 对底盘的主要要求

对底盘的主要要求如下所述。

（1）运动便捷性：主要设法减小运动阻力，提高发动机动力。

（2）道路通过性：主要是尽可能减小总体尺寸；设法减小对地面的单位面积压力。

（3）高速行驶性：主要设法提高运动体的缓冲及减振性能，以保证火炮高速平稳行驶。

（4）操作轻便性：主要使行军战斗转换操作轻便、迅速而安全。

（5）工作可靠性：主要保证动作灵活可靠，并有足够的强度储备，耐磨性好，有效防尘等。

底盘的主要技术指标如下所述。

1. 外廓尺寸

自行武器系统的外廓尺寸是指车辆在长、宽、高方向的最大轮廓尺寸，如车长、车宽、车高、车底距地高、轮距等。每个方向的外廓尺寸都有多种算法，其原因是受影响的因素很多，例如随炮塔回转的外伸炮管、可俯仰或卸下的高射机枪以及一些可卸装置，如侧面的屏蔽装甲板等。车长影响车辆在居民区、森林和山区等地域的机动性及运输装载空间和车库大小；车宽影响车辆的通过性和转向性。我国铁道运输标准宽度为 3.4m，在欧洲大陆，多数国家规定的最大宽度 3.15m，按 TZ 轨距标准则为 3.54 m，不少国家有自己的规定，如苏联为 3.4m、英国为 2.74 m、美国为 3.25 m 等。高是最重要的外廓尺寸，车高较高，目标显著，防护性差。车底距地高表示车辆克服各种突出于地面上的障碍物（如纵向埂坎和岩层、石块、树桩等）的能力。轮距与车辆的通过性和转向性能等有关。

2. 机动性能

机动性能通常包括动力装置性能、单位功率、最大速度、平均速度、加速性、制动性、转向性、通过性、水上性能、最大行程和百公里耗油量等。广义机动性能也包括环境适应性和运载适应性等。对两栖型自行火炮的水上机动性多指水上航行速度、航行加速度、转弯半径等。

表示动力装置特点和性能的重要项目有发动机类型、主要特征（如气缸直径、冲程数、气缸数、气缸排列方式、冷却方式、燃料种类等）、主要工作特性（如额定功率、额定转速、燃油消耗率、最大转矩和相应转速等）、发动机外形尺寸和质量、燃料和润滑油箱容量、辅助系统的类型等。

单位功率是车辆发动机额定功率与车辆战斗全质量的比值，又称吨功率。它代表不同车辆间可比的主要动力性能。单位功率影响车辆的最大速度、加速度、爬坡速度及转向角速度等。

最大速度是在一定路面和环境条件下，发动机达到最高的稳定转速时，车辆在最高挡时的最大行驶速度。理论上为在接近水平的良好的沥青或水泥路面上，发动机在额定转速时车辆最高挡的稳定车速。它是车辆快速性的重要标志。

平均速度是在一定比例的各种路面和环境条件下，车辆的行驶里程与行驶时间的比值。在各类公路上行驶的各平均速度的算术平均值，是公路平均速度。在各类野地行驶的各平均速度的算术平均值，是越野平均速度。它们代表在该类条件下车辆能够发挥的实际速度效果，是车辆机动性的重要综合指标。

加速性是指车辆在一定时间内加速至给定速度的能力。自行火炮加速性的评价指标有加速过程的加速度大小，由原地起步或某一速度加速到预定速度所需要的时间或所经过的距离,由起步达到一定距离所需要的时间等。车辆的加速性愈好,在战场上运动愈灵活,分散和集结愈迅速,可以减少被敌人命中的机会,提高生存力。

转向性是指自行火炮改变或修正行驶方向的能力。运行速度对转向性能的影响较大。转向有陆上转向和水中转向两种工况。评价转向性的内容包括转向半径能够准确稳定地无级变化、任意半径转向功率损失小等。转向性与车辆结构、动力装置及转向机构等有关,常用具有一定性能特点的转向机构类型及其半径等来表示。

制动性是指利用制动器或减速机构,从一定行驶速度降低车速或制动到停车的性能。制动性常用制动机构的类型、一定车型的制动功率或制动距离来表示。

通过性又称越障能力或越野能力,指车辆不用辅助装置克服各种天然和人工障碍的能力。它包括单位压力、最大爬坡度、最大侧倾行驶坡度、过垂直墙高度、越壕宽度、涉水深度、潜水深度等性能。

7.3.3 底盘的总体布置

底盘设计,一般是根据自行武器的特点,以现有军用车辆底盘为基础,选用或者进行改装性设计。

总体布置,就是在适当空间内外,合理地布置各部件、各分系统、装置和乘员的相对位置。总体布置是在主要部件的类型、总体结构方案初步确定之后进行的。布置的原则是力求完善地实现战术技术要求,突出主要性能水平,而不出现重大的缺点。

从底盘的内部空间来区分,大致可分为驾驶舱、战斗舱、动力舱、传动舱共4个空间。驾驶舱内主要有驾驶员、操纵装置和储存物等。战斗舱主要是指炮塔在底盘中所占空间。动力舱以发动机为主;传动舱以传动及其操纵装置为主。这四部分在车中有时并非截然分开,而可能交叉或合并,由于各部分所占位置,特别是动力和传动部分布置的不同,形成了不同的总体布置方案,及不同战术技术性能的车辆。目前,自行火炮大多都采用动力舱前置的布置方式,炮塔系统后置。根据国内普通车辆驾驶室左置的习惯,驾驶舱一般也左置。

底盘总体布置原则:以乘员发挥战斗作用为核心;结合技术可能性;考虑乘员人数及其分工。因此,底盘总体布置尽可能做到以下要求。

(1)人员工作空间要大,车辆外廓尺寸要小,质量要轻。

(2)大部件拆装要方便,同时不影响防护。

(3)动力、传动部件尽量集中而底盘又前后平衡。

(4)可靠性和维修性好,减少对乘员的影响,易于三防。

一般装甲车辆的动力和传动部分布置,主要有四类基本方案。

1. 发动机和传动后置

这类方案又可分为发动机纵放、横放及斜放等三种方案。发动机纵放的特点是工作条件较好,防护性好,拆装与维修性好。发动机横放的特点是结构紧凑、散热困难、拆装与维修性:拆装、调整和保修困难。发动机斜放介于以上二者之间。

2. 发动机后置、传动前置

这种方案的特点是有利于改善乘员的工作条件,有利于减轻车体质量,有利于改善通行性能,但不利于防护性和拆装与维修性。

3. 发动机和传动前置

发动机和传动前置又可分为几种方案,如图 7.4 所示。

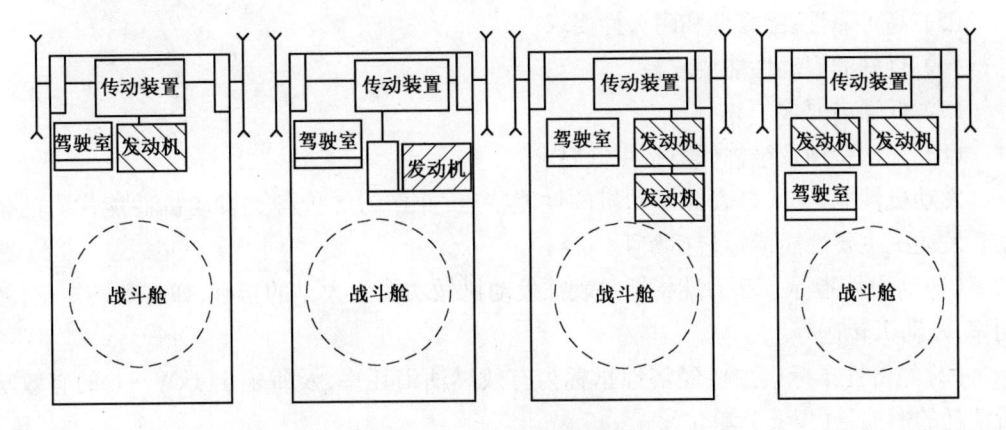

图 7.4　发动机和传动前置方案

多数现代自行火炮都采用这种方案。这种方案的特点如下所述。

（1）空间的利用率高。动力、传动、驾驶舱在长度上结合,得到最短也是最轻的车体和最大的可用空间。可用空间在后,宽敞完整。战斗室在后的布置适于人员活动和由弹药输送车不断地补充弹药;也有利于使大口径炮口伸出车体较少而便于通行。

（2）结构紧凑。发动机、传动和驾驶室密集紧凑,有利于减轻重量。

（3）防护性较差。车首有动力传动部件,车体前部窗口多且大,不利于正面的装甲防护;在向前的主要方位上,火炮的俯角受到限制,为此增加炮塔高度将增加防护的正面积,也会增加质量。

（4）工作条件较差。发动机和传动部件的温度、噪声、气体、振动等对乘员的影响较大;乘员在车尾,行进间的振幅较大,影响射击和易于疲劳。

4. 发动机前置、传动后置

主要用于一些非装甲的牵引车和越野车辆的方案,其主要特点:利于冷却,但不利于车辆正面防护。

7.3.4　发动机选择

1. 发动机及其要求

发动机是将某一种形式的能量转换为机械能的机器。其功用是将化学能通过燃烧后转化为热能,再把热能通过膨胀转化为机械能并对外输出动力。

发动机为车辆行驶提供动力,历来有车辆的心脏之称,对机动性能影响很大。具有性能优良的发动机,是设计出优良底盘的前提,而底盘又是安装战斗装置的前提。自行火炮底盘设计之前,对已有发动机进行选择,如没有完全合适的发动机,则应预先提出设计或改进要求。

对发动机及其附属系统组成的动力装置的主要要求如下所述。

（1）行驶需要的功率、转矩和转速要求。

（2）高单位体积功率要求。

(3) 低耗油率要求。

(4) 宽适应性要求。

(5) 高可靠性、维修性和耐久性要求。

(6) 良好的启动性能要求。

(7) 低噪声要求。

(8) 采购费用及维修保障费用低要求。

发动机性能指标,是表征发动机的性能特点,并作为评价各类发动机性能优劣的依据。发动机主要性能指标包括如下内容。

(1)动力性指标。动力性指标是表征发动机做功能力大小的指标,如有效转矩、有效功率、发动机转速等。

(2)经济性指标。主要经济性指标为有效燃油消耗率,及每输出1kW·h的有效功所消耗的燃油量(以g为单位)。

(3)环境指标。环境指标主要指发动机排气品质和噪声水平。

(4)可靠性指标和耐久性指标。可靠性指标和耐久性指标主要包括平均故障间隔里程,主要零件磨损极限时间等。

2. 动力种类及其选择

一般车辆的动力有电气、热机和混合动力三类。目前自行火炮底盘上以汽油机、柴油机和燃气轮机为主,随着技术的发展,电气动力和混合动力将会逐渐得到应用。

尽管柴油机的比质量和比体积大于汽油机,但在具有同样容量的燃料时,车辆最大行程是汽油机的1.3~1.6倍,在战场上被击中后也不易着火,且没有电火花影响通信和电子装置。因经济而方便地采用现成的航空、汽车发动机或其他民用大功率发动机都不适用,自行火炮专用发动机,大多都是适用多种燃料的高速柴油机。不过,在拥有大量汽车的一些炮兵部队中,为了后勤简便、与汽车通用,又喜欢采用汽油机。与柴油机相比,虽然燃气轮机有燃油消耗率偏高、耗气量大和空气滤清器体积大、研制成本高和系列化难度大等缺点,但是它具有结构简单、质量轻、体积相对较小、振动和噪声小等许多优点,特别是具有较大的转矩变化范围,可改善车辆的牵引特性,减少排档数目,越来越引起人们的重视。当前,柴油机仍然处于统治地位,通过基本结构、燃烧系统、冷却系统、涡轮增压、中冷等新技术的应用,柴油机正在继续发展,还具有强大的生命力;燃气轮机实现了技术突破。

发动机可以按不同方法分类,按活塞运动方式分为往复式和旋转式;按进气系统分为自然吸气式和强制进气(增压)式;按冷却方式分为水冷和风冷;按燃油供应方式分为化油器和电喷;按所用燃料分为汽油机和柴油机;按工作循环分为四冲程和二冲程;按气缸排列方式分为单列式、双列式和三列式。

二冲程发动机的单位体积功率比四冲程发动机高得多,但燃料经济性不好,低速特性差,影响最大行程,不适于在困难路面上行驶。当采用增压器以后,一些缺点得到改善。现在多数自行火炮采用四冲程发动机。

发动机的气缸排列形式中,直列气缸在一般缸径时的功率不够大,缸数过多会使机体过长。星形和 X 形排列的发动机高度大，曲轴中心过高不便于连接传动部分，保养接近向下方的一些气缸有困难。对置活塞发动机的活塞顶和燃烧室的热负荷大，导致壳体和缸套易裂，立式对置活塞发动机高度影响车体高度，卧式对置发动机影响车体的宽度或长度，它们都较难再继续加大功率。20 世纪 70 年代以来所研制的自行火炮发动机几乎都采用 V 形结构的气缸排列形式，包括许多轻型车辆也如此，V 形夹角一般为 90°或 60°，气缸数多为 12 或 8。

现在发展趋势，发动机不但与传动装置组装为一体，冷却装置和空气滤清器等也都固定为一体，这样可取得最紧凑的空间和工作可靠性，整体拆装和调整所需时间也大幅度地减少了 90%以上。

用两台以上发动机来组成动力机组，可以获得分别工作和联合工作的不同功率及最低的油耗，但得到所需功率所占用的体积和质量大，并且不必具有多份附属装置和连接结构。

7.3.5 传动系统设计

1. 传动系统及其要求

传动系统是实现车辆各种行驶及使用状态各装置的总称，其功能是将发动机的动力传递给驱动轮；保证汽车在不同使用条件下正常行驶；根据行驶地面条件来改变牵引力和行动速度；向转向装置提供转向时所需要的功率；空载起动、直线行驶、左右转向、倒向行驶、坡道驻车以及随时切断动力等。

传动系统主要由变速机构、转向机构、制动机构、操纵系统等组成。

按照能量传递方式的不同，传动系统可分为机械传动、液力传动、液压传动、电传动等。机械传动系统一般由离合器、变速器、万向传动装置、主减速器、差速器和半轴等机件组成。液力传动也叫动液传动，其特点是传动系统中装有液力元件（液力耦合器或液力变矩器）。由于在液力元件之后还要串联安装一个机械变速器，因而多将这种传动系统叫做液力机械传动。液压传动也叫静液传动，其特点是传动系统中装有液压元件（液压油泵和液压马达）。油泵由发动机驱动，油泵产生的高压油用来驱动液压马达的转子轴。油泵的供油量可由液压控制装置控制在一定范围内无级连续变化，因而液压马达转子轴的转速也可以在一定范围内连续变化。液压马达用来经主减速器、差速器和半轴驱动车轮运动。液压传动虽有许多优点，但由于其传动效率低、价格高、寿命与可靠性均还有待提高等缺点，目前只在极少数车上采用。电传动是由发动机驱动发电机发电，再由电动机驱动底盘。电传动由于电机总质量过大，目前极少在车体上使用。

对传动系设计的要求主要有如下几个方面。

1）性能方面的要求

（1）速度应能从起步到需要的最大速度之间连续变化。

（2）牵引力应能在良好道路到能攀登最大坡道的需要之间变化。

（3）能充分利用发动机功率。

（4）外界阻力突然过大时，应不致引起熄火或零部件的损坏。

（5）不同弯曲道路和地形，可以作适当的稳定半径的转向。

(6) 传动效率高。

(7) 要能够倒驶。

(8) 要能切断动力。

(9) 能用发动机制动。

2) 总体设计方面的要求

① 传动系统结构与车辆总体布置的适应性。

② 高功率密度。

③ 结构匹配性。

3) 一般要求

结构简单,工作可靠,寿命长,成本低,保养性好等。

2. 传动系设计流程

1) 设计内容

根据总体性能、机动性能、使用维修性能和总体布置的要求等,基于现代设计理论、方法和手段,并考虑已有传动系统的设计和制造经验,开展传动系统的设计,具体包括以下几项内容。

(1) 传动系统方案设计。包括布置形式的确定、传动系统类型选择、主要组成部件的选择和布置框图的绘制。

(2) 传动比的确定和分析。包括最低挡和最高挡传动比确定、排挡划分、牵引特性计算和总传动比分配。

(3) 结构设计和强度校核。包括部件总成设计、零件设计、强度校核、寿命计算和扭振特性计算等。

2) 一般步骤

(1) 确定传动系统的位置及其布置形式。

(2) 根据使用条件和总体要求,确定传动系统的布置形式。

(3) 选定传动系统的基本类型。

(4) 确定传动系统的构成。

(5) 确定变速机构传动比。

(6) 确定转向机构参数。

(7) 合理分配各传动部件的传动比。

(8) 确定离合器的位置。

(9) 传动总图设计。

(10) 离合器设计,液压系统设计,操纵装置设计。

(11) 零件设计,强度校核和寿命计算。

(12) 动力特性分析。

以上各设计步骤是相互关联的,实际的设计过程,往往要经过多次反复才能完成。传动系统设计流程如图 7.5 所示。

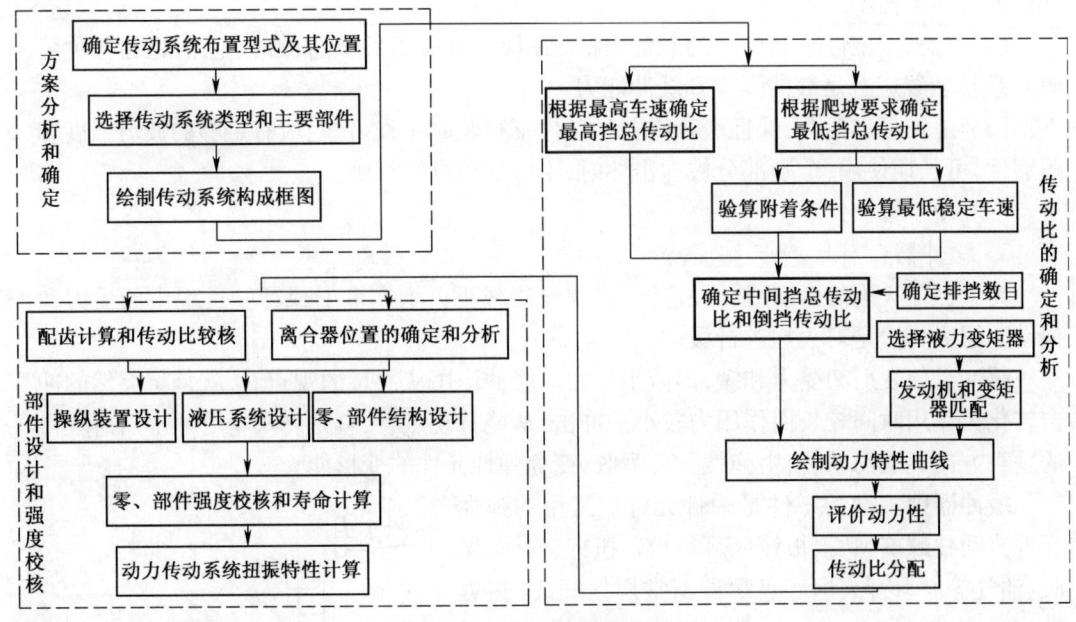

图 7.5 传动系统设计流程图

7.3.6 行驶系统设计

1. 行驶系统及其要求

行驶系统是保证行驶、支撑车体、减小车辆在各种地面行驶中颠簸与振动的机构的总称,其主要功能是支承车辆总重,将传动系转矩转化为驱动力,承受并传递路面驱动力和各种反力,缓冲与减振,配合转向系统实现车辆行驶方向的控制并保证车辆的操纵稳定性,配合制动系统并保证车辆的制动性。

行驶系统一般包括悬挂装置和履带或车轮行驶装置等。行驶系统的类型有轮式行驶系统、履带式行驶系统、半履带式行驶系统等。

2. 悬挂装置

1) 悬挂装置及其功能

悬挂装置是车架与车轮之间的一切传力连接装置的总称,其主要功能是传递作用在车轮和车架之间的力和力矩;缓冲由不平路面传给车架的冲击力;衰减由冲击引起的振动。通过悬挂装置,支持车身,改善车辆的稳定性、舒适性和安全性。

悬挂装置主要由弹性元件(起缓冲作用)、阻尼元件(起减振作用)和导向机构(起传力和稳定作用)等组成。

按车轮和车体连接方式不同,悬挂装置可分为独立悬挂和非独立悬挂。按车体振动控制力,悬挂装置可分为被动悬挂、半主动悬挂(无源主动悬架)和主动悬挂(有源主动悬架)。按弹性元件的类型不同,悬挂装置可分为弹簧式悬挂、扭杆式悬挂和油气式悬挂。

2) 对悬挂装置的要求

对悬挂装置的基本要求如下。

(1) 行驶平顺性达到令人满意的程度,从而使乘员能持久工作,并能保证观察、瞄准和射击的准确性。

（2）行驶安全性达到最佳的状态，保证底盘在恶劣条件下行驶时（包括超越各种障碍），悬挂装置应有足够的强度和缓冲能力。

（3）工作可靠耐久，保证底盘在各种条件下行驶时工作可靠，应有足够的疲劳强度和耐磨性，可长期使用；个别部分被冲击坏时，不应妨碍继续行驶。

（4）便于维护修理。

3）缓冲器

为了保证火炮的牵引或行驶速度，必须设法减小火炮在牵引或行驶过程中的受力和振动。解决方法是对火炮进行缓冲。

缓冲是使发射架受力和缓，即减小受力。缓冲作用从冲量的观点看，就是将突然的冲击转化为作用时间较长而作用力较小的冲击；从能量观点看，就是将车轮受冲击后所获得的垂直方向运动的动能，由弹性元件吸收，变为弹性元件的变形能。

缓冲器中关键的零件是弹性元件。常用的弹性元件有圆柱螺旋弹簧、板簧、碟形弹簧、扭杆、气体、橡胶、油气等。自行火炮底盘缓冲器常用扭杆式（扭力轴）悬挂装置（图7.6）。它是利用圆形扭杆在扭转时的弹性变形实现车体和负重轮之间的弹性连接。扭杆的一端用花键固定在车体上，另一端固定在悬挂装置的平衡肘内。平衡肘转动时，扭杆就发生扭转。扭

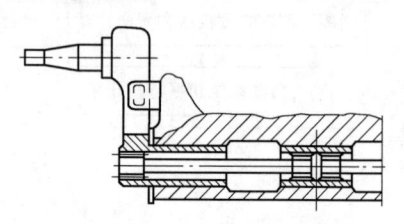

图 7.6 扭杆弹簧

杆弹簧比叠板弹簧单位质量储藏的能量大 3 倍多，所以在相同负荷下，可大幅度减小结构尺寸和减轻质量。另外，对于一个受反复载荷的零件，其强度和寿命与表面质量有很大的关系，表面疵病常是弹簧折断的主要原因。扭杆外形简单，表面容易做到精细加工，强化处理，故质量容易保证，寿命较长。由于扭杆为杆状，适合安装在下架内，这样可使结构紧凑，维护保养较好。

现在已设计出许多扭杆式悬挂装置结构，按照不同特点可以分为不同的类型。按弹簧的结构形式分，有一根扭杆的单扭杆式悬挂装置，有两根实心扭杆或一根实心的、一根管状的扭杆组成的双扭杆式悬挂装置，有由一些并在一起的小直径扭杆组成的束状扭杆式悬挂装置。按左、右两侧悬挂装置扭杆的布置，分为不同轴心布置和同轴心布置的扭杆式悬挂装置。

缓冲性能指标是设计缓冲器的主要依据。已知作为缓冲器弹性元件的预压力（即静压力）由所承受火炮的质量决定。当车轮受到冲击时，发射架受力则与弹性元件的附加压缩量和刚度有关。因此，决定缓冲性能的主要指标有缓冲行程（即不碰限制器的车轮最大跳动量）、动载系数（与弹性元件的刚度有关）和缓冲能容量（与缓冲行程及刚度有关）。火炮的有关数据与载重汽车相比，火炮的缓冲行程偏小，动载系数偏大，比容量较接近。

扭杆缓冲器设计的一般步骤如下所述。

（1）一般先根据对缓冲性能的要求，给定缓冲行程 H 和动载系数 K。

（2）选定扭杆的材料，确定扭杆的许用剪应力 $[\tau]$。

（3）根据结构和总体条件选择曲臂半径 R。

（4）求每一个缓冲器的静负荷 P_j，及动载 $P_m = KP_j$。

(5) 求缓冲器的结构尺寸(扭杆直径 d 和工作长度 l)。

在动载作用下,扭杆应满足强度条件,即

$$\tau_m = \frac{KP_j R}{0.2d^3} \leqslant [\tau]$$

即

$$d \geqslant \sqrt[3]{\frac{KP_j R}{0.2[\tau]}}$$

一般应将求出的扭杆直径 d 归整为标准直径。

扭杆在静载作用下的扭转角为

$$\varphi_j = \frac{P_j R l}{0.1 G d^4}$$

式中:G 为扭杆的剪切模量。

扭杆在动载作用下的扭转角为

$$\varphi_m = \frac{P_m R l}{0.1 G d^4} = \frac{KP_j R l}{0.1 G d^4}$$

由于缓冲器的工作扭转角 $\varphi_h = \varphi_m - \varphi_j$ 较小,故可近似写成

$$\frac{H}{R} \approx \varphi_h = \varphi_m - \varphi_j = \frac{(K-1)P_j R l}{0.1 G d^4}$$

即解得

$$l = \frac{0.1 G H d^4}{(K-1) P_j R^2}$$

扭杆设计中应注意的几个问题如下所述。

(1) 材料。火炮缓冲器扭杆常用的材料为 45CrNiMoVA 钢。其性能指标应符合 YB 476—97 的技术条件中所规定的各项要求。对于材料为 45CrNiMoVA 钢的扭杆,淬火后经喷丸、强扭和滚压等机械强化处理。扭杆弹簧的使用应力较高,扭杆的主要失效形式为疲劳破坏。为了保证缓冲器的寿命,需将不同路面的行军速度加以限制,以减少缓冲器工作时达到极限状态的次数。路面条件越差,规定的行军速度就越低。

(2) 扭转试验。对扭杆进行喷丸、强扭和滚压等机械强化处理都可以提高疲劳寿命。强扭是按图样规定的强化角及使用角进行扭转(强化角大于使用角)。强扭处理时将扭杆弹簧的一端固定,另一端扭转到强化角后放松,连续重复 3~6 次,然后在使用角下扭转 1~3 次,在最后一次卸载后按图样规定测定永久变形量。经扭转试验强化处理的扭杆,只能承受与扭转方向相同的单向载荷。而火炮的缓冲扭杆弹簧仅承受单方向载荷,故可使用,但须注意扭转试验后应在扭杆上刻上扭转试验方向标志,使用时必须注意使扭杆的受载方向和扭转试验的扭转方向一致。

(3) 扭杆弹簧的端部形状。为了安装和调整方便,缓冲扭杆端部制成花键细齿。端头直径一般取 $D = (1.15~1.3)d$。花键细齿的长度可根据强度要求确定。为了避免过大的应力集中,端部与杆体的联结处如采用圆弧过渡,则过渡圆的半径应取扭杆直径的 3 倍以上。如采用圆锥形过渡,一般取锥顶角为 30°。花键细齿的端面形状一般采用夹角为

90°的三角形。如夹角太小,则载荷分布不均。为了避免应力集中,花键的齿顶和齿根都要避免尖角。扭杆两端的花键齿数不同,一般差一个齿,其目的是为了当扭杆疲劳时可以进行微调。

(4) 扭杆的有效工作长度。由于杆体两端的过渡部分也发生扭转变形,因此在计算时,应将两端的过渡部分换算成当量长度。

4) 减振器

减振是消耗弹簧变形储存的能量,以衰减弹簧的振动,改善行驶平顺性。减振器主要用来抑制弹簧吸振后反弹时的振荡及来自路面的冲击。如果火炮上没有减振装置,那么当经过一次冲击后,受压弹性元件即要伸张,将其在冲击时所吸收的能量全部放出而变为发射架的动能,从而引起发射架在铅垂方向的自由振动。这样因冲击而获得的机械能则以发射架动能和弹性元件变形能的形式互相转化。由于地面的冲击是随机的,因而就有可能出现共振现象,使发射架振幅加大而碰到限制器。限制器上尽管有橡皮垫等缓冲元件,而发射架受到的冲击力还是会加大很多倍,这对保证发射架各零部件的强度不利,同时使火炮的行驶平顺性变坏。减振器的作用就是要将铅垂方向因冲击而获得的机械能通过摩擦不可逆地转化为热能散失掉,以衰减发射架的振动。

对减振器的要求如下。

(1) 减振器的阻尼力要随振动速度的增减而增减。

(2) 在悬架压缩行程中,阻尼力较小,以便缓冲。

(3) 在悬架伸张行程中,阻尼力较大,以迅速减振。

(4) 当相对运动速度过大时,要求保持阻尼力,避免冲击。

减振器按工作方式,可分为单向作用式减振器和双向作用式减振器;按结构形式,可分为单筒减振器和双筒减振器;按阻尼是否可调,可分为阻尼可调式减振器和阻尼不可调式减振器;按工作介质,可分为油液减振器和气体减振器;按是否充气分为充气减振器和不充气减振器。

对于减振,在运动体系统中,能引起振动衰减的阻尼来源不仅是因为系统中装设了减振器,而且在有相对运动的摩擦副中(如缓冲器组成各零件之间的摩擦),轮胎受力变形时橡胶分子之间的摩擦等也均能起到一定的减振作用。从装置减振器的必要性,火炮结构的复杂性、质量和经济性等方面综合考虑,许多火炮基本未采用减振器减振。

3. 车轮行驶装置设计

车轮行驶装置是指以轮胎行驶的行驶装置,其主要功用是支持整车的重量和载荷;缓和由路面传来的冲击力;产生驱动力和制动力;产生侧抗力;并保证车辆行驶和进行各种作业。

对车轮行驶装置的要求如下所述。

(1) 保证在额定负荷和正常行驶速度下能安全工作。

(2) 保证有尽量小的滚动阻力。

(3) 保证有较好的通过性能。

(4) 保证有良好的行驶平顺性。

车轮行驶装置主要由车架、车桥、车轮、轮胎等组成。

车架是车辆的骨架,车辆的所有总成和部件都固定在车架上,并使所有组成部分保持一定的相互位置。所以车架除具有足够的强度外,还必须具备足够的刚度。车架是支承车辆各个部件并传递工作载荷的承载结构。其构造根据机种不同、要求不同,其结构形式也不同。一般可分为铰接式和整体式两大类。

当轮式底盘采用非独立式悬架时,左右两侧车轮安装在一个整体的实心或空心梁(轴)上,然后再通过悬架与车架相连接,这个实心或空心梁便叫做车桥,习惯称为整体式车桥。当轮式底盘采用独立式悬架,即左右两侧车轮单独通过悬架与车架(或承载式车身)相连接时,或者有的车体左右车轮还通过一个断开式车梁(即分成互相铰接的两段的车梁)相连接时,车体左右车轮之间实际上无"桥"可言,而是通过各自的悬架与车架相连接,然而在习惯上,仍将它们也称作断开式车桥。根据车桥上车轮的作用,车桥又可分为转向桥、驱动桥、转向驱动桥、支持桥四种。转向桥与支持桥都是从动桥。一般轮式底盘多以前桥为转向驱动桥,而以后桥或中、后两桥为驱动桥。转向桥的功用:通过操纵机构使转向车轮可以偏转一定角度,以实现转向;除支持底盘承受垂直反力外,还承受制动力和侧向力以及这些力引起的力矩。驱动桥除了支撑底盘车架之外,还装有主减速器、差速器和半轴等传动系机件,因而驱动桥一般做成一个空壳叫做驱动桥壳。驱动桥壳一般由主减速器壳和半轴套管组成。

车轮是介于轮胎和车轴之间承受负荷的旋转组件。

车轮一般由轮辋、轮辐及轮毂等组成。轮辋是在车轮上安装和支承轮胎的部件,俗称轮圈。轮辐是在车轮上介于车轴和轮辋之间的支承部件。轮毂是车轮上装在轴上的部件,连接轮辐的部件。

车轮按轮辐的构造,可分为辐板式车轮和辐条式车轮;按车轮材质,可分为钢制、铝合金、镁合金等;按车轴一端安装,可分为单式车轮和双式车轮;按照制造工艺,轮辋可分为铸造轮辋和锻造轮辋。

轮胎是接地滚动的圆环形弹性橡胶制品,其功用是支承车身,缓冲外界冲击,实现与路面的接触并保证车辆的行驶性能。

轮胎的使用条件复杂和苛刻,承受着各种变形、负荷、力以及高低温作用。

对轮胎的要求如下所述。

(1) 具有较高的承载性能、牵引性能、缓冲性能。

(2) 具备高耐磨性和耐屈挠性。

(3) 具备低滚动阻力与生热性。

轮胎按胎体结构,可分为充气轮胎、海绵轮胎和实心轮胎。实心轮胎结构简单,但缓冲性能差,现已很少采用。海绵轮胎的优点是缓冲性能较实心轮胎有较大的提高,当被弹片和子弹等击中后不会很快丧失作用。其缺点是质量大(和充气轮胎比较),行军时由于内摩擦生热大,可能将海绵融化。另外在长期存放时,因受压及高温影响容易失去弹性。充气轮胎弹性好,故缓冲性能优于前两种轮胎,散热性能好,质量小为其主要优点。缺点是轮胎被弹片等击中后不能继续使用。目前已有一种在轮胎内加有支撑物的充气轮胎(内支撑轮胎);还有一种带自补气装置的充气轮胎。这就解决了一般充气轮胎中弹后不能行驶的缺点。另外,充气轮胎弹性大,有可能影响射击精度。目前较多大、中口径火炮射击时已不用车轮而另设座盘支撑,故此问题已不存在。气胎缓冲性能好,采用气胎有可能不需另加缓冲器(现已有不用缓冲器的大口径火炮),这对简化火炮结构和减轻全炮质量均有利。可见,使用充气轮胎(内支撑轮胎)比使用海绵轮胎对提高火炮的综合性能有利。

充气轮胎由内胎(充满着压缩空气,有弹性)、外胎(有强度和弹性的外壳,保护内胎不受外来损害)、垫带(内胎与轮辋之间,防止内胎擦伤和磨损)等组成。充气轮胎按组成结构,可分为内胎轮胎和无内胎轮胎;按帘线排列方向,可分为普通斜交胎、子午线胎等;按胎压大小,可分为超低压胎(0.15 MPa 以下)、低压胎(0.15~0.44 MPa)、高压胎(0.49~0.69 MPa)。

轮胎尺寸规格标记目前一般习惯仍用英制表示,也有用公制或公制英制混合表示的,法国则采用字母符号表示轮胎尺寸。选择轮胎的规格,主要根据轮胎的承载能力,即允许载荷来选择。同时考虑到火炮行军时的恶劣条件,而将载荷加大 12%~15%估算。如果所用车轮规格相同,则按受载最大的车轮选取。选择轮胎规格时,同时应考虑火炮最低点离地高和火线高的要求,以及对减小滚动阻力和提高通过性是否有利等。

4. 履带行驶装置设计

履带行驶装置是指以履带行驶的行驶装置,其主要功用是将动力传动装置传来的转矩转变成为牵引力;传递地面制动力实现制动;支承车辆的质量;提供支承面,实现良好的通过性。

对车轮行驶装置的要求如下所述。

(1) 通过性能良好。

(2) 工作可靠(足够的强度、耐磨性和防护性)。

(3) 质量尽可能减轻。

(4) 对路面破坏程度轻。

(5) 噪声尽可能小。

(6) 制造工艺简单,检查和维修方便。

履带行驶装置主要由履带、主动轮、负重轮、诱导轮、张紧机构、托带轮等组成。

履带是由主动轮驱动、围绕着主动轮、负重轮、诱导轮和托带轮的柔性链环,有人称其为"无限轨道"和"自带的路",其主要功用是保证在无路的地面上的通过性,降低的行驶阻力;支撑负重轮并为其提供一条连续滚动的轨道;将地面的牵引力、附着力和地面制动力传给车体。

履带主要由履带板、履带销等组成。

履带按所用材料,可分为全金属履带和挂胶的履带;按制造方法,可分为铸造履带、模锻履带和焊接履带;按连接形式,可分为单销式履带和双销式履带;按履带销结构,可分为金属铰链履带和橡胶金属铰链履带。

对履带的要求如下所述。

(1) 具有高的强度和长的使用寿命。

(2) 力求降低行动部分的动载荷和功率损失。

(3) 有足够大的纵向刚度和扭转刚度。

(4) 在纵向和横向上对地面有可靠的啮合力。

(5) 便于排泥和尽可能减小对路面的破坏。

(6) 结构和工艺应简单,成本低。

(7) 组装、维修、保养和更换简便易行等。

参 考 文 献

[1] 张相炎.火炮设计理论[M].北京:北京理工大学出版社,2005.
[2] 李军.火箭发射系统设计[M].北京:国防工业出版社,2008.
[3] 高树滋,等.火炮反后坐装置设计[M].北京:兵器工业出版社,1995.
[4] 谈乐斌,等.火炮概论[M].北京:北京理工大学出版社,2005.
[5] 钱林方.火炮弹道学[M].北京:北京理工大学出版社,2009.
[6] 张相炎.火炮自动机设计[M].北京:北京理工大学出版社,2010.
[7] 马福球,等.火炮与自动武器[M]. 北京:北京理工大学出版社,2003.
[8] 郑慕侨,等.坦克装甲车辆[M]. 北京:北京理工大学出版社,2003.
[9] 阎清东,等.坦克构造与设计[M].北京:北京理工大学出版社,2007.
[10] 张相炎.火炮可靠性设计[M].北京:兵器工业出版社,2010.
[11] 杨国来,等.火炮虚拟样机技术[M].北京:兵器工业出版社,2010.
[12] 侯保林,等.火炮自动装填[M].北京:兵器工业出版社,2010.
[13] 谈乐斌.火炮人机工程学[M].北京:兵器工业出版社,1999.
[14] 潘玉田,郭保全.轮式自行火炮总体技术[M].北京:北京理工大学出版社,2009.
[15] 徐诚,王亚平.火炮与自动武器动力学[M].北京:北京理工大学出版社,2006.
[16] 毛保全,邵毅.火炮自动武器优化设计[M].北京:国防工业出版社,2007.
[17] 武瑞文,等.现代自行火炮武器系统顶层规划和总体设计[M].北京:国防工业出版社,2006.
[18] 李鸿志,等.现代兵器科学技术[M]. 济南:山东人民出版社,2003.
[19] 才鸿年,等.火炮身管自紧技术[M].北京:兵器工业出版社,1997.
[20] 袁军堂,张相炎.武器装备概论[M].北京:国防工业出版社,2011.
[21] 郑鹏.基于虚拟样机技术的某舰炮自动机动力学仿真研究[M].南京:南京理工大学,2010.
[22] 王振国,等.飞行器多学科设计优化理论与应用研究[M].北京:国防工业出版社,2006.
[23] 于子平,张相炎. 新概念火炮[M].北京:国防工业出版社,2012.
[24] 宋贵宝,等.武器系统工程[M].北京:国防工业出版社,2009.
[25] Perl M,Perry J. An Experimental-numerical Determination of The Three-dimensional Autofrettage Residual Stress Field Incorporating Bauschinger Effects. Journal of Pressure Vessel Technology, 2006, Vol 128.
[26] Troiano E,Underwood J H, et al. Post-Autofrettage Thermal Treatment and Its Effect on Reyielding of High Strength Pressure [J].Vessel Steels Journal of Pressure Vessel Technology,2010, Vol 132.
[27] Underwood J H, Moak D B, Audino M J,Parker A P. Yield Pressure Measurements and Analysis for Autofrettaged Cannon[J]. Journal of Pressure Vessel Technoloy,2003,Vol 125.
[28] 余同希,薛璞. 工程塑性力学[M].北京:高等教育出版社,2010.
[29] 邵国华,魏兆灿,等.超高压容器[M].北京:化学工业出版社,2002.
[30] 姚昌仁,张波. 火箭导弹发射装置设计[M].北京:北京理工大学出版社,1998.